基于激光雷达点云的东北和南方林区主要树种林分航空蓄积量模型
（项目编号：2022Z-7）
2020 年行业管理专项业务 - 陆地碳卫星 - 林分和航空数表研究
（项目编号：2020-21-92）

U0664409

基于激光点云的林分航空蓄积模型的研究和建立

国家林业和草原局林草调查规划院　编

中国林业出版社

·北 京·

图书在版编目（CIP）数据

基于激光点云的林分航空蓄积模型的研究和建立 /
国家林业和草原局林草调查规划院编 . -- 北京：中国林
业出版社，2023.7
ISBN 978-7-5219-2297-4

Ⅰ . ①基… Ⅱ . ①国… Ⅲ . ①卫星遥感 – 应用 – 林木
蓄积量 – 林分测定 – 研究 Ⅳ . ① S758.5

中国国家版本馆 CIP 数据核字（2023）第 147230 号

策划编辑：杨长峰
责任编辑：杨　洋　李　娜
封面设计：北京五色空间文化传播有限公司

出版发行：中国林业出版社
　　　　　（100009，北京市西城区刘海胡同 7 号，电话 83223120）
电子邮箱：cfphzbs@163.com
网　　址：www.forestry.gov.cn/lycb.html
印　　刷：河北京诚乾印刷有限公司
版　　次：2023 年 7 月第 1 版
印　　次：2023 年 7 月第 1 次印刷
开　　本：787mm×1092mm　1/16
印　　张：16.75
字　　数：350 千字
定　　价：85.00 元

前 言

　　森林作为陆地生态系统的主体，与人类的生存与发展息息相关 [1-3]。森林覆盖了全球陆地的大部分区域，在涵养水源、改善环境、调节气候、防风固沙，调节全球碳平衡以及给生物提供栖息地、保护生物多样性等方面具有不可替代的生态作用 [4, 5]。因此，对森林及其资源进行调查监测，全面掌握森林资源的数量、质量、种类与分布情况，有利于科学制定林业方针政策、提升森林经营效果以及森林资源保护与利用等 [6-8]。

　　森林蓄积量是森林中所有活立木材积的总和 [9]，是衡量一个国家或地区森林资源总规模和水平的重要指标，能反映森林资源的丰富程度及森林质量状况 [10, 11]，因此，开展森林蓄积量监测十分必要。森林蓄积量估测是林业领域中重要的研究内容之一。传统的森林蓄积量的获取，如在我国的森林资源清查体系和森林资源规划设计调查体系中，主要通过人工野外实地调查，获取胸径、树高等关键因子，结合不同树种的材积模型，推算森林或林分蓄积 [12-13]。当前，森林资源监测工作面临调查人员匮乏、调查队伍老化、调查成本日趋高涨的困境，迫切需要调查技术和装备设施的创新突破和升级换代，以适应新时期森林资源监测工作的新形势和新要求 [14]。

　　近年来，随着遥感技术的飞速发展，时空分辨率等性能指标的不断提升，光学遥感技术以其大范围、动态连续的优势 [15]，逐渐应用于林业和草原领域。光学遥感可以较好地解决传统地面调查时间和人力耗费过高的不足，通过提取光学影像中植被指数、纹理特征等信息，构建地面样地实测蓄积与遥感变量之间的回归模型，实现对森林蓄积量的定量估计 [16, 17]。但是，由于光学遥感难以获取森林三维结构信息 [18]，在实际工作中还难以满足森林资源调查的要求。

　　随着有人机和无人机等新兴空间探测手段的兴起以及林业装备水平逐步现代化，利用机载激光雷达开展森林资源监测，成为林草行业发展最迅猛的新技术手段之一。激光雷达技术可以直接、精准地获取植被的三维结构信息，有效弥补光学遥感林业应用能力的不足 [19]。近年来，随着激光雷达软硬件技术的日趋成熟以及无人机使用成本的不断降低，利用无人机开展激光雷达探测森林由科学研究转为业务探索时机已趋成熟，尤其是应用无人机和激光雷达技术开展森林资源调查监测理论研究和试点试验的学术文章呈井喷状态，如广西、安徽等地森林资源调查部门也开始尝试运用激光雷达技术辅助开展森林资源调查[20, 21]。这些面向业务的应用尝试，为林草业务部门利用激光雷达等新技术开展森林资源监测工作创新了思路，积累了宝贵的经验。我国森林面积广阔，森林类型众多，急需在更大区域和更多森林类型上开展业务应用研究，为林业生产部门业务上的普适和推广提供基础保障。

国家林业和草原局林草调查规划院（以下简称"国家林草局规划院"）负责全国森林、湿地、草原、荒漠化及沙化土地、野生动植物等自然资源和林草碳汇、生态状况、自然保护地的调查监测评估，早在 1954 年，林业部成立"森林航空测量调查大队"（国家林草局规划院前身），初步建立了森林航空摄影、森林航空调查和地面综合调查相结合的森林调查技术体系，利用航空摄影手段开展东北森林蓄积量调查。自 2010 年以来，国家林草局规划院一直大力推进其业务化应用，陆续在西藏、河北承德、内蒙古根河多地探索无人机在森林资源调查、监测工作中的应用方法、技术和业务实现路径。尤其是 2017 年以来，在我国东北地区（黑龙江、吉林）、南方地区（湖南、福建、广西、海南）利用有人机和无人机激光雷达及地面样地调查等空地一体化调查工作，获取了我国北方林区 10 种典型树种（组）和南方林区 14 种典型树种（组）的有人机和无人机激光雷达点云数据及配套的样地数据和样木数据，为基于激光雷达数据的森林高度、森林蓄积量等重要林分因子的获取创造了良好的数据基础。

2021 年，国家林业和草原局统一建设林草生态网络感知平台，其中一项重要探索任务是"编制航空激光雷达点云材积表"，拟通过该项研究工作探索有人机和无人机的激光雷达对森林的感知探测能力，挖掘激光雷达技术在森林航空调查监测工作的应用潜能和价值。项目组充分利用 2017 年以来历年空地一体化调查获取的激光雷达数据和地面样地数据，积极开展全国典型林区分树种的航空蓄积表建模，并形成基于激光雷达点云的林分航空蓄积表，拟为全国越来越普及的森林航空调查工作提供基础数表，以大幅减少各调查单位重复调查成本和建模过程，逐步加大在林分航空蓄积模型和蓄积表的业务化、规模化应用。

由于当前主要获取的是东北林区和南方林区的空地一体化有限数据，本书主要构建东北林区和南方林区两个主要林区典型树种航空蓄积模型和蓄积表，并以这两个林区为案例，探索林分航空蓄积量模型建模和业务化应用方案，为后续全国其他林区建模和数表建设提供可复制的技术路线和方法。基于当前激光雷达点云的林分航空蓄积建模工作以科学研究较多，在业务应用上探索得少，本书在业务探索与创新中可能存在一些不足，请读者见谅。

本书编委会

2022 年 12 月

目 录

前 言

1 国内外研究现状 //001

1.1 森林蓄积量估测的主要方法 //002

1.2 国内外森林资源调查实践 //005

2 研究目标与任务 //009

2.1 研究目标 //010

2.2 主要任务 //010

3 总体技术方案 //011

3.1 建模方案设计 //012

3.2 主要技术路线 //013

3.3 主要建模方案 //014

4 研究过程和方法 //017

4.1 试验区和航空飞行样地布设 //018

4.2 空地数据获取和内业处理 //020

4.3 数据建模 //021

4.4 编制航空蓄积表 //032

5 **试验区概况和航空调查数据获取**　　//033

　　5.1　东北林区　　//034

　　5.2　南方林区　　//037

6 **东北林区分树种林分蓄积量模型构建**　　//047

　　6.1　落叶松林分蓄积量模型构建　　//048

　　6.2　栎类林分蓄积量模型构建　　//051

　　6.3　桦木林分蓄积量模型构建　　//055

　　6.4　杨树林分蓄积量模型构建　　//059

　　6.5　云杉林分蓄积量模型构建　　//063

　　6.6　阔叶混交林林分蓄积量模型构建　　//066

　　6.7　针叶混林分蓄积量模型构建　　//070

　　6.8　针阔混林分蓄积量模型构建　　//074

7 **南方林区分树种林分蓄积量模型构建**　　//078

　　7.1　柏木林分蓄积量模型构建　　//079

　　7.2　马尾松林分蓄积量模型构建　　//083

　　7.3　杉木林分蓄积量模型构建　　//087

　　7.4　栎类林分蓄积量模型构建　　//092

　　7.5　樟楠林分蓄积量模型构建　　//096

　　7.6　桉树林分蓄积量模型构建　　//100

　　7.7　阔叶混林分蓄积量模型构建　　//105

　　7.8　针叶混林分蓄积量模型构建　　//110

　　7.9　其他亮针叶林分蓄积量模型构建　　//114

　　7.10　针阔混林分蓄积量模型构建　　//119

8 **湖南林区分树种林分蓄积量模型构建**　　//124

　　8.1　柏木林分蓄积量模型构建　　//125

　　8.2　杨树林分蓄积量模型构建　　//129

8.3　杉木林分蓄积量模型构建 //133

8.4　栎类林分蓄积量模型构建 //137

8.5　马尾松林分蓄积量模型构建 //141

8.6　樟楠林分蓄积量模型构建 //146

8.7　阔叶混林分蓄积量模型构建 //150

8.8　针叶混林分蓄积量模型构建 //155

8.9　其他亮针叶林分蓄积量模型构建 //159

8.10　针阔混林分蓄积量模型构建 //163

9　福建林区分树种林分蓄积量模型构建 **//168**

9.1　柏木林分蓄积量模型构建 //169

9.2　杉木林分蓄积量模型构建 //173

9.3　马尾松林分蓄积量模型构建 //177

9.4　樟楠林分蓄积量模型构建 //181

9.5　木荷林分蓄积量模型构建 //185

9.6　阔叶混林分蓄积量模型构建 //189

9.7　针叶混林分蓄积量模型构建 //192

9.8　其他亮针叶林分蓄积量模型构建 //197

9.9　针阔混林分蓄积量模型构建 //201

10　广西林区分树种林分蓄积量模型构建 **//205**

10.1　杉木林分蓄积量模型构建 //206

10.2　马尾松林分蓄积量模型构建 //211

10.3　桉树林分蓄积量模型构建 //214

10.4　阔叶混林分蓄积量模型构建 //219

11　海南林区分树种林分蓄积量模型构建 **//224**

11.1　橡胶林分蓄积量模型构建 //225

11.2　相思林分蓄积量模型构建 //230

11.3 桉树林分蓄积量模型构建 //234

11.4 阔叶混林分蓄积量模型构建 //238

⑫ **主要成果** //243

12.1 东北林区航空蓄积模型成果 //244

12.2 南方林区航空蓄积模型成果 //245

12.3 湖南林区航空蓄积模型成果 //246

12.4 福建林区航空蓄积模型成果 //247

12.5 广西林区航空蓄积模型成果 //248

12.6 海南林区航空蓄积模型成果 //248

⑬ **结论与讨论** //250

13.1 结 论 //251

13.2 讨 论 //251

参考文献 //253

1

国内外研究现状

1.1 森林蓄积量估测的主要方法

1.1.1 基于外业调查的森林蓄积量模型

在我国传统的森林调查工作中，常采用角规样地调查（如二类调查小班中布设角规样地）、样地每木检尺法（如一类清查样地）等来估算森林蓄积量。首先通过调查获取包括林木胸径、树高、胸高断面积等重要的测树因子，然后利用已建立的标准木、林分形高表、树种一元材积表或二元材积表等[22]地面调查基础数表开展森林蓄积量等主要指标测算。

其中，标准木法是在标准地中选取一定数量的标准木，伐倒后用区分求积的方法实测其材积，然后据此推算林分蓄积量[11, 23]。形高指的是单株树木材积或林分单位面积蓄积量与相应胸高断面积的比值。林分形高表是森林资源二类调查和森林经营决策的重要计量和评价依据，能在一定程度上减少工作量，是最常用的测树数表之一[24]。如2005年，余松柏等[25]利用样地数据资料，编制林分形高表估测林分蓄积量，认为在森林资源二类调查及连续清查中有推广使用价值。2020年，刘陆[26]介绍了黑龙江省森林资源规划设计调查中利用角规调查和林分形高表计算森林蓄积量的方法和步骤，通过角规测树获取各个树种平均断面积和平均树高等信息，利用形高模型估算小班公顷蓄积。

立木材积表是重要的林业基础数表，也是最常用的森林调查数表，在森林资源清查、监测和森林经营决策等方面提供重大支撑，提高了森林资源调查的工作效率和质量，是森林资源调查中不可缺少的重要工具[27]。我国常用的立木材积表包括一元材积表和二元材积表。一元材积表又包括胸径一元表和地径一元表[28]，其中胸径一元表是指仅采用胸径一个因子，根据胸径与材积之间的函数关系进而编制的材积表；地径一元表是根据地径与材积之间的函数关系编制的材积表[29]。考虑胸径、树高两个测树因子与材积的函数关系而编制的材积表为二元材积表。一元、二元材积表在我国林业生产实践、调查规划、科学实验中被广泛应用[30]。随着我国森林资源的数量、结构不断变化，有学者对我国不同区域立木材积表的适用性进行了检验，为我国立木材积表的更新工作提供参考[27]。

传统的调查方法一般需要大量的实地调查工作，成本高，工作量繁重，调查周期长，遥感技术的不断发展，为全面监测我国森林资源提供了有力技术支持。针对传统森林蓄积量测定方法的诸多不足，国内外林业学者目光放在了遥感估测手段上。

1.1.2　传统的遥感定量化模型

遥感因其具有快速、实时、覆盖面广等特点，已成为森林资源监测调查的重要手段，并逐步成为林业相关领域内研究的热点[31-34]。自 20 世纪 70 年代末，遥感技术开始应用于森林资源调查的研究，利用遥感数据并结合少量地面样地资料，建立监测区域森林蓄积量估测模型。目前，通过遥感手段进行森林蓄积量估测的方法主要有光学遥感、微波遥感、激光雷达三种。

1.1.2.1　光学遥感森林蓄积量估测

采用光学遥感进行蓄积量估测主要是通过分析影像的植被指数、纹理特征等遥感因子与森林蓄积量的相关性，建立森林蓄积量估测模型。早期遥感蓄积量估测以中低分辨率遥感数据为主，如 1995 年 Gemmell 在不列颠哥伦比亚省的东南部基于 TM 数据，研究了波段、覆盖度、林分面积、地形要素与森林蓄积量的关系[35]。再如 2001 年国内的李崇贵、赵宪文等[36]采用 Landsat TM 数据，选择影响蓄积量估测的主要遥感和 GIS 因子，建立以像元为单位的森林蓄积估测方程。近年来，随着卫星技术不断发展，影像时空分辨率不断提高，纹理特征信息更丰富，森林参数提取更加精准，在森林蓄积量反演中发挥着越来越重要作用。目前国内常用的高分辨率遥感数据有 SPOT 系列数据、高分系列卫星数据、资源三号卫星数据等。如王月婷、刘兆华、肖越等、刘俊等基于资源三号、高分二号、Worldview-2 等卫星数据，通过提取的波段特征、光谱信息、植被指数和纹理特征等多个因子，建立了蓄积量遥感反演模型[37-40]。

在模型构建方法方面，利用遥感数据进行森林蓄积量反演通常采用参数模型和非参数模型两类方法。参数模型方法以多元线性回归为主，其方法主要是利用遥感数据提取不同的波段反射率、纹理因子、地形因子等特征变量，并利用这些特征变量进行多元线性回归分析，拟合出最佳的多元线性回归方程[41]。在多元线性回归模型中，常采用偏最小二乘法、逐步回归和岭估计法等[42]。如 2013 年施鹏程等[43]基于 Landsat、DEM 数据和一类调查数据，采用偏最小二乘回归模型对北京密云森林蓄积量进行遥感估测；2015 年涂云燕等[44]以柬埔寨王国东北部为项目区，将 SPOT5 图像各波段、海拔、坡度及覆盖度为自变量，样地蓄积量作为因变量，建立主成分回归、偏最小二乘回归、逐步回归模型。

非参数模型使用筛选的特殊波段通过机器学习的方式，如 k- 最邻近法（k-nearest neighbor，kNN）、随机森林、人工神经网络等来构建反演模型。如李紫荆等[45]基于 Landsat-8 OLI 影像，以宜良县云南松为研究对象，为植被因子、纹理特征以及 K-T 变化为自变量，采用多元线性回归和随机森林的建模方法，建立了森林蓄积量反演模型；庞晓燕等[46]以内蒙古自治区某林业局的一类清查样地数据、二类调查小班数据、数字高程模型以及林地数据为数据源，采用 kNN、稳健估计及偏最小二乘估计等方法，构建了遥感影像的波段灰度信息、比值波段及地形信息与蓄积量估测模型；钟健等[47]以湖南省湘潭县为研究区，提取 Landsat-8 OLI 影像数据的多个遥感因子，构建多元线性回归模型、误差反向传播神经网络（BP-ANN）、kNN 和随机森林模型进行蓄积量反演。

但光学遥感容易受到云层的影响，在森林覆盖度高的区域会存在光谱信号饱和等问题，且只能探测森林二维空间信息，无法获得森林中如树高等垂直结构的信息，限制了光学遥感在森林资源调查工作中的广泛运用。

1.1.2.2　微波遥感森林蓄积量估测

微波遥感属于主动式遥感，与光学遥感相比，微波遥感受天气状况影响小，其特点为能全天候、全天时工作。微波遥感具有穿透植被冠层的能力，波长较长的微波能与树叶、树枝、树冠、树干发生作用，能够较有效地记录森林的垂直结构信息[48, 49]。因此，微波在森林蓄积量等森林资源定量参数估测方面存在光学影像不具备的优势[50]。20 世纪 70 年代中期，我国的学者开始对合成孔径雷达进行研究，1989 年 SAR 开始被用于森林定量化研究；通过 SAR 数据进行森林蓄积量的反演主要分为利用 SAR 后向散射信息反演森林蓄积量、利用 SAR 干涉相干性反演森林蓄积量和利用 SAR 极化干涉信息反演森林蓄积量三种方式[11, 51]。常用的 SAR 数据包括 ENVISAT-ASAR、COSMO SkyMed 和 RADARSAT-2 等。如王臣立、朱海珍、杨永恬、杨明星、刘雪莲等基于 Radarsat SAR 数据、ENVISAT ASAR 数据、ALOS PALSAR 数据、Sentinel-1A 数据等，利用偏最小二乘法回归、随机森林等方法构建了后向散射系数与蓄积量的模型[52-58]。

但 SAR 影像受斑点噪声和地形方面的影响较严重，数据处理过程较为复杂，数据获取较难，且价格昂贵，后向散射系数估算存在饱和性，使其应用受到了一定限制，导致实际应用不如光学遥感[59, 60]。当前 SAR 在森林遥感定量化方面尚处于研究阶段，投入生产实践较少[61]。

1.1.2.3　激光雷达森林蓄积量估测

激光雷达属于主动式遥感，它是通过发射的激光光束来测量目标物体与传感器之间的距离。激光雷达可以提供精准的三维数据，能精确地提取单木或者林分位置、树高、覆盖度等森林结构参数，林业遥感体系中占据着非常重要的地位，是林分垂直信息提取，实现林分因子定量化反演估测的重要工具[62-64]。根据激光雷达系统搭载平台的不同，可分为地面激光雷达、星载激光雷达、机载激光雷达三个类别[65, 66]。

20 世纪 90 年代，地面激光雷达技术开始兴起，2000 年前后开始应用于林业。地面式激光雷达通常用于单一目标或者小尺度精细三维数据的采集，可以快速、精准、非破坏性地获取林下植被三维信息数据，为树木形态的提取与单木建模提供有效数据。

1996 年、1997 年美国国家航空航天局（NASA）在航天飞机上搭载全波形激光雷达（SLA–1/2）进行对地观测，展现了星载激光雷达在植被参数反演的潜力[67]。随后陆续发射了可用于植被观测的 ICESat 卫星、ICESat–2 ATLAS 卫星和 GEDI 全波形激光雷达等。星载激光雷达观测范围广，其波形信号可反映森林垂直结构，进行森林参数提取及估测，为大尺度乃至全球尺度森林资源监测提供可能。但其在空间上采样不连续，影响波形数据不确定因素多[68]。

机载激光雷达是一种航空遥感领域的激光成像勘测系统，通常搭载多旋翼、固定翼及混合翼等多种无人机或有人机载平台[69, 70]。20 世纪 80 年代中期激光雷达技术开始逐渐用于林业研究，经过几十年的发展，激光雷达技术在林业研究方面已逐渐趋于成熟，机载激光雷达数据可以估测林区平均树高、覆盖度、林分密度等森林参数[71]。如曾伟生等[72]基于东北林区 191 个红松林样地的机载激光雷达数据和地面实测数据，通过多元线性回归和非线性回归估计方法，建立基于激光雷达变量的林分蓄积量与平均高、断面积的模型；张国飞等[73]应用机载激光雷达数据建立的林分蓄积量模型的反演精度；苏迪等[74]以无人机航测数据的点云数据和正射影像为研究数据，结合提取与估测的森林冠层高度、平均树高和平均胸径等因子，利用偏最小二乘法建立森林蓄积量模型；等等。

激光雷达技术的出现是个新的突破，目前激光雷达在林业方面的运用技术已逐渐趋于成熟。机载 LiDAR 发射的激光脉冲具有很强的穿透能力，能够轻易地穿透森林冠层，达到地表，进而获取到森林垂直层面的结构信息，大大提高了森林蓄积量的反演精度。此前，因机载 LiDAR 使用成本较高，导致其在实际应用中受到一定的限制，但随着近年来激光雷达数据获取成本日趋降低，激光雷达技术由科学研究转为业务探索时机已趋成熟。机载激光雷达采用自上而下的空间采样方式，获取的点云信息可以表达森林立体结构信息，但难以刻画树干、树叶、枝条等细节信息，因此并不能应用于树木三维精细建模。但因其在获取较大范围的三维结构信息上具有优势，可以支撑本项目提取森林变量和森林蓄积量定量反演研究。

1.2　国内外森林资源调查实践

1.2.1　我国森林调查实践应用情况

我国的森林资源调查最早开始于 1950 年林垦部组织的甘肃洮河林区森林资源清查[75]。

20 世纪 60 年代开始，引进以数理统计为基础的抽样技术，并以此为基础开始建立国家森林资源连续清查体系[76, 77]。我国的森林资源调查体系可以划分为三类：

（1）国家森林资源连续清查（又称一类清查）

一类清查是以全国为对象的森林资源调查，其目的是摸清家底，了解宏观森林资源现状与动态，为林业方针、方案、规划、设计提供依据。它主要采用系统抽样方法在总体范围内布设固定样地，定期以各省为总体（5 年间隔期）进行森林资源调查。2021 年开始，国家林业和草原局正式启动全国林草生态综合监测工作，5 年间隔期缩短为年度监测，年度出成果。在年度监测模式下，每年现地调查五分之一的固定样地，其他五分之四的样地数据通过生长模型估算。一类清查能定期提供覆盖全国且有一定精度保证的森林资源数据，为国家和各省林业宏观决策做出了巨大贡献。一类清查中，采用样地每木检尺结合立木材积表方式开展蓄积量估测。

（2）森林资源规划设计调查（又称二类调查）

二类调查是指以县（林业局、林场）为单位组织开展的森林资源规划设计调查，其目的是为基层林业生产单位掌握森林资源现状，分析检查森林活动经营效果和为制定森林可持续经营方案提供依据。它主要是以林业局（场）为总体，以高空间分辨率遥感影像辅助区划小班，并结合抽样进行蓄积量调查。

（3）森林资源生产作业设计调查（又称三类调查）

三类调查一般是为基层林业局（林场或林业企业）生产作业设计而进行的详细调查，是在二类调查基础上进行的，也是林业基层单位为完成某项作业设计而进行的调查，每年进行一次。三类调查设计的核心是伐区蓄积量调查，其调查精度要求较高，须达到 90% 以上。一般通过样地每木检尺进行调查，结合材积表计算蓄积。

我国森林资源调查体系沿用至今，定期查清全国森林资源面积、蓄积等状况，了解森林资源消长变化规律，为我国高效准确实现森林资源监测发挥了积极作用。当前"3S"技术迅速发展，应用新兴技术不断优化、完善森林资源调查方法和技术，是实现森林资源的精准、高效调查监测的有效途径。随着高分一号、高分二号、资源三号等国产卫星的广泛应用，高分辨率影像在大规模森林资源调查监测工作中发挥越来越大的作用，全国各地的森林资源管理一张图建设、森林资源调查工作均采用高空间分辨率遥感影像开展小班区划工作。空天地一体化的森林调查工作也开始勇敢尝试。如 2018—2019 年在广西全境利用激光雷达开展二类调查，实现了森林资源调查技术方法新突破；2018 年安徽在开展森林资源年度监测及"森林资源管理一张图"应用试点工作时，利用激光雷达点云数据研建了林分预测模型，在黄山区采用激光雷达点云数据进行树高测量并进行验证；2021 年陕西省林业调查规划院在森林样地调查新技术试点工作中，利用激光雷达技术开展了样地调查。

2021 年，项目组以东北虎豹国家公园内"星机地"综合试验获取的激光雷达点云和地面样地调查成果为基础数据，以落叶松为重点案例，探索了激光雷达调查方式下落叶松林分蓄积量建模方法，并结合东北内蒙古重点国有林区二类调查成果，运用模型初步估算了该地区部分落叶松二类小班的公顷蓄积，实现了激光雷达科研模型成果在业务化应用方向上的一次有效尝试。从模型结果和小范围应用测试结果来看，预估精度达到《森林资源规划设计调查技术规程》的要求，可以在实践中推广应用。落叶松的案例研究探索了一条行之有效的技术路线，为全国典型林区的主要树种（组）基于激光雷达的林分航空蓄积模型建设打下了扎实基础。

2022 年 8 月 4 日，陆地生态系统碳监测卫星成功发射，随着我国自主的星载激光雷达数据的投入使用，这将为实现快速、大面积的激光雷达数据采集提供充足的数据源，为星载激光雷达应用于大面积森林资源调查提供支撑。

1.2.2 其他各国森林调查实践应用情况

最早的森林资源调查监测由法国人顾尔诺提出。20 世纪 20 年代，瑞典、芬兰、挪威率先进行了国家森林资源调查[78, 79]，随后美国、加拿大、北欧及中国也逐渐开展了森林资源连续清查体系工作[80]。

美国的森林资源清查与分析（FIA）最早开始于 19 世纪 30 年代，以州为单位逐个开展资源清查，运用地理信息系统等技术对各地区的调查资料整理，平均清查周期为 10 年[81]。执行初期，只是关注森林资源的数量，如面积、蓄积量等调查因子，调查目的包括木材蓄积和其他林产品信息等[82]。至 20 世纪 90 年代，美国开始针对森林健康状况在全国范围内开展了森林健康监测（FHM）[83]。后来，美国将 FIA 和 FHM 的野外调查部分进行了综合，建立新的森林资源清查与监测体系（FIM）[84]。

德国的森林资源调查与我国在组织形式、经费来源、成果汇总和发布等方面很相似[85]。德国森林资源监测体系包括三方面内容[86]：一是周期为 10 年的全国森林清查，采用布设固定样地的抽样方法进行；二是每年进行的森林健康调查；三是周期为 15 年的森林土壤和林木营养调查。德国比较重视森林生态功能监测，主要监测指标包括常规的森林生长状况和立地因子、林分结构、覆盖度、胸径、树龄、树高、蓄积量等因子，森林健康状况因子，森林生态因子等。

日本森林调查体系起源于 20 世纪 50 年代，以县为单位开展，每 5 年调查一次，主要目的为辅助森林计划制订、森林经营规划编制、森林调查等。调查内容包括覆盖度、优势树种、胸径、树高、树龄、蓄积等因子。在森林资源调查过程中，利用了 GIS 技术完成林班界限入库。

随着森林资源调查向多目标方向转变，美国、德国、日本和法国均广泛运用遥感等 3S 技术进行数据的收集和管理、空间信息的结合与分析。其中，日本、法国侧重于航空影像的运用，德国和美国则结合遥感影像和航空影像共同进行成图和分层抽样控制 [87]。如德国在调查中广泛应用高分辨率遥感影像进行森林、土地利用类型的分层，利用 GIS 技术对成果数据进行汇总制图；美国利用航天遥感技术建立大范围的森林生态图和森林健康指数图。美国地质调查局（USGS）还使用高分辨率 Lidar 数据为林业调查工作提供全国高精度地形数据、精细的森林冠层结构和城市森林生物量数据 [88]。

2

研究目标与任务

2.1　研究目标

以 2017—2021 连续五年获取的激光雷达航空飞行数据成果和地面样地调查成果为基础研究数据，以我国东北林区和南方林区两个典型林区的主要森林类型为研究对象，开展东北林区 10 个典型林分（或树种）类型和南方林区 14 种林分（或树种）类型的航空蓄积模型研建工作，初步搭建了东北林区和南方林区航空蓄积模型体系基础框架，为这两个典型林区的森林资源航空调查工作提供覆盖主要林分（或树种）类型的林分蓄积估算基础数表。同时通过东北林区和南方集体林区模型体系研究工作，探索基于激光雷达点云的林分航空蓄积建模和业务化应用方案，为其他地区林分航空蓄积量建模和数表建设提供技术路线和方法，为逐步、分批构建我国面向业务生产的分林区、分树种的航空蓄积表模型体系和基础数表提供模型和方法支撑，同时也为我国森林资源调查贡献新的技术方法和手段。

2.2　主要任务

首先，基于激光雷达航空飞行数据成果和地面样地调查成果，开展东北林区 10 个典型林分（或树种）类型和南方林区 14 种林分（或树种）类型的航空蓄积模型研建工作；探索适用于林业生产实践的林分航空蓄积模型研建技术方法和路线。

其次，基于建立的林分航空蓄积模型，通过比较选择和精度验证，选择较为适合生产实践的模型，建立相应的航空蓄积表，作为林业生产使用的基础数表，服务于我国东北林区和南方林区主要树种（森林类型）的森林资源调查监测工作。

3

总体技术方案

3.1 建模方案设计

总体思路上，将全国分区域、分森林类型（树种组）设置 60 个建模单元，每个建模单元分 5 个树高级（高、较高、中等、较低、低）、3 个郁闭度区间（0.2~0.5、0.5~0.8、0.8 以上等）分为 15 种细分类型。在航空飞行区域内布设约 75 个直径为 30m 的地面调查样地，开展地面样地调查和每木检尺，全国共布设 4500 个地面调查样地。具体实施中，分区域、分森林类型逐步开始数据获取和建模工作。

建模单元的确定，主要依据我国主要树种蓄积量贡献值、树种生理生态特性和光谱特征等。首先参考《森林资源连续清查森林生物量模型建立暂行办法（试行）》[①]，将全国划分为东北、华区、西北、南方、西南、西藏等 6 个林区，然后将森林类型划分为纯林（优势树种大于 65%）和混交林两大类别。纯林中，选择总蓄积量排名全国前 30 的树种组（参考第八次全国森林资源连续清查公布的统计结果[②]），同时参考森林资源连续清查工作确定的森林生物量建模单元，最后按树种（组）的生理生态特性和光谱特征进行分组，确定全国 6 大林区共 60 个建模单元。

表 3-1   森林蓄积量建模单元分布和数量

类 别	分 组	树种（组）	建模计划							
			建模单元分布和个数						全 国	
			东北	华北	西北	南方	西南	西藏	模型个数	地面样地
常绿针叶	暗针叶树种组	冷 杉	1		1		2	1	5	375
常绿针叶	暗针叶树种组	云 杉	1		2		1	1	5	375
常绿针叶	亮针叶树种组	杉 木				1.5	0.5		2	150
常绿针叶	亮针叶树种组	马尾松				2			2	150
常绿针叶	亮针叶树种组	云南松					0.6	0.4	1	75
常绿针叶	亮针叶树种组	高山松					0.5	0.5	1	75
常绿针叶	亮针叶树种组	柏 木			0.2	0.6	0.2		1	75
常绿针叶	亮针叶树种组	其他亮针叶	1		0.5	0.5	1		3	225

---

① 《森林资源连续清查森林生物量模型建立暂行办法（试行）》（办资字〔2008〕100 号）。

② 《中国森林资源报告（2009—2013）》，国家林业局、中国林业出版社，2014 年 9 月 1 日出版。

续表

类　别	分　组	树种（组）	建模计划							
			建模单元分布和个数						全　国	
			东北	华北	西北	南方	西南	西藏	模型个数	地面样地
落叶针叶	落叶松	落叶松	1	1	1		1		4	300
常绿阔叶	常绿阔叶树种组	桉　树				1			1	75
常绿阔叶	常绿阔叶树种组	木　荷				1			1	75
常绿阔叶	常绿阔叶树种组	樟檫楠木				1			1	75
常绿阔叶	常绿硬阔叶树种组	栎　类				1	2		3	225
落叶阔叶	落叶阔叶树种组	桦　木	2		1		1		4	300
落叶阔叶	落叶阔叶树种组	杨　树	1	1	1	1	1		5	375
落叶阔叶	落叶阔叶树种组	椴　树	1						1	75
落叶阔叶	落叶阔叶树种组	其他落叶阔叶	0.2	0.5	0.3	1			2	150
落叶阔叶	落叶硬阔叶树种组	栎　类	1		1				2	150
落叶阔叶	落叶硬阔叶树种组	其他落叶硬阔叶	0.5			0.5			1	75
针叶混交林	针叶混交林	针叶混交林	1			2			3	225
针阔混交林	针阔混交林	针阔混交林	1			2	1		4	300
阔叶混交林	阔叶混交林	阔叶混交林	2			3	1	1	8	600
合　计			13.7	2.5	9	18.1	12.8	3.9	60	4500

注：建模单元数量不足 1 的树种（如云南松），将合并几个林区的样本建模。

3.2　主要技术路线

　　按照总体建模方案，选择试验区，结合当地森林资源小班数据和主要树种分布布设样地，然后开展基于激光雷达的空地一体化调查，获取外业数据。

　　内业部门拿到外业调查成果后，开始数据整理和建模工作。首先对 LiDAR 数据进行预处理，提取包括高度百分位数和冠层返回密度在内的多个森林结构特征。为了获取树木真实高度，对 LiDAR 点云的高度进行归一化处理，得到归一化的点云数据并提取点云特征变量。然后结合地面实测蓄积数据和特征变量构建了多元线性回归模型以及多元非线性模型并进行精度对比评价。最后根据树种蓄积模型进行蓄积表编制。

　　具体研建路线如图 3-1 所示。

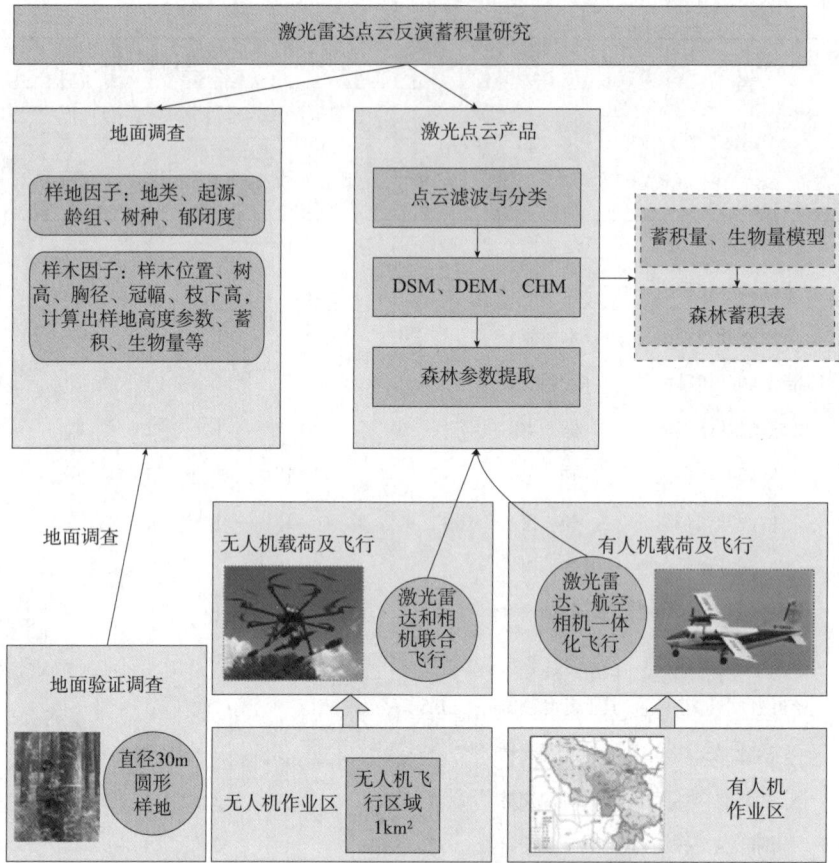

图 3-1   航空蓄积表研建技术路线

3.3   主要建模方案

　　森林蓄积量估测建模的方法很多，包括多元线性回归、多元非线性回归、决策树、随机森林、装袋算法等多种方法。其中多元线性回归和多元非线性回归由于其具有可解释性好、适用范围广、方法相对简单、易于理解和推广应用等优点，是林业生产部门广为应用的建模方法。

　　多元线性回归（MLR）与多元非线性回归（NLR）均为研究一个因变量与多个自变量之间的回归方法，反映因变量随多个自变量变化而变化的规律，并对自变量进行显著性检验。由于两种模型各有特点，都广泛应用于实际建模工作中。林业上能够调查取得的森林因子很多，比如胸径、树高、枝下高、冠幅等，选取对于森林蓄积量影响最显著的因子时，需要采用多元线性回归和非多元线性回归等多种方法进行因子的筛选。

3.3.1　多元线性回归模型

以地面样地实测蓄积为因变量，提取的若干森林参数作为自变量，采用多元线性回归来建立蓄积量估测模型。建立模型过程中，通常运用逐步回归法（Stepwise）来选择进入模型的合适变量。也就是将多个自变量引入回归模型中，若增加一个自变量能使残差平方和显著减小，则将该变量引入回归模型中，否则将其剔除，直至变量引入回归模型残差平方和不再变化时，再将具有显著影响的变量输出。

F 检验用于检验整体回归方程的显著性，t 检验用于检验回归方程中各个变量参数的显著性。P 值是 t 检验效果的一个衡量度，如果 $P<0.05$，则表示该自变量对因变量解释性很强。如果自变量使统计量 F 值过小并且 t 检验达不到显著水平（$P>0.1$），则予以剔除；如果自变量使 F 值较大且 t 检验达到显著水平（$P<0.05$），则可以进入。这样重复进行，直到回归方程中所有的自变量均符合进入模型的要求，方程外的自变量均不符合进入模型的要求为止。

多元线性回归的模型形式为线性的，其模型公式为：

$$V = \beta_0 + \beta_1 x_1 + \beta_2 x_2 + \cdots + \beta_n x_n + \varepsilon \tag{1}$$

其中，V 为蓄积量，β_0、β_1、β_2、$\cdots$、β_n 为待定回归系数，x_1、x_2、$\cdots$、x_n 为激光雷达点云变量，ε 为误差项。

3.3.2　多元非线性回归模型

多元非线性模型分为两种情况：一是因变量与自变量之间不存在较好的线性关系，但可以通过适当数学变换将其转化为线性形式；二是因变量与自变量不存在较好的线性关系，也不能通过适当变换转化为线性模型。根据以往研究经验，建立蓄积估测模型一般是也采用两种方式：一是对所有变量进行对数变换，将非线性关系转化为线性关系，即把对数变换后的变量看成一个整体，采用多元线性回归来建立蓄积量估测模型；二是对变量进行非线性拟合，采用幂函数形式来建立蓄积量估测模型。多元非线性回归的模型形式为非线性的，比如幂函数。其模型公式为：

$$V = \beta_0 X_1^{\beta_1} X_2^{\beta_2} \cdots X_n^{\beta_n} \tag{2}$$

由于模型可能异方差，异方差是模型的残差随着自变量的增大而增大的现象，通常呈现"喇叭状"散点图，所以在非线性回归模型中通常采用模型（3），如下所示：

$$\ln V = \ln \beta_0 + \beta_1 \ln x_1 + \beta_2 \ln x_2 + \cdots + \beta_n \ln x_n \tag{3}$$

其中，V 为蓄积量，β_0、β_1、β_2、$\cdots$、β_n 为待定回归系数，x_1、x_2、$\cdots$、x_n 为激光雷达点云变量。

3.3.3　模型研究和验证方案

为提升模型的精度和应用能力，本研究首先针对同时开展多元线性回归和非线性回归建模，采用逐步回归筛选变量、固定变量（根据传统调查经验，预先判断对森林蓄积量具有稳定影响的一些因子）、正负相关性最强变量的 4 种变量筛选方案分别确定变量后建模，得到线性回归模型和非线性回归模型各 4 项建模成果。然后根据模型评价精度和验证精度、模型变量复杂度以及变量生产实践中可解释性等，从中选择一项较为适合林业生产的模型，建立航空蓄积表。

为了提高模型的精度，研究不同模型和变量组合对模型精度的影响，设计了 4 种方案。

方案 1：选用覆盖度、点云高度、点云密度 3 类共 30 项指标；

方案 2：基于方案 1，加入点云强度变量指标，选用覆盖度、点云高度、点云密度和点云强度 4 类共 49 项指标；

方案 3：直接选用了点云平均高、覆盖度两类与林木生长物理量关联比较紧密的指标；

方案 4：选用了逐步回归中正相关最大和负相关最大的指标。

表 3-2　4 种建模变量选取方案

方案编号	变量类型	变量筛选方法	研究思路
1	覆盖度、点云高度、点云密度等 30 项变量	逐步回归	常规变量选取方法，通过逐步回归筛选出建模精度最高的若干变量
2	覆盖度、点云高度、点云密度、点云强度等 49 项变量	逐步回归	常规变量选取方法，在候选的变量中增加点云强度类型的变量，探讨点云强度对提升模型精度的意义
3	点云平均高、覆盖度	固定变量	根据地面调查林分蓄积量模型的经验，直接选取两个物理内涵比较明确的变量开展建模，探索比较易于理解、易于应用的模型
4	正相关最大负相关最大	Pearson 相关分析	通过 Pearson 相关分析，提取正相关和负相关最大的两个变量（以下简称正负相关）探索提升建模精度；若正负相关最大的两个变量建模精度较低，可采用两个正相关最大的变量（以下简称正正相关），但要保证变量类型不能相同

4

研究过程和方法

4.1　试验区和航空飞行样地布设

按照分步实施的原则，2017—2021 年主要针对东北林区和南方林区开展了激光雷达空地飞行试验工作。根据这两个林区已确定的建模单元和树种类型，对相关省份的森林资源规划设计调查数据进行分析，按照样地布设区域相对集中和优势树种的典型性原则，确定试验区范围。

4.1.1　东北林区样地布设

东北林区空地飞行试验区主要位于东北虎豹国家公园及周边，涉及黑龙江和吉林两省。东北林区建模单元主要包括冷杉（*Abies* spp.）、云杉（*Picea* spp.）、落叶松（*Larix* spp.）、桦木（*Betula* spp.）、杨树（*Populus* spp.）、椴树（*Tilia* spp.）、栎类（*Quercus* spp.）、其他落叶阔叶、其他亮针叶、阔叶混交林、其他落叶硬阔叶、针叶混交林、针阔混交林等 13 个树种（组）。地面调查样地布设数量见表 4-1。

表 4-1　东北林区建模单元设计和地面样地数量

森林类型	分　组	树种（组）	设计方案	
			建模单元	地面样地个数
常绿针叶	暗针叶树种组	冷　杉	1	75
常绿针叶	暗针叶树种组	云　杉	1	75
常绿针叶	亮针叶树种组	其他亮针叶	1	75
落叶针叶	落叶松	落叶松	1	75
落叶阔叶	落叶阔叶树种组	桦　木	2	150
落叶阔叶	落叶阔叶树种组	杨　树	1	75
落叶阔叶	落叶阔叶树种组	椴　树	1	75
落叶阔叶	落叶阔叶树种组	其他落叶阔叶	0.2	15
落叶阔叶	硬阔叶树种组	栎　类	1	75
落叶阔叶	硬阔叶树种组	其他落叶硬阔叶	0.5	37
针叶混交林	针叶混交林	针叶混交林	1	75
针阔混交林	针阔混交林	针阔混交林	1	75

续表

森林类型	分　组	树种（组）	设计方案	
			建模单元	地面样地个数
阔叶混交林	阔叶混交林	阔叶混交林	2	150
	合　计		13.7	1027

注：部分树种地区差异相对小，故建模总体为全国而非本林区，本区域样地布设安排较少，导致建模单元数量不足1。这类树种将采集完成全国的样地数据后开展整体建模，或者后续补测相关样地数据另行建模。

4.1.2　南方林区样地布设

南方林区的空地飞行试验区分别位于湖南张家界森林公园周边、福建武夷山国家公园及周边、广西全自治区和海南热带雨林国家公园及周边，涉及湖南、福建、广西和海南4省（自治区）。广西直接应用了广西壮族自治区2016—2019年激光雷达二类调查成果数据，细节不再赘述。

南方林区建模单元主要包括柏木（*Cupressus* spp.）、桉树（*Eucalyptus* spp.）、木荷（*Schima* spp.）、樟檫楠木（*Phoebe* spp.）、栎类（*Quercus* spp.）、杨树（*Populus* spp.）、杉木（*Cunninghamia* spp.）、马尾松（Pinusmassoniana *Lamb.*）、其他亮针叶、其他落叶阔叶、其他落叶硬阔叶、针叶混交林、针阔混交林、阔叶混交林等14个树种（组）。地面调查样地布设数量见表4-2。

表4-2　南方林区建模单元设计和地面样地数量

森林类型	分　组	树种（组）	设计方案	
			建模单元	地面样地个数
落叶阔叶	落叶硬阔叶树种组	其他落叶硬阔叶	0.5	37
常绿阔叶	常绿阔叶树种组	桉　树	1	75
常绿阔叶	常绿阔叶树种组	木　荷	1	75
常绿阔叶	常绿阔叶树种组	樟檫楠木	1	75
常绿阔叶	常绿硬阔叶树种组	栎　类	1	75
落叶阔叶	落叶阔叶树种组	杨　树	1	75
常绿针叶	亮针叶树种组	柏　木	0.6	45
常绿针叶	亮针叶树种组	杉　木	1.5	112
落叶阔叶	落叶阔叶树种组	其他落叶阔叶	1	75
常绿针叶	亮针叶树种组	马尾松	2	150
常绿针叶	亮针叶树种组	其他亮针叶	0.5	37
针叶混交林	针叶混交林	针叶混交林	2	150
针阔混交林	针阔混交林	针阔混交林	2	150
阔叶混交林	阔叶混交林	阔叶混交林	3	225
	合　计		18.1	1356

4.2　空地数据获取和内业处理

4.2.1　地面调查数据

地面调查数据主要包括样地数据（半径 15m 的圆形样地）和样木数据。为获取高精度的样地、样木位置信息，调查工作采用 RTK 等精密设备对样地和样木进行定位，实现与激光雷达航飞数据的精准匹配。同时对样地开展每木检尺，现场测量记录林分平均高、覆盖度等主要调查因子。根据当地的林木二元材积表或蓄积量模型计算得到样地蓄积量（表 4-3）。

表 4-3　地面调查成果主要数据内容

序号	调查对象	主要因子
1	样地	样地号、优势树种、树高级、覆盖度级、样木平均胸径、样木平均树高、样木最大树高、样木最小树高、样地蓄积、公顷蓄积、调查日期、调查人员、样地中心点 X 坐标和 Y 坐标
2	样木	样木号、胸径、树高、树种、枝下高、X 坐标、Y 坐标

4.2.2　激光雷达点云数据

利用激光雷达处理软件（如 LiDAR360 等）对获取的激光雷达原始数据开展分类、平差、归一化等预处理。激光雷达点云分类是非常重要的一个环节，需要将原始点云数据分为地面点、植被点、未识别点，然后生成数字高程模型（DEM）、数字表面模型（DSM）和冠层高度模型（CHM）。经检查点云数据质量合格后，提取反映林分高度、森林密度和空间结构信息的 98 个变量，包括点云高度、覆盖度、点云强度、点云密度等。

本文在表 4-4 中列出所有可能参与建模的变量名称、含义以及在模型中参数表达形式，后续建模时将不再对每个具体的变量进行释义和说明。

表 4-4　点云数据主要提取变量及含义

变量（组）名称	含 义	模型中参数表达形式	变量含义	变量个数
CC	覆盖度	CC	首次回波的植被点数（大于指定的高度阈值）与首次回波点数的比值	1
elev_mad	高度中位数绝对偏差的中位数	h_{mad}	中位数绝对偏差的中位数	1
elev_max	点云高度最大值	h_{max}	某一点云样地（或其他空间区域）内，所有点高度值的最大值	1

续表

变量（组）名称	含 义	模型中参数表达形式	变量含义	变量个数
elev_min	点云高度最小值	h_{min}	某一点云样地（或其他空间区域）内，所有点高度值的最小值	1
elev_mean	点云平均高	h_{mean}	某一点云样地（或其他空间区域）内，所有点高度值的平均值	1
elev_1st-99th	点云高度百分位数	h_{1st}, h_{5th}, h_{10th}, h_{20th}, h_{25th}, h_{30th}, h_{40th}, h_{50th}, h_{60th}, h_{70th}, h_{75th}, h_{80th}, h_{90th}, h_{95th}, h_{99th}	某一点云样地（或其他空间区域）内，将其内部所有归一化的点云按高度进行排序，然后计算每一统计单元内 1%、5%、…、99% 的点所在的高度	15
density [0]-[9]	点云密度变量	d_0, d_1、…、d_9	将点云数据从低到高分成 10 个相同高度的切片，每层回波数的比例就是相应的密度变量，0 表示最低层点云切片，9 表示最高层点云切片	10
int_mad	强度中位数绝对偏差的中位数	i_{mad}	中位数绝对偏差的中位数	1
int_max	点云强度最大值	i_{max}	某一统计单元内，所有点强度值的最大值	1
int_min	点云强度最小值	i_{min}	某一统计单元内，所有点强度值的最小值	1
int_mean	点云强度平均值	i_{mean}	某一统计单元内，所有点强度值的平均值	1
int_1st-99th	点云强度百分位数	i_{1st}, i_{5th}, i_{10th}, i_{20th}, i_{25th}, i_{30th}, i_{40th}, i_{50th}, i_{60th}, i_{70th}, i_{75th}, i_{80th}, i_{90th}, i_{95th}, i_{99th}	某一统计单位内，将其内部所有归一化的点云按强度进行排序，然后计算每一统计单元内 *% 的点所在的强度，即 1%、5%、10%、…、99%	15

4.3　数据建模

4.3.1　数据筛查

在建模工作开展之前，为保证建模精度，需要先对航空飞行数据（包括地面样地数据和激光雷达点云数据）进行全面筛查，确认是否符合建模要求，对有问题的样地进行反馈和修正。

4.3.1.1　地面样地数据筛查

主要对地面样地关键因子开展检查，包括覆盖度、平均胸径、平均树高、树高最大值、树高最小值、样地蓄积量等。检查所有样地数据的关键是调查因子取值是否合理，如郁闭度、胸径是否存在 0 值，树高值过大（小）等异常值。

（1）目视检查

利用 GIS 软件（如 ArcMap）打开某树种（如马尾松）样地矢量数据，对关注的调查因子值排序后，目视检查其取值是否合理，初步排查空值、过大异常值、过小异常值这 3 种情况。

（2）散点图检查

根据森林调查先验知识，林木蓄积不仅与胸径、树高等指标高度正相关，还与郁闭度等林木疏密程度高度正相关。本研究提取了样地平均胸径、平均树高、郁闭度等指标，利用散点图做了初步相关性分析，为后续模型自变量的选取提供技术和方法支撑。以东北林区的落叶松为例，开展了以下指标相关性分析，得到的散点图如图 4-1 所示。

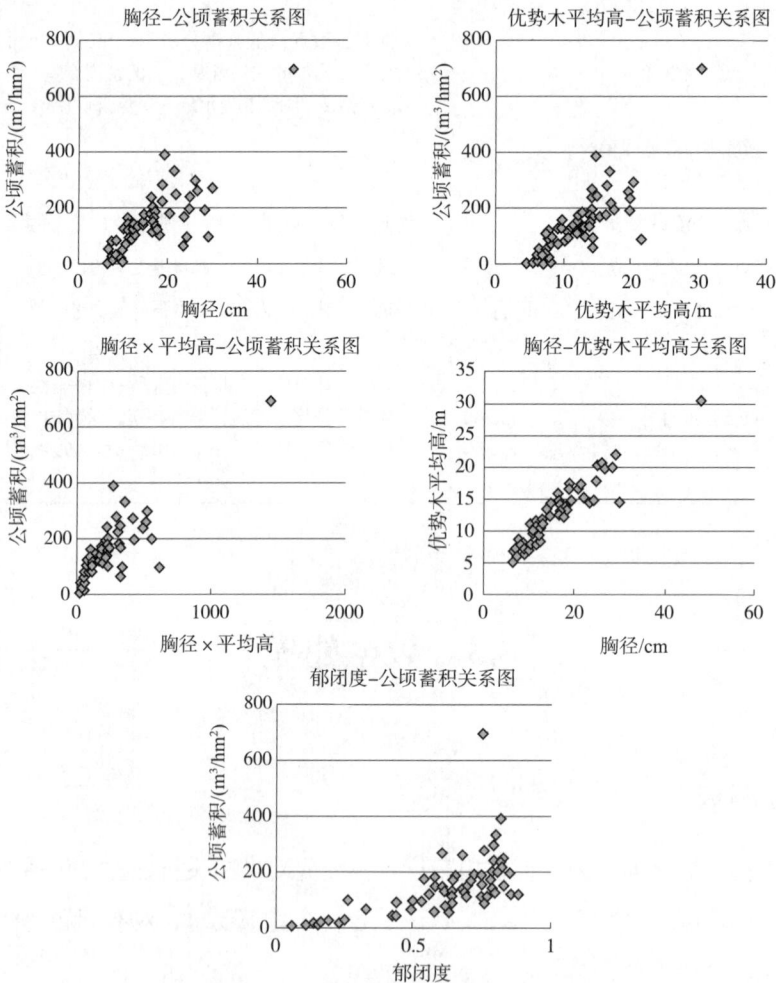

图 4-1　关键调查因子散点图

从散点图中我们可以看到，平均胸径、优势木平均高和郁闭度几个因子，与样地蓄积高度正相关，是蓄积量建模需要重点考虑的关键因子。除了落叶松，其他树种散点图分析结论基本一致，后续各树种建模文档中不再赘述。

4.3.1.2　点云样地数据筛查

为保证森林参数提取的准确性，应先对归一化后的点云样地数据成果进行检查，对有问题的点云数据进行排查与处理，确保归一化点云数据结果准确。主要是检查点云样地数据的完整性、是否为植被区域、是否存在异常值（负值、过大值）等情况。经检查点云数据质量合格后，均可以参与建模。图4-2展示部分存在问题的点云样地数据（左图点云数据不全，右图显示未非植被样地）。

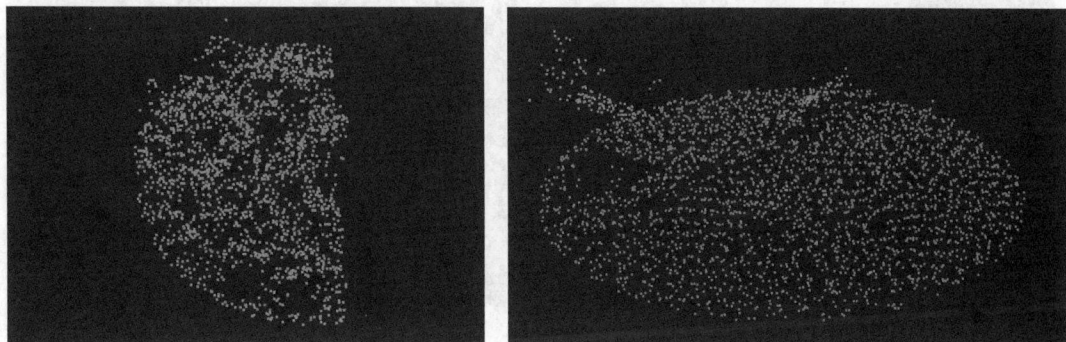

图4-2　问题点云样地示例

4.3.2　空地数据位置匹配

由于地面样地调查和激光雷达飞行工作不是完全同步的，地理坐标系统也有微小的差别，在开展建模工作前，地面样地数据必须经过对应的激光雷达点云样地的坐标匹配纠正。将地面样地和样木数据叠加到CHM影像上，根据样木高度及周边CHM影像像元的灰度值，人工完成坐标位置纠正工作。图4-3展示了点云和地面数据匹配前后的对比，左边图中红色的点代表坐标匹配前的样木位置点，右边图中绿色的点代表坐标匹配后的样木位置点。

4.3.3　模型变量筛选

以东北林区落叶松为例，阐述线性和非线性回归模型的变量筛选方法。后续其他树种建模变量均采用与落叶松一致的筛选方法，筛选过程不再赘述。

4.3.3.1　多元线性模型变量筛选

（1）方案1和2的变量筛选

将方案1选用的覆盖度、点云高度、点云密度等30项指标，方案2选用的覆盖度、点云高度、点云密度、点云强度等49项指标作为自变量，蓄积量作为因变量，通过逐步回归筛选结果如表4-5所示。根据模型的确定系数（R^2）和修正确定系数（修正R^2）

的判定，方案 1 和方案 2 通过逐步回归，筛选变量结果一致，即 30% 点云高度百分位数（elev_30th）和覆盖度（CC）2 个变量对蓄积量有显著影响。

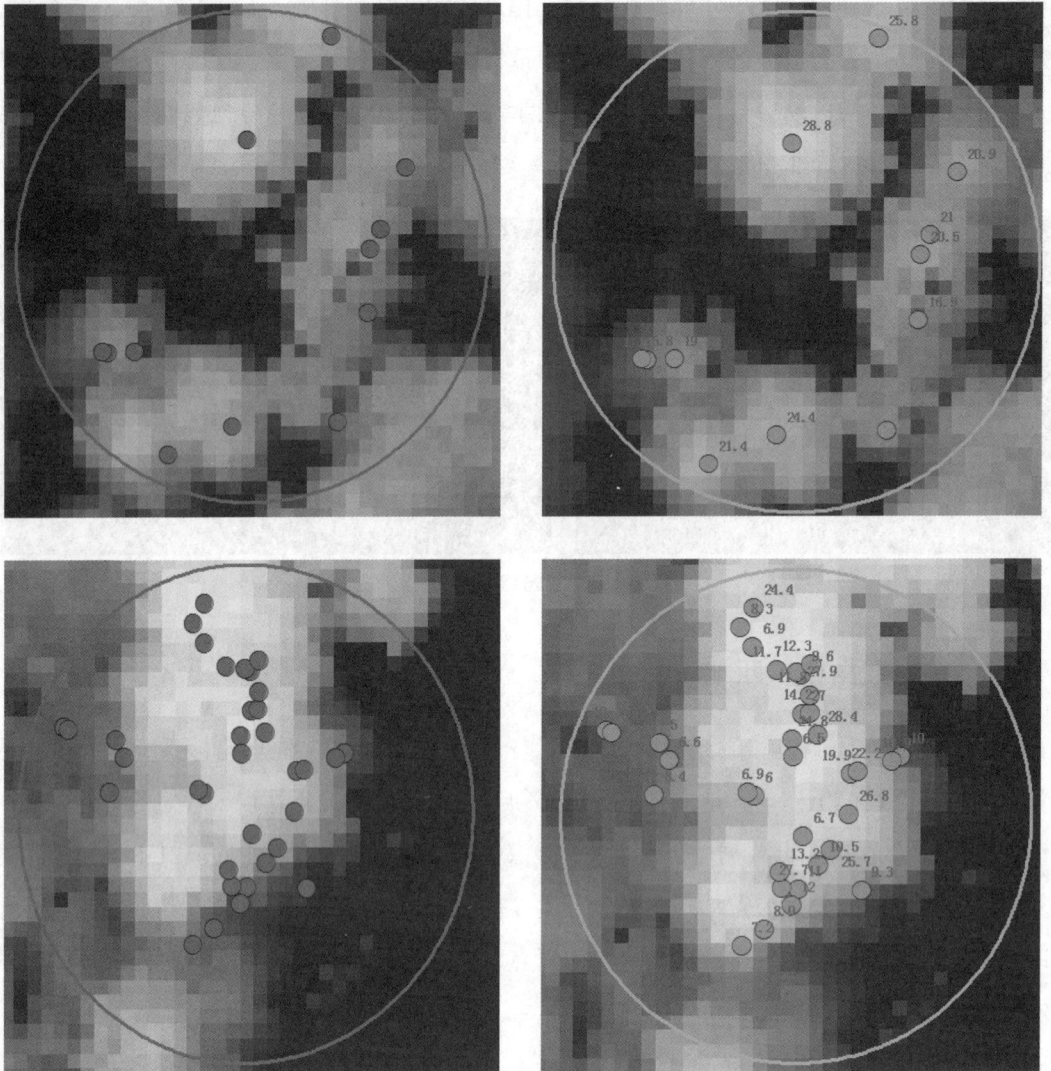

图 4-3　空地数据匹配前后对比

表 4-5　方案 1 和方案 2 逐步回归筛选变量结果

方案	变量名称	R^2	修正 R^2	标准差
1 和 2	elev_30th,CC	0.820	0.813	27.529

（2）方案 4 的 Pearson 相关分析

方案 4 经过相关分析得到 Pearson 相关系数，如表 4-6 所示。由表中可知，变量 30% 点云高度百分位数（elev_30th）正相关性最强，密度变量 [2]（density[2]）负相关性最强。

表 4-6　蓄积量与正负相关变量的相关系数

相关变量	Pearson 系数	相关变量	Pearson 系数
CC	0.691**	density[5]	0.235
elev_mad	0.582**	density[6]	0.464**
elev_max	0.818**	density[7]	0.493**
elev_min	0.078	density[8]	0.516**
elev_mean	0.798**	density[9]	0.458**
elev_1st	0.601**	int_mad	−0.449**
elev_5th	0.719**	int_max	0.493**
elev_10th	0.768**	int_mean	0.515**
elev_20th	0.787**	int_min	0.569**
elev_25th	0.789**	int_1st	0.568**
elev_30th	0.821**	int_5th	0.567**
elev_40th	0.795**	int_10th	0.551**
elev_50th	0.798**	int_20th	0.524**
elev_60th	0.801**	int_25th	0.513**
elev_70th	0.806**	int_30th	0.503**
elev_75th	0.809**	int_40th	0.489**
elev_80th	0.813**	int_50th	0.484**
elev_90th	0.820**	int_60th	0.487**
elev_95th	0.819**	int_70th	0.496**
elev_99th	0.817**	int_75th	0.499**
density[0]	−0.310*	int_80th	0.504**
density[1]	−0.575**	int_90th	0.510**
density[2]	−0.578**	int_95th	0.506**
density[3]	−0.489**	int_99th	0.498**
density[4]	−0.269*		

注：** 为相关性在 0.01 水平上显著，* 为相关性在 0.05 水平上显著。

（3）确定多元线性模型方案变量

经过逐步回归筛选（方案 1 和 2）或 Pearson 相关分析（方案 4）之后，可以确定 4 种模型的自变量（表 4-7）。

表 4-7　多元线性模型变量筛选结果

方案编号	变量筛选方法	筛选后的变量
1 和 2	逐步回归	30% 点云高度百分位数（elev_30th）、覆盖度（CC）
3	固定变量	点云平均高（elev_mean）、覆盖度（CC）
4	Pearson 相关分析	30% 点云高度百分位数（elev_30th）、密度变量 [2]（density[2]）

4.3.3.2 多元非线性模型变量筛选

采用与多元线性模型变量筛选相同的方法，筛选 4 类多元非线性模型的模型变量。经过逐步回归筛选（方案 1 和 2）或 Pearson 相关分析（方案 4）之后，可以确定 4 种模型的自变量（表 4-8）。

表 4-8　多元非线性模型变量筛选结果

方案编号	变量筛选方法	筛选后的变量
1 和 2	逐步回归	50% 点云高度百分位数（elev_50th）、覆盖度（CC）
3	固定变量	点云平均高（elev_mean）、覆盖度（CC）
4	Pearson 相关分析	50% 点云高度百分位数（elev_50th）、密度变量 [1]（density[1]）

4.3.4　建模方案比选

以落叶松为例，阐述林分蓄积量模型构建和比选方法和实现过程。

4.3.4.1　多元线性模型构建和方案比较

针对 4 种方案，分别建立多元线性回归法建立蓄积估测模型（表 4-9）。4 种方案的模型评价指标如表 4-10 所示。

表 4-9　多元线性回归模型公式

模型方案	模型参数	模型公式
1 和 2	h_{30th}、CC	$V=9.876h_{30th}+183.242CC-92.426$
3	h_{mean}、CC	$V=10.243h_{mean}+186.815CC-99.926$
4	h_{30th}、d_2	$V=13.345h_{30th}+77.520d_2-23.163$

注：V 为蓄积量，后续表中 V 意义相同，不再重复说明。

表 4-10　多元线性回归模型评价指标

模型方案	R^2	修正 R^2	残差标准差
1 和 2	0.820	0.813	27.529
3	0.821	0.814	27.436
4	0.742	0.732	32.945

4.3.4.2　多元非线性模型构建和比较

针对 4 种方案，分别建立非线性回归法建立蓄积估测模型（表 4-11）。4 种方案的模型评价指标如表 4-12 所示。

表 4-11　多元非线性回归模型公式

模型方案	模型参数	模型公式
1 和 2	h_{50th}、CC	$\ln V=0.905\ln h_{50th}+1.195\ln CC+3.099$
3	h_{mean}、CC	$\ln V=1.254\ln CC+0.904\ln h_{mean}+3.234$
4	h_{50th}、d_1	$\ln V=1.227\ln h_{50th}-0.035\ln d_1+1.599$

表 4–12 非线性回归模型评价指标

模型方案	R^2	修正 R^2	残差标准差
1 和 2	0.917	0.913	0.187
3	0.913	0.910	0.191
4	0.808	0.800	0.284

4.3.5 模型精度验证评价

4.3.5.1 模型验证方法

常见的森林蓄积量模型的验证方法有传统的七三法、K 折交叉验证法（如十折交叉验证法）、留一法等。

七三法是将样本量的 70% 用于建模，30% 用于验证，建模样本与验证样本之间相互独立。K 折交叉验证法则将数据集划分为 K 个大小相似的互斥子集，每个子集都要尽可能保持数据分布的一致性，然后用（K–1）个子集的并集作为训练集，余下 1 个子集作为测试集。这样就可以获得 K 组训练 / 测试集，从而可以进行 K 次训练和测试，最终返回的是 K 个测试结果的均值。K 折交叉验证法的优点是能够从有限的数据中尽可能挖掘多的信息，从各种角度去学习现有的有限的数据，避免出现局部的极值。在这个过程中无论是训练样本还是测试样本都得到了尽可能多的学习。交叉验证法评估结果的稳定性和保真性在很大程度上取决于 K 的取值，本研究主要采用了十折交叉验证和留一法验证。

K 折交叉验证中，当 $k=10$ 时，即十折交叉验证（10–fold cross–validation）。十折交叉验证法将全部数据分为十份，轮流将其中九份做训练集、一份做测试集。十折交叉验证对一个数据集用同一个模型进行 10 轮测试，但每次训练的数据集又不全一样，相当于扩充了数据集，如果这 10 个模型的均值效果好的话，可以说这个模型有一定的泛化能力。

留一法（Leave–One–Out）是 K 折交叉验证中 $k=n$，留一法就是每次只留下一个样本做测试集，其他样本做训练集，如果有 k 个样本，则需要训练 k 次，测试 k 次。留一法计算过程烦琐，样本利用率最高，适合于小样本的情况。

好的模型应该有较强的泛化能力，简单地说，就是根据已有数据建立的模型应该能够很好地应用于新的数据。由于空地飞行试验成本较高，样本数据十分珍贵，为了充分利用样地数据，本研究采用十折交叉验证和留一法对森林蓄积量估测模型进行精度评价。

4.3.5.2 模型验证评价指标

项目采用决定系数、总相对误差、均方根误差、平均绝对误差、平均绝对百分比误差 5 个指标对十折交叉验证和留一法，进行精度评价。

（1）决定系数 R^2

对实测蓄积与模型估测蓄积进行线性拟合得到 R^2，可以反映回归直线的拟合优度。R^2 越大，表示因变量与自变量之间的相关性越强。计算公式为：

$$R^2 = \frac{\sum_{i=1}^{n}(V_i - \overline{V_i})\ (\hat{V_i} - \overline{\hat{V_i}})}{\sqrt{\sum_{i=1}^{n}(V_i - \overline{V_i})^2}\sqrt{\sum_{i=1}^{n}(\hat{V_i} - \overline{\hat{V_i}})^2}}$$

式中，V_i 为地面实测蓄积量，$\overline{V_i}$ 为 V_i 的平均值，$\hat{V_i}$ 为模型估测蓄积量，$\overline{\hat{V_i}}$ 为 $\hat{V_i}$ 的平均值，n 为样地数。

（2）均方根误差 RMSE

RMSE 是预测值与实测值偏差的平方和与观测次数的比值的平方根，可以说明样本的离散程度。RMSE 越小，表明模型预测效果越好。计算公式为：

$$\mathrm{RMSE} = \sqrt{\frac{1}{n}\sum_{i=1}^{n}(V_i - \hat{V_i})^2}$$

（3）总相对误差 TRE

TRE 是反映预估模型拟合效果的重要指标，可以反映出回归模型系统偏差的情况。计算公式为：

$$\mathrm{TRE} = \frac{\sum_{i=1}^{n}\left(V_i - \hat{V_i}\right)}{\sum_{1}^{n}\hat{V_i}} \times 100$$

（4）平均绝对误差 MAE

MAE 表示估测值和实测值之间绝对误差[1]的平均值，可以反映估测值误差的实际情况。计算公式为：

$$\mathrm{MAE} = \frac{1}{n}\sum_{i=1}^{n}\left|V_i - \hat{V_i}\right|$$

（5）平均绝对百分比误差 MAPE

MAPE 表示预测值和实测值之间相对误差[2]的平均值。计算公式为：

$$\mathrm{MAPE} = \frac{1}{n}\sum_{i=1}^{n}\frac{\left|V_i - \hat{V_i}\right|}{V_i}$$

注：① 绝对误差 =| 实测值 – 预测值 |，采用 ABS 函数实现。
② 相对误差 =| 实测值 – 预测值 |÷ 实测值。

4.3.5.3　方法和实现过程

以东北林区落叶松为例，利用 Python 工具对落叶松模型分别开展十折交叉验证和留一法验证，为航空材积表模型选择提供依据。

（1）十折交叉验证

落叶松所有模型总体精度指标和模型预测结果如表 4-13 和图 4-4、图 4-5 所示。

表 4-13　基于十折交叉验证的模型总体精度

模　型	决定系数 R^2	均方根误差 RMSE（m^3/hm^2）	平均绝对误差 MAE（m^3/hm^2）	平均绝对百分比误差 MAPE（%）	总相对误差 TRE（%）
线性方案 1 和 2	0.771	48.853	37.962	62.105	6.176
线性方案 3	0.699	52.119	39.129	64.773	5.816
线性方案 4	0.761	49.803	38.250	53.354	8.002
非线性方案 1 和 2	0.782	43.257	29.713	21.896	5.553
非线性方案 3	0.755	46.205	31.413	23.638	7.330
非线性方案 4	0.307	76.069	52.460	39.956	15.956

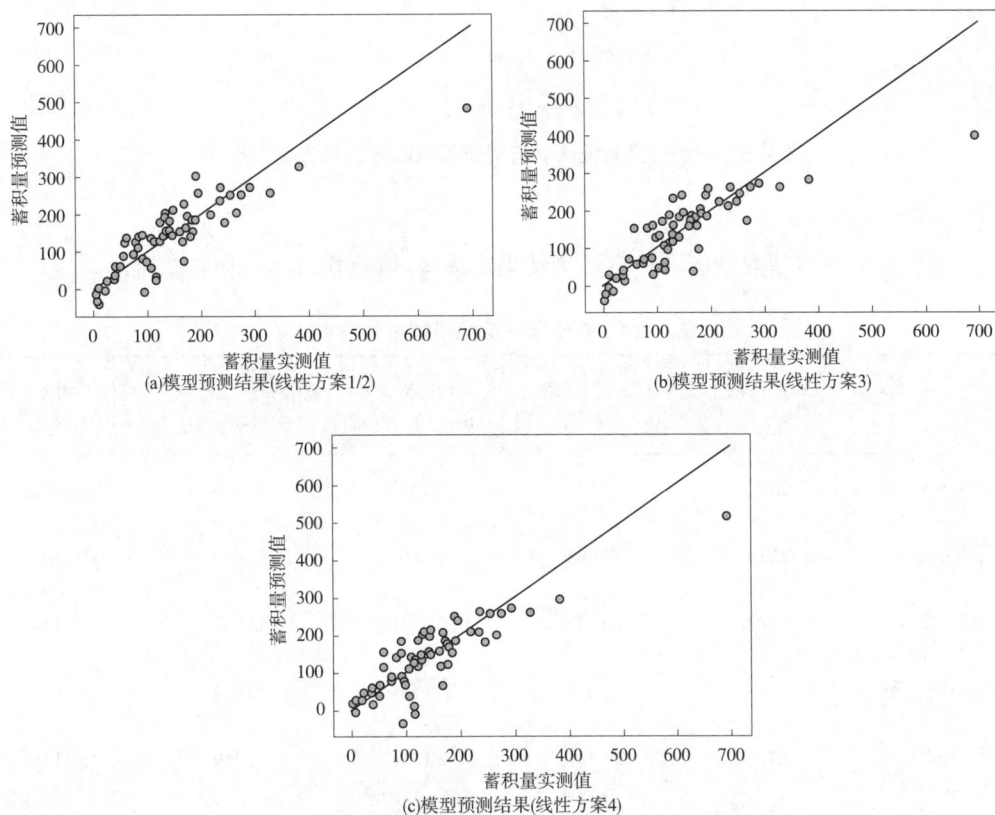

(a)模型预测结果(线性方案1/2)

(b)模型预测结果(线性方案3)

(c)模型预测结果(线性方案4)

图 4-4　十折交叉验证估测与实测蓄积的线性方案散点图

(a)模型预测结果(线性方案1/2)

(b)模型预测结果(线性方案3)

(c)模型预测结果(线性方案4)

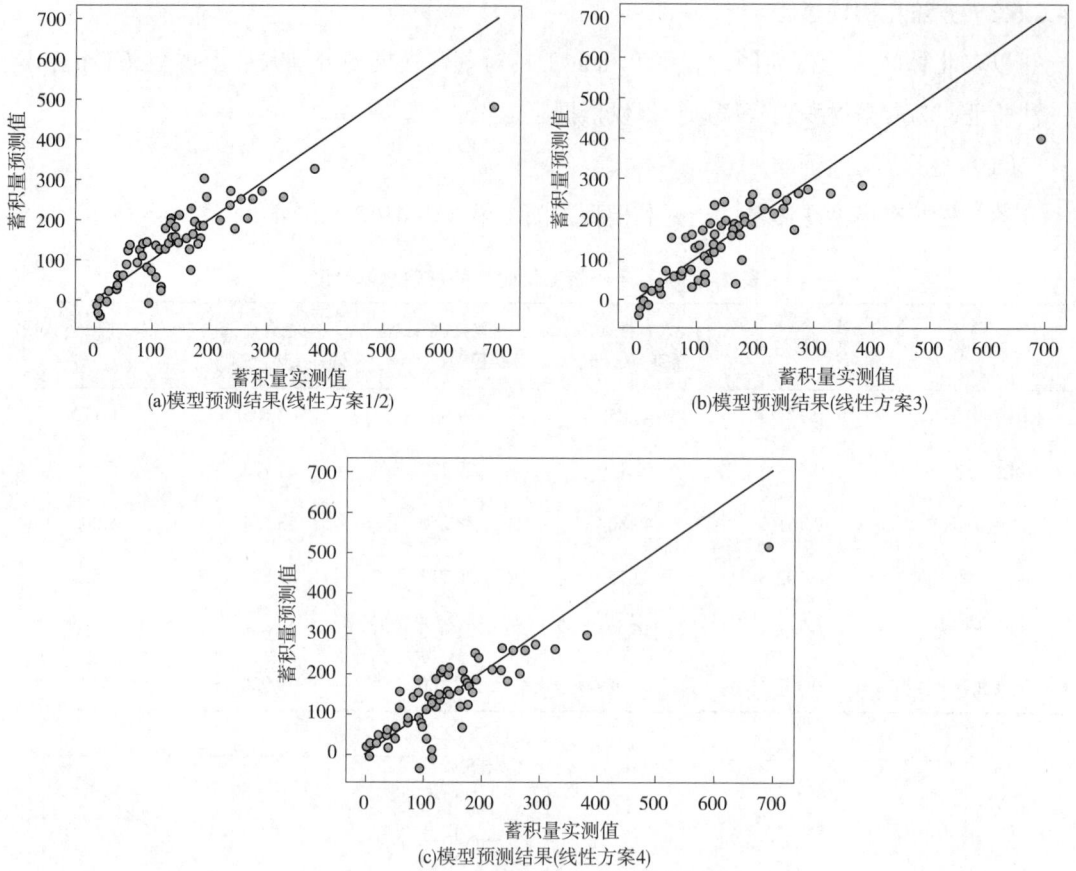

图 4-5　十折交叉验证估测与实测蓄积的非线性方案散点图

（2）留一法验证

获得的模型总体精度指标和模型预测结果如表 4-14 和图 4-6、和 4-7 所示。

表 4-14　基于留一法的模型总体精度

模　型	决定系数 R^2	均方根误差 RMSE（m^3/hm^2）	平均绝对误差 MAE（m^3/hm^2）	平均绝对百分比误差 MAPE（%）	总相对误差 TRE（%）
线性方案 1 和 2	0.799	35.540	35.540	57.419	−23.873
线性方案 3	0.714	37.693	37.693	65.462	0.769
线性方案 4	0.789	36.339	36.339	53.084	−16.174
非线性方案 1 和 2	0.798	28.594	28.594	20.814	4.097
非线性方案 3	0.779	30.431	30.431	22.019	5.112
非线性方案 4	0.325	51.050	51.050	38.598	12.585

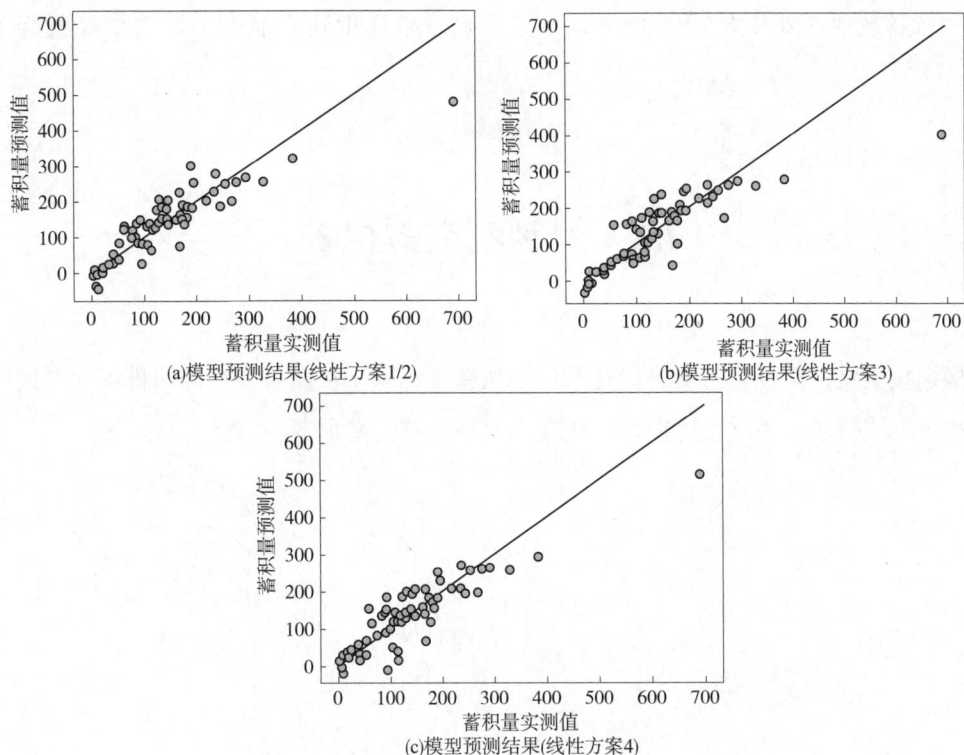

(a)模型预测结果(线性方案1/2)

(b)模型预测结果(线性方案3)

(c)模型预测结果(线性方案4)

图 4-6　留一法验证估测与实测蓄积的线性方案散点图

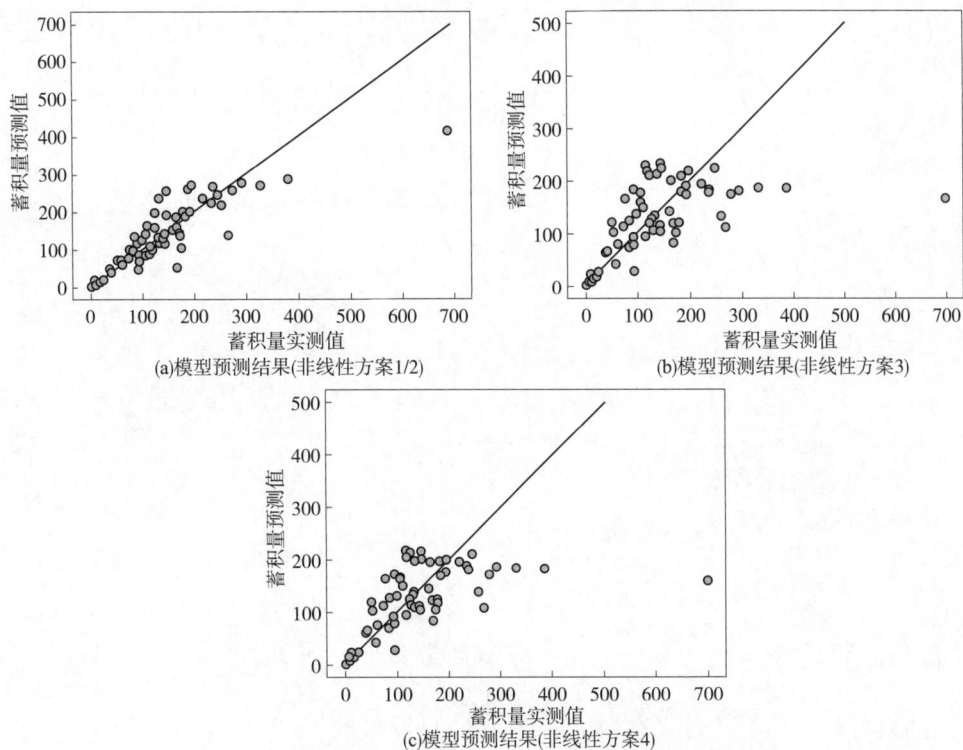

(a)模型预测结果(非线性方案1/2)

(b)模型预测结果(非线性方案3)

(c)模型预测结果(非线性方案4)

图 4-7　留一法验证估测与实测蓄积的非线性方案散点图

后续各树种（组）建模过程中，本文只显示被选中建立航空蓄积表模型的结果示意图。

4.4 编制航空蓄积表

根据模型精度以及十折交叉验证和留一法验证结果，从所有线性回归模型和非线性回归模型中，选择一个相对较优模型，建立二元林分航空蓄积表。

5

试验区概况和航空
调查数据获取

5.1　东北林区

5.1.1　试验区及空地飞行试验概况

东北林区空地飞行试验区位于东北虎豹国家公园局部地区及周边。东北虎豹国家公园跨黑龙江和吉林两省（其中吉林省片区占 70% 面积以上），东起吉林省珲春林业局青龙台林场，西至吉林省汪清县林业局南沟林场，南自吉林省珲春林业局敬信林场，北到黑龙江省东京城林业局奋斗林场，总面积近 1.5 万 km²。公园处于亚洲温带针阔叶混交林生态系统的中心地带，区域内有众多的温带森林植被类型，是北半球温带区生物多样性最丰富的地区之一，是较为典型的东北林区森林类型。

2018 年 9—10 月，项目组在东北虎豹国家公园开展了激光雷达调查及地面样地调查工作。激光雷达调查以有人机为主，对有人机未覆盖的区域采用无人机补飞。有人机飞行区域主要分布在大兴沟、天桥岭、穆棱、东京城 4 个林业局及部分林场（总面积约 5600km²），无人机飞行区域主要分布在大兴沟、天桥岭、汪清、珲春等 4 个林业局，包含 16 个 1km² 的航空调查大样地。激光雷达载荷主要参数如表 5–1 所示。

表 5–1　激光雷达传感器参数

主要指标	有人机	无人机
传感器类型	RIEGL-VQ-1560i	RIEGL VUX-1UAV
地理坐标系统	CGCS2000 国家大地坐标系	CGCS2000 国家大地坐标系
高程基准	1985 国家高程基准	1985 国家高程基准
投影方式	高斯克吕格投影，3°分带，东偏 500km，加带号	高斯克吕格投影，3°分带，东偏 500km，加带号
点云密度	平均约 10 点 /m²	约 40 点 /m²

5.1.2　空地数据获取情况

空地飞行区域实际覆盖了 10 个树种（组），139 个细分类型（按树高级、覆盖度分级）；完成飞行区域内 500 个配套地面样地调查，其中无人机地面样地 54 个，有人机地面样地 446 个。从调查结果来看，阔叶混交林、栎类、落叶松、云杉、桦木、杨树、针叶混交林、针阔混交林等地面调查样地完成数量均超过 50，只有冷杉、椴树 2 个树种由于在飞行区域内分布少，样地数量低于 40。各建模树种激光雷达样地及配套地面样地调查完成情况如表 5-2 和表 5-3 所示。

表 5-2　东北试验区各建模树种点云样地统计表

森林类型	分　组	树种（组）	调查年度	点云样地（个）
常绿针叶	暗针叶树种组	冷　杉	2018	36
常绿针叶	暗针叶树种组	云　杉	2018	51
落叶针叶	落叶松	落叶松	2018	58
落叶阔叶	落叶阔叶树种组	桦　木	2018	53
落叶阔叶	落叶阔叶树种组	杨　树	2018	52
落叶阔叶	落叶阔叶树种组	椴　树	2018	22
落叶阔叶	硬阔叶树种组	栎　类	2018	61
针叶混交林	针叶混交林	针叶混交林	2018	52
针阔混交林	针阔混交林	针阔混交林	2018	54
阔叶混交林	阔叶混交林	阔叶混交林	2018	61
合　计				500

表 5-3　东北试验区各建模树种地面样地分树高级 / 覆盖度统计表

建模树种（组）	地面样地						
	合计	树高级 / 覆盖度（%）	样地数量（个）	树高级 / 覆盖度（%）	样地数量（个）	树高级 / 覆盖度（%）	样地数量（个）
合　计	500		176		169		155
冷　杉	36		12		12		12
	0	高 /0.2~0.5		高 /0.5~0.8		高 /0.8 以上	
	4	较高 /0.2~0.5		较高 /0.5~0.8	1	较高 /0.8 以上	3
	8	中等 /0.2~0.5	4	中等 /0.5~0.8	3	中等 /0.8 以上	1
	12	较低 /0.2~0.5	4	较低 /0.5~0.8	4	较低 /0.8 以上	4
	12	低 /0.2~0.5	4	低 /0.5~0.8	4	低 /0.8 以上	4
云　杉	51		18		18		15
	9	高 /0.2~0.5	4	高 /0.5~0.8	4	高 /0.8 以上	1
	9	较高 /0.2~0.5	4	较高 /0.5~0.8	3	较高 /0.8 以上	2
	10	中等 /0.2~0.5	3	中等 /0.5~0.8	3	中等 /0.8 以上	4
	12	较低 /0.2~0.5	4	较低 /0.5~0.8	4	较低 /0.8 以上	4
	11	低 /0.2~0.5	3	低 /0.5~0.8	4	低 /0.8 以上	4
落叶松	58		19		19		20
	8	高 /0.2~0.5	3	高 /0.5~0.8	1	高 /0.8 以上	4
	13	较高 /0.2~0.5	4	较高 /0.5~0.8	5	较高 /0.8 以上	4
	13	中等 /0.2~0.5	4	中等 /0.5~0.8	5	中等 /0.8 以上	4
	12	较低 /0.2~0.5	4	较低 /0.5~0.8	4	较低 /0.8 以上	4
	12	低 /0.2~0.5	4	低 /0.5~0.8	4	低 /0.8 以上	4

续表

建模树种（组）	地面样地						
	合计	树高级/覆盖度（%）	样地数量（个）	树高级/覆盖度（%）	样地数量（个）	树高级/覆盖度（%）	样地数量（个）
栎类	61		20		20		21
	12	高/0.2~0.5	4	高/0.5~0.8	4	高/0.8以上	4
	13	较高/0.2~0.5	5	较高/0.5~0.8	4	较高/0.8以上	4
	13	中等/0.2~0.5	4	中等/0.5~0.8	4	中等/0.8以上	5
	12	较低/0.2~0.5	4	较低/0.5~0.8	4	较低/0.8以上	4
	11	低/0.2~0.5	3	低/0.5~0.8	4	低/0.8以上	4
桦木	53		20		18		15
	5	高/0.2~0.5	3	高/0.5~0.8	1	高/0.8以上	1
	9	较高/0.2~0.5	4	较高/0.5~0.8	4	较高/0.8以上	1
	13	中等/0.2~0.5	4	中等/0.5~0.8	5	中等/0.8以上	4
	14	较低/0.2~0.5	5	较低/0.5~0.8	4	较低/0.8以上	5
	12	低/0.2~0.5	4	低/0.5~0.8	4	低/0.8以上	4
椴树	22		9		7		6
	0	高/0.2~0.5		高/0.5~0.8		高/0.8以上	
	5	较高/0.2~0.5	3	较高/0.5~0.8	1	较高/0.8以上	1
	12	中等/0.2~0.5	4	中等/0.5~0.8	4	中等/0.8以上	4
	5	较低/0.2~0.5	2	较低/0.5~0.8	2	较低/0.8以上	1
	0	低/0.2~0.5		低/0.5~0.8		低/0.8以上	
杨树	52		19		17		16
	2	高/0.2~0.5	1	高/0.5~0.8	1	高/0.8以上	
	13	较高/0.2~0.5	5	较高/0.5~0.8	4	较高/0.8以上	4
	12	中等/0.2~0.5	4	中等/0.5~0.8	4	中等/0.8以上	4
	11	较低/0.2~0.5	3	较低/0.5~0.8	4	较低/0.8以上	4
	14	低/0.2~0.5	6	低/0.5~0.8	4	低/0.8以上	4
针叶混交林	52		18		20		14
	6	高/0.2~0.5	3	高/0.5~0.8	3	高/0.8以上	
	10	较高/0.2~0.5	3	较高/0.5~0.8	4	较高/0.8以上	3
	13	中等/0.2~0.5	4	中等/0.5~0.8	5	中等/0.8以上	4
	12	较低/0.2~0.5	4	较低/0.5~0.8	4	较低/0.8以上	4
	11	低/0.2~0.5	4	低/0.5~0.8	4	低/0.8以上	3
针阔混交林	54		20		18		16
	7	高/0.2~0.5	4	高/0.5~0.8	2	高/0.8以上	1
	12	较高/0.2~0.5	4	较高/0.5~0.8	4	较高/0.8以上	4
	11	中等/0.2~0.5	4	中等/0.5~0.8	4	中等/0.8以上	3
	12	较低/0.2~0.5	4	较低/0.5~0.8	4	较低/0.8以上	4
	12	低/0.2~0.5	4	低/0.5~0.8	4	低/0.8以上	4

续表

建模树种（组）	地面样地					
	合计	树高级/覆盖度（%）	样地数量（个）	树高级/覆盖度（%）	样地数量（个）	树高级/覆盖度（%）	样地数量（个）
	61		21		20		20
阔叶混交林	12	高/0.2~0.5	4	高/0.5~0.8	4	高/0.8以上	4
	13	较高/0.2~0.5	5	较高/0.5~0.8	4	较高/0.8以上	4
	12	中等/0.2~0.5	4	中等/0.5~0.8	4	中等/0.8以上	4
	12	较低/0.2~0.5	4	较低/0.5~0.8	4	较低/0.8以上	4
	12	低/0.2~0.5	4	低/0.5~0.8	4	低/0.8以上	4

5.2　南方林区

5.2.1　湖南试验区

5.2.1.1　试验区简介

湖南试验区位于张家界国家森林公园周边。张家界市位于湖南省西北部，地处云贵高原隆起与洞庭湖沉降区接合部，介于东经109°40′~111°20′、北纬28°52′~29°48′之间，东接石门、桃源县，南邻沅陵县，北抵湖北省的鹤峰、宣恩县。市界东西最长167km，南北最宽96km。整体地形属于山区，西高东低，最低地形海拔为10m左右，最高海拔在1000m左右，起伏较大。张家界地处北中纬度，属中亚热带山原型季风性湿润气候，光热充足，雨量充沛，无霜期长，严寒期短，四季分明，历年平均日照、气温和降水量分别为1440h、16℃和1400mm左右，历年平均无霜期在216天至269天。受地形、地貌等因的影响，境内气候复杂多变，干旱洪涝、大风冰雹等自然灾害也比较频繁。年均气温17℃，1月平均气温5.1℃，7月平均气温28℃，年降水量1400mm。

湖南试验区有人机航飞面积2000km²，无人机完成15个1km²的方形大样地飞行。激光雷达传感器主要参数如表5-4所示。

表5-4　湖南试验区激光雷达传感器参数

主要指标	有人机	无人机
传感器类型	ALS70HP	RIEGL VUX-1UAV
地理坐标系统	WGS84	CGCS2000 国家大地坐标系
高程基准	1985 国家高程基准	1985 国家高程基准

主要指标	有人机	无人机
投影方式	高斯克吕格投影，3°分带，东偏 500km，加带号	高斯克吕格投影，3°分带，东偏 500km，加带号
点密度	优于 4 点 /m²	约 40 点 /m²

5.2.1.2　空地数据获取情况

空地飞行区域实际覆盖了 10 个树种（组），具体包括阔叶混交林、针叶混交林、针阔混交林、杉木、马尾松、湿地松、柏木、杨树、栎类、樟楠等，覆盖了 145 个细分类型（按树高级、覆盖度分级）。完成飞行区域内 569 个配套地面样地调查，其中无人机地面样地 84 个，有人机地面样地 485 个。

从实际空地调查结果来看，除栎类实际样地数量低于 40 之外，其他树种（组）阔叶混交林、栎类、落叶松、云杉、桦木、杨树、针叶混交林、针阔混交林等地面调查样地完成数量均在 60 左右。各建模单元配套地面样地调查完成情况如表 5–5 和表 5–6 所示。

表 5–5　湖南试验区各树种（组）样地统计表

森林类型	分　组	树种（组）	调查年度	点云样地（个）
常绿针叶	亮针叶树种组	杉　木	2017	63
常绿针叶	亮针叶树种组	马尾松	2017	59
常绿针叶	亮针叶树种组	柏　木	2017	56
常绿针叶	亮针叶树种组	其他亮针叶	2017	60
常绿阔叶	常绿阔叶树种组	樟楠类	2017	60
常绿阔叶	常绿硬阔叶树种组	栎　类	2017	34
落叶阔叶	落叶阔叶树种组	杨　树	2017	58
针叶混	针叶混交林组	针叶混交林	2017	57
阔叶混	阔叶混交林组	阔叶混交林	2017	60
针阔混	针阔混交林组	针阔混交林	2017	62
合　计				569

表 5–6　湖南试验区各树种（组）地面调查样地分树高级 / 覆盖度统计表

建模树种（组）	地面样地						
	合计	树高级 / 覆盖度（%）	样地数量（个）	树高级 / 覆盖度（%）	样地数量（个）	树高级 / 覆盖度（%）	样地数量（个）
合　计	569		192		193		184
阔叶混交林	60		20		21		19
	11	高 /0.2~0.5	4	高 /0.5~0.8	4	高 /0.8 以上	3
	12	较高 /0.2~0.5	4	较高 /0.5~0.8	4	较高 /0.8 以上	4
	13	中等 /0.2~0.5	4	中等 /0.5~0.8	5	中等 /0.8 以上	4
	12	较低 /0.2~0.5	4	较低 /0.5~0.8	4	较低 /0.8 以上	4
	12	低 /0.2~0.5	4	低 /0.5~0.8	4	低 /0.8 以上	4

续表

建模树种（组）	地面样地						
	合计	树高级/覆盖度（%）	样地数量（个）	树高级/覆盖度（%）	样地数量（个）	树高级/覆盖度（%）	样地数量（个）
	57		21		20		16
针叶混交林	8	高/0.2~0.5	4	高/0.5~0.8	4	高/0.8以上	
	13	较高/0.2~0.5	5	较高/0.5~0.8	4	较高/0.8以上	4
	12	中等/0.2~0.5	4	中等/0.5~0.8	4	中等/0.8以上	4
	12	较低/0.2~0.5	4	较低/0.5~0.8	4	较低/0.8以上	4
	12	低/0.2~0.5	4	低/0.5~0.8	4	低/0.8以上	4
	62		21		21		20
针阔混交林	12	高/0.2~0.5	4	高/0.5~0.8	4	高/0.8以上	4
	13	较高/0.2~0.5	5	较高/0.5~0.8	4	较高/0.8以上	4
	13	中等/0.2~0.5	4	中等/0.5~0.8	5	中等/0.8以上	4
	12	较低/0.2~0.5	4	较低/0.5~0.8	4	较低/0.8以上	4
	12	低/0.2~0.5	4	低/0.5~0.8	4	低/0.8以上	4
	63		21		21		21
杉　木	12	高/0.2~0.5	4	高/0.5~0.8	4	高/0.8以上	4
	15	较高/0.2~0.5	5	较高/0.5~0.8	5	较高/0.8以上	5
	12	中等/0.2~0.5	4	中等/0.5~0.8	4	中等/0.8以上	4
	12	较低/0.2~0.5	4	较低/0.5~0.8	4	较低/0.8以上	4
	12	低/0.2~0.5	4	低/0.5~0.8	4	低/0.8以上	4
	59		20		20		19
马尾松	12	高/0.2~0.5	4	高/0.5~0.8	4	高/0.8以上	4
	12	较高/0.2~0.5	4	较高/0.5~0.8	4	较高/0.8以上	4
	12	中等/0.2~0.5	4	中等/0.5~0.8	4	中等/0.8以上	4
	12	较低/0.2~0.5	4	较低/0.5~0.8	4	较低/0.8以上	4
	11	低/0.2~0.5	4	低/0.5~0.8	4	低/0.8以上	3
	60		20		21		19
其他亮针叶	12	高/0.2~0.5	4	高/0.5~0.8	4	高/0.8以上	4
	13	较高/0.2~0.5	4	较高/0.5~0.8	5	较高/0.8以上	4
	12	中等/0.2~0.5	4	中等/0.5~0.8	4	中等/0.8以上	4
	12	较低/0.2~0.5	4	较低/0.5~0.8	4	较低/0.8以上	4
	11	低/0.2~0.5	4	低/0.5~0.8	4	低/0.8以上	3

建模树种（组）	地面样地					
	合计	树高级/覆盖度（%）	样地数量（个）	树高级/覆盖度（%）	样地数量（个）	树高级/覆盖度（%）	样地数量（个）
柏木	56		20		17		19
	12	高/0.2~0.5	4	高/0.5~0.8	4	高/0.8以上	4
	12	较高/0.2~0.5	4	较高/0.5~0.8	4	较高/0.8以上	4
	12	中等/0.2~0.5	4	中等/0.5~0.8	4	中等/0.8以上	4
	12	较低/0.2~0.5	4	较低/0.5~0.8	4	较低/0.8以上	4
	8	低/0.2~0.5	4	低/0.5~0.8	1	低/0.8以上	3
杨树	58		21		20		17
	7	高/0.2~0.5	4	高/0.5~0.8	3	高/0.8以上	
	13	较高/0.2~0.5	5	较高/0.5~0.8	4	较高/0.8以上	4
	12	中等/0.2~0.5	4	中等/0.5~0.8	4	中等/0.8以上	4
	13	较低/0.2~0.5	4	较低/0.5~0.8	5	较低/0.8以上	4
	13	低/0.2~0.5	4	低/0.5~0.8	4	低/0.8以上	5
栎类	34		8		12		14
	3	高/0.2~0.5	0	高/0.5~0.8	2	高/0.8以上	1
	12	较高/0.2~0.5	4	较高/0.5~0.8	4	较高/0.8以上	4
	12	中等/0.2~0.5	4	中等/0.5~0.8	4	中等/0.8以上	4
	5	较低/0.2~0.5	0	较低/0.5~0.8	1	较低/0.8以上	4
	2	低/0.2~0.5	0	低/0.5~0.8	1	低/0.8以上	1
樟楠类	60		20		20		20
	12	高/0.2~0.5	4	高/0.5~0.8	4	高/0.8以上	4
	12	较高/0.2~0.5	4	较高/0.5~0.8	4	较高/0.8以上	4
	12	中等/0.2~0.5	4	中等/0.5~0.8	4	中等/0.8以上	4
	12	较低/0.2~0.5	4	较低/0.5~0.8	4	较低/0.8以上	4
	12	低/0.2~0.5	4	低/0.5~0.8	4	低/0.8以上	4

5.2.2　福建试验区

5.2.2.1　试验区简介

福建试验区位于武夷山国家公园及周边地区。武夷山国家公园位于福建省北部，周边分别与福建省武夷山市西北部、建阳区和邵武市北部、光泽县东南部、江西省铅山县南部毗邻。规划总面积1000余km²。武夷山四季气温温和湿润，总体年均气温17℃~19℃，1月均温6℃~9℃，年均降水量1684~1780mm，是福建省降水量最多地区。武夷山脉是福建闽江水系与江西赣江水系的天然分水岭，保护区内沟壑纵横，溪流交错，各类溪流多达

150 余条。武夷山国家公园属亚热带常绿阔叶林区域，中亚热带常绿阔叶林地带，浙闽山丘甜槠、木荷林区。公园内自然环境多样，发育着多种多样的植被类型，森林覆盖率达到 87.86%。试验区具有地势高，起伏大，多垭口的地貌特征，平均海拔 1200m，最高处达 2158m，最低处仅 180m，高差极为悬殊，河流侵蚀切割深度达 500~1000m，沟谷相间，山势雄伟。

福建试验区有人机航飞面积 3500km²，无人机完成 12 个 1km² 的方形大样地飞行。激光雷达传感器主要参数如表 5-7 所示。

表 5-7　福建试验区激光雷达传感器参数

主要指标	有人机	无人机
传感器类型	RIEGL-VQ-1560i	
地理坐标系统	CGCS2000 国家大地坐标系	CGCS2000 国家大地坐标系
高程基准	1985 国家高程基准	1985 国家高程基准
投影方式	高斯克吕格投影，3° 带，东偏 500km，加带号	高斯克吕格投影，3° 带，东偏 500km，加带号
点密度	优于 4 点 /m²	优于 10 点 /m²

5.2.2.2　空地数据获取情况

空地飞行区域实际覆盖了 11 个树种（组），具体包括杉木、马尾松、其他亮针叶类、柏木、栎类、樟楠、桉树、木荷、阔叶混交林、针叶混交林、针阔混交林等，覆盖了 117 个细分类型（按树高级、覆盖度分级）。完成飞行区域内 284 个配套地面样地调查，其中无人机地面样地 45 个，有人机地面样地 239 个。从实际调查结果来看，除杉木、马尾松样地数量 50 上下外，其他均在 30 以下。各建模树种地面样地调查完成情况如表 5-8、表 5-9 所示。

表 5-8　福建试验区各树种（组）样地统计表

森林类型	分　组	树种（组）	调查年度	点云样地（个）
常绿针叶	亮针叶树种组	杉　木	2019	57
常绿针叶	亮针叶树种组	马尾松	2019	49
常绿针叶	亮针叶树种组	柏　木	2019	18
常绿针叶	亮针叶树种组	其他亮针叶	2019	18
常绿阔叶	常绿阔叶树种组	桉树类	2019	8
常绿阔叶	常绿阔叶树种组	木　荷	2019	20
常绿阔叶	常绿阔叶树种组	樟楠类	2019	17
常绿阔叶	常绿硬阔叶树种组	栎　类	2019	14
针叶混	针叶混交林组	针叶混交林	2019	30
阔叶混	阔叶混交林组	阔叶混交林	2019	24
针阔混	针阔混交林组	针阔混交林	2019	29
合　计				284

表 5-9　福建试验区各建模树种地面样地分树高级/覆盖度统计表

建模树种（组）	地面样地						
	合计	树高级/覆盖度（%）	样地数量（个）	树高级/覆盖度（%）	样地数量（个）	树高级/覆盖度（%）	样地数量（个）
合　计	284						
杉　木	57		21		18		18
	7	高/0.2~0.5	4	高/0.5~0.8	2	高/0.8以上	1
	10	较高/0.2~0.5	4	较高/0.5~0.8	3	较高/0.8以上	3
	15	中等/0.2~0.5	4	中等/0.5~0.8	5	中等/0.8以上	6
	13	较低/0.2~0.5	5	较低/0.5~0.8	4	较低/0.8以上	4
	12	低/0.2~0.5	4	低/0.5~0.8	4	低/0.8以上	4
马尾松	49		17		19		13
	4	高/0.2~0.5	3	高/0.5~0.8	1	高/0.8以上	0
	13	较高/0.2~0.5	4	较高/0.5~0.8	4	较高/0.8以上	5
	13	中等/0.2~0.5	3	中等/0.5~0.8	5	中等/0.8以上	5
	12	较低/0.2~0.5	4	较低/0.5~0.8	5	较低/0.8以上	3
	7	低/0.2~0.5	3	低/0.5~0.8	4	低/0.8以上	0
其他亮针叶	18		7		5		6
	1	高/0.2~0.5	1	高/0.5~0.8	0	高/0.8以上	0
	9	较高/0.2~0.5	3	较高/0.5~0.8	2	较高/0.8以上	4
	1	中等/0.2~0.5	1	中等/0.5~0.8	0	中等/0.8以上	0
	3	较低/0.2~0.5	1	较低/0.5~0.8	1	较低/0.8以上	1
	4	低/0.2~0.5	1	低/0.5~0.8	2	低/0.8以上	1
柏　木	18		4		9		5
	3	高/0.2~0.5	0	高/0.5~0.8	2	高/0.8以上	1
	6	较高/0.2~0.5	1	较高/0.5~0.8	4	较高/0.8以上	1
	7	中等/0.2~0.5	3	中等/0.5~0.8	2	中等/0.8以上	2
	2	较低/0.2~0.5	0	较低/0.5~0.8	1	较低/0.8以上	1
	0	低/0.2~0.5	0	低/0.5~0.8	0	低/0.8以上	0
栎　类	14		4		4		6
	0	高/0.2~0.5	0	高/0.5~0.8	0	高/0.8以上	0
	1	较高/0.2~0.5	1	较高/0.5~0.8	0	较高/0.8以上	0
	6	中等/0.2~0.5	2	中等/0.5~0.8	2	中等/0.8以上	2
	5	较低/0.2~0.5	1	较低/0.5~0.8	2	较低/0.8以上	2
	2	低/0.2~0.5	0	低/0.5~0.8	0	低/0.8以上	2

续表

建模树种（组）	地面样地						
	合计	树高级/覆盖度（%）	样地数量（个）	树高级/覆盖度（%）	样地数量（个）	树高级/覆盖度（%）	样地数量（个）
樟楠类	17		1		9		7
	1	高/0.2~0.5	1	高/0.5~0.8	0	高/0.8以上	0
	2	较高/0.2~0.5	0	较高/0.5~0.8	2	较高/0.8以上	0
	2	中等/0.2~0.5	0	中等/0.5~0.8	2	中等/0.8以上	0
	6	较低/0.2~0.5	0	较低/0.5~0.8	3	较低/0.8以上	3
	6	低/0.2~0.5	0	低/0.5~0.8	2	低/0.8以上	4
桉树类	8		4		4		0
	0	高/0.2~0.5	0	高/0.5~0.8	0	高/0.8以上	0
	3	较高/0.2~0.5	2	较高/0.5~0.8	1	较高/0.8以上	0
	3	中等/0.2~0.5	2	中等/0.5~0.8	1	中等/0.8以上	0
	2	较低/0.2~0.5	0	较低/0.5~0.8	2	较低/0.8以上	0
	0	低/0.2~0.5	0	低/0.5~0.8	0	低/0.8以上	0
木荷	20		6		7		7
	0	高/0.2~0.5	0	高/0.5~0.8	0	高/0.8以上	0
	9	较高/0.2~0.5	2	较高/0.5~0.8	4	较高/0.8以上	3
	9	中等/0.2~0.5	3	中等/0.5~0.8	3	中等/0.8以上	3
	2	较低/0.2~0.5	1	较低/0.5~0.8	0	较低/0.8以上	1
	0	低/0.2~0.5	0	低/0.5~0.8	0	低/0.8以上	0
针叶混交林	30		8		13		9
	0	高/0.2~0.5	0	高/0.5~0.8	0	高/0.8以上	0
	7	较高/0.2~0.5	2	较高/0.5~0.8	2	较高/0.8以上	3
	11	中等/0.2~0.5	3	中等/0.5~0.8	5	中等/0.8以上	3
	7	较低/0.2~0.5	2	较低/0.5~0.8	3	较低/0.8以上	2
	5	低/0.2~0.5	1	低/0.5~0.8	3	低/0.8以上	1
针阔混交林	29		8		11		10
	1	高/0.2~0.5	0	高/0.5~0.8	1	高/0.8以上	0
	4	较高/0.2~0.5	1	较高/0.5~0.8	2	较高/0.8以上	1
	9	中等/0.2~0.5	4	中等/0.5~0.8	1	中等/0.8以上	4
	10	较低/0.2~0.5	3	较低/0.5~0.8	4	较低/0.8以上	3
	5	低/0.2~0.5	0	低/0.5~0.8	3	低/0.8以上	2
阔叶混交林	24		7		11		6
	2	高/0.2~0.5	1	高/0.5~0.8	1	13	0
	5	较高/0.2~0.5	2	较高/0.5~0.8	3	23	0
	7	中等/0.2~0.5	2	中等/0.5~0.8	2	33	3
	6	较低/0.2~0.5	1	较低/0.5~0.8	3	43	2
	4	低/0.2~0.5	1	低/0.5~0.8	2	53	1

5.2.3 广西试验区

广西壮族自治区地处中国南部，位于北纬 20° 54′ ~26° 24′，东经 104° 26′ ~112° 04′，北回归线横贯中部，属亚热带季风气候区，处于被称为中国地势第二级阶梯的云贵高原的东南边缘，两广丘陵的西部，南边朝向北部湾。整个地势为四周多山地与高原，而中部与南部多为平地，因此地势自西北向东南倾斜，西北与东南之间呈盆地状，素有"广西盆地"之称。气候属于亚热带季风气候，2013 年各地年平均气温 17.5℃~23.5℃，年平均降水量 841.2~3387.5mm。

广西通过本自治区森林资源规划设计调查获取了全自治区机载激光点云数据，参与本项目建模的激光雷达样地 260 个，主要包括马尾松、杉木和速生桉和阔叶混等 4 个树种（组），数据年度为 2017—2019 年。

5.2.4 海南试验区

5.2.4.1 试验区简介

试验区位于海南热带雨林国家公园及周边地区。公园位于海南岛中南部，地处东经 108° 44′ 32″ ~110° 04′ 43″，北纬 18° 33′ 16″ ~19° 14′ 16″，跨五指山、琼中、白沙、昌江、东方、保亭、陵水、乐东、万宁 9 个市县。公园东起吊罗山国家森林公园，西至尖峰岭国家级自然保护区，南自保亭县毛感乡，北至黎母山省级自然保护区，总面积 4400 余 km²，约占海南岛陆域面积的七分之一。气候类型为热带海洋性季风气候，年均气温 22.5℃~26.0℃，多年平均降水量为 1759mm，是南渡江、昌化江、万泉河等海南主要水系的发源地。5—11 月为雨季，降水较多，受台风等影响因素较多。

海南热带雨林国家公园森林覆盖率达 95.85%，涵盖了海南岛 95% 以上的原始林和 55% 以上的天然林，拥有中国分布最集中保存最好连片面积最大的热带雨林，生物多样性特别丰富，是世界热带雨林的重要组成部分，这里的树种属于典型的热带南方树种。

海南试验区有人机航飞面积 3500km²，无人机完成 12 个 1km² 的方形大样地飞行。激光雷达传感器主要参数如表 5-10 所示。

表 5-10　海南试验区激光雷达传感器参数

主要指标	有人机	无人机
传感器类型	RIEGL-VQ-1560i	
地理坐标系统	CGCS2000 国家大地坐标系	CGCS2000 国家大地坐标系
高程基准	1985 国家高程基准	1985 国家高程基准
投影方式	高斯克吕格投影，6° 带，东偏 500km，加带号	高斯克吕格投影，6° 带，东偏 500km，加带号
点密度	优于 6 点 /m²	优于 10 点 /m²

5.2.4.2　空地数据获取情况

空地飞行区域实际覆盖了 7 个树种（组），具体包括桉树、阔叶混交林、其他亮针叶、杉木、相思、橡胶和针阔混交林等，覆盖了 71 个细分类型（按树高级、覆盖度分级）。完成飞行区域内 172 个配套地面样地调查，其中无人机地面样地 45 个，有人机地面样地 127 个。从实际调查结果来看，除桉树、相思树和橡胶样地数量为 50 上下外，其他均在 30 以下。各建模树种点云样地和地面样地调查完成情况如表 5-11 和表 5-12 所示。

表 5-11　海南试验区各树种（组）样地统计表

森林类型	分　组	树种（组）	调查年度	点云样地（个）
常绿针叶	亮针叶树种组	杉木	2020	2
常绿针叶	亮针叶树种组	其他亮针叶	2020	12
常绿阔叶	常绿阔叶树种组	桉树类	2020	49
常绿阔叶	常绿阔叶树种组	橡胶	2020	52
常绿阔叶	常绿阔叶树种组	相思树	2020	30
阔叶混	阔叶混交林组	阔叶混交林	2020	21
针阔混	针阔混交林组	针阔混交林	2020	6
合　计				172

表 5-12　海南试验区各树种（组）地面样地分树高级 / 覆盖度统计表

建模树种（组）	地面样地						
	合计	树高级 / 覆盖度（%）	样地数量（个）	树高级 / 覆盖度（%）	样地数量（个）	树高级 / 覆盖度（%）	样地数量（个）
合　计	172		67		54		51
	2		2		0		0
	0	高 /0.2~0.5	0	高 /0.5~0.8	0	高 /0.8 以上	0
	0	较高 /0.2~0.5	0	较高 /0.5~0.8	0	较高 /0.8 以上	0
杉　木	1	中等 /0.2~0.5	1	中等 /0.5~0.8	0	中等 /0.8 以上	0
	1	较低 /0.2~0.5	1	较低 /0.5~0.8	0	较低 /0.8 以上	0
	0	低 /0.2~0.5	0	低 /0.5~0.8	0	低 /0.8 以上	0
	12		4		2		6
	1	高 /0.2~0.5	1	高 /0.5~0.8	0	高 /0.8 以上	0
	0	较高 /0.2~0.5	0	较高 /0.5~0.8	0	较高 /0.8 以上	0
其他亮针叶	4	中等 /0.2~0.5	1	中等 /0.5~0.8	1	中等 /0.8 以上	2
	4	较低 /0.2~0.5	1	较低 /0.5~0.8	1	较低 /0.8 以上	2
	3	低 /0.2~0.5	1	低 /0.5~0.8	0	低 /0.8 以上	2
桉树类	49		22		16		11
	5	高 /0.2~0.5	4	高 /0.5~0.8	1	高 /0.8 以上	0

建模树种（组）	地面样地					
	合计	树高级/覆盖度（%）	样地数量（个）	树高级/覆盖度（%）	样地数量（个）	树高级/覆盖度（%）	样地数量（个）
桉树类	6	较高/0.2~0.5	3	较高/0.5~0.8	2	较高/0.8以上	1
	5	中等/0.2~0.5	4	中等/0.5~0.8	1	中等/0.8以上	0
	15	较低/0.2~0.5	5	较低/0.5~0.8	6	较低/0.8以上	4
	18	低/0.2~0.5	6	低/0.5~0.8	6	低/0.8以上	6
	30		12		10		8
相思树	2	高/0.2~0.5	1	高/0.5~0.8	1	高/0.8以上	0
	2	较高/0.2~0.5	2	较高/0.5~0.8	0	较高/0.8以上	0
	7	中等/0.2~0.5	3	中等/0.5~0.8	3	中等/0.8以上	1
	11	较低/0.2~0.5	3	较低/0.5~0.8	4	较低/0.8以上	4
	8	低/0.2~0.5	3	低/0.5~0.8	2	低/0.8以上	3
	52		16		19		17
橡胶	10	高/0.2~0.5	3	高/0.5~0.8	4	高/0.8以上	3
	11	较高/0.2~0.5	4	较高/0.5~0.8	4	较高/0.8以上	3
	9	中等/0.2~0.5	3	中等/0.5~0.8	3	中等/0.8以上	3
	13	较低/0.2~0.5	3	较低/0.5~0.8	5	较低/0.8以上	5
	9	低/0.2~0.5	3	低/0.5~0.8	3	低/0.8以上	3
	21		8		6		7
阔叶混交林	4	高/0.2~0.5	2	高/0.5~0.8	2	高/0.8以上	0
	4	较高/0.2~0.5	2	较高/0.5~0.8	1	较高/0.8以上	1
	3	中等/0.2~0.5	1	中等/0.5~0.8	1	中等/0.8以上	1
	5	较低/0.2~0.5	2	较低/0.5~0.8	1	较低/0.8以上	2
	5	低/0.2~0.5	1	低/0.5~0.8	1	低/0.8以上	3
	6		3		1		2
针阔混交林	0	高/0.2~0.5	0	高/0.5~0.8	0	高/0.8以上	0
	2	较高/0.2~0.5	1	较高/0.5~0.8	1	较高/0.8以上	0
	1	中等/0.2~0.5	1	中等/0.5~0.8	0	中等/0.8以上	0
	2	较低/0.2~0.5	1	较低/0.5~0.8	0	较低/0.8以上	1
	1	低/0.2~0.5	0	低/0.5~0.8	0	低/0.8以上	1

6

东北林区分树种
林分蓄积量模型
构建

6.1   落叶松林分蓄积量模型构建

6.1.1   多元线性模型

6.1.1.1   变量筛选

按照 3.3.3 节 "4 种模型变量组合方案"，筛选 4 类多元线性回归模型的模型变量。经过逐步回归筛选（方案 1 和 2）或 Pearson 相关分析（方案 4）之后，确定 4 种模型的自变量，如表 6-1 所示。

表 6-1   变量筛选结果

方案编号	变量筛选方法	筛选后的变量
1 和 2	逐步回归	30% 点云高度百分位数（elev_30th）、覆盖度（CC）
3	固定变量	点云平均高（elev_mean）、覆盖度（CC）
4	Pearson 相关分析	30% 点云高度百分位数（elev_30th）、密度变量 [2]（density[2]）

6.1.1.2   建立模型

针对 4 种方案，分别建立多元线性回归模型，得到的模型公式及评价指标分别见表 6-2 和表 6-3。

表 6-2   多元线性回归模型公式

模型方案	模型参数	模型公式
1 和 2	h_{30th}、CC	$V=9.876h_{30th}+183.242CC-92.426$
3	h_{mean}、CC	$V=10.243h_{mean}+186.815CC-99.926$
4	h_{30th}、d_2	$V=13.345h_{30th}+77.520d_2-23.163$

表 6-3   多元线性回归模型评价指标

模型方案	R^2	修正 R^2	残差标准差
1 和 2	0.820	0.813	27.529
3	0.821	0.814	27.436
4	0.742	0.732	32.945

6.1.2   多元非线性模型

6.1.2.1   变量筛选

按照 3.3.3 节 "4 种模型变量组合方案"，筛选 4 类多元非线性模型的模型变量。经过逐步回归筛选（方案1和2）或 Pearson 相关分析（方案4）之后，可以确定4种模型的自变量，如表6-4所示。

表6-4　变量筛选结果

方案编号	变量筛选方法	筛选后的变量
1和2	逐步回归	50% 点云高度百分位数（elev_50th）、覆盖度（CC）
3	固定变量	点云平均高（elev_mean）、覆盖度（CC）
4	Pearson 相关分析	50% 点云高度百分位数（elev_50th）、密度变量 [1]（density[1]）

6.1.2.2　建立模型（表6-5、表6-6）

表6-5　多元非线性回归模型公式

模型方案	模型参数	模型公式
1和2	h_{50th}、CC	$\ln V = 0.905 \ln h_{50th} + 1.195 \ln CC + 3.099$
3	h_{mean}、CC	$\ln V = 1.254 \ln CC + 0.904 \ln h_{mean} + 3.234$
4	h_{50th}、d_1	$\ln V = 1.227 \ln h_{50th} - 0.035 \ln d_1 + 1.599$

表6-6　非线性回归模型评价指标

模型方案	R^2	修正 R^2	残差标准差
1和2	0.917	0.913	0.187
3	0.913	0.910	0.191
4	0.808	0.800	0.284

6.1.3　模型精度评价

基于不同模型精度评价指标分析，得出最佳建模方案，如表6-7、表6-8所示。

表6-7　基于十折交叉验证的模型总体精度

模型	决定系数 R^2	均方根误差 RMSE（m³/hm²）	平均绝对误差 MAE（m³/hm²）	平均绝对百分比误差 MAPE（%）	总相对误差 TRE（%）
线性方案1和2	0.771	48.853	37.962	62.105	6.176
线性方案3	0.699	52.119	39.129	64.773	5.816
线性方案4	0.761	49.803	38.250	53.354	8.002
非线性方案1和2	0.782	43.257	29.713	21.896	5.553
非线性方案3	0.755	46.205	31.413	23.638	7.330
非线性方案4	0.307	76.069	52.460	39.956	15.956

表6-8　基于留一法的模型总体精度

模型	决定系数 R^2	均方根误差 RMSE（m³/hm²）	平均绝对误差 MAE（m³/hm²）	平均绝对百分比误差 MAPE（%）	总相对误差 TRE（%）
线性方案1和2	0.799	35.540	35.540	57.419	-23.873
线性方案3	0.714	37.693	37.693	65.462	0.769

续表

模型	决定系数 R^2	均方根误差 RMSE（m³/hm²）	平均绝对误差 MAE（m³/hm²）	平均绝对百分比误差 MAPE（%）	总相对误差 TRE（%）
线性方案 4	0.789	36.339	36.339	53.084	−16.174
非线性方案 1 和 2	0.798	28.594	28.594	20.814	4.097
非线性方案 3	0.779	30.431	30.431	22.019	5.112
非线性方案 4	0.325	51.050	51.050	38.598	12.585

6.1.4　林分航空蓄积表编制

根据十折交叉验证和留一法验证结果，所有线性回归模型和非线性回归模型中，多元非线性模型方案 1/2 最优。基于模型精度评价结果，选择多元非线性模型方案 1/2 建立二元林分航空蓄积表。

模型形式：$\ln V = 0.905 \ln h_{50th} + 1.195 \ln CC + 3.099$。

模型变量：50% 点云高度百分位数和覆盖度。

模型预测散点图（基于十折交叉验证法见图 6-1）：

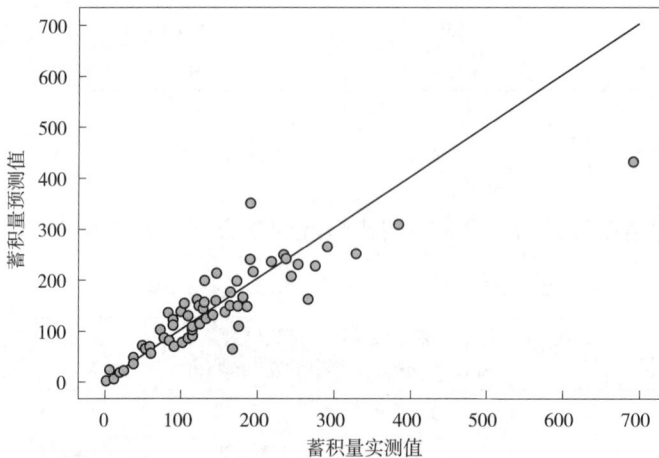

图 6-1　十折交叉验证模型预测结果（非线性方案 1/2）

编制的林分航空蓄积表成果见表 6-9：

表 6-9　东北林区 - 落叶松林分航空蓄积表

50% 点云高度百分位数（m）	覆盖度（%）														
	0.20	0.25	0.30	0.35	0.40	0.45	0.50	0.55	0.60	0.65	0.70	0.75	0.80	0.85	0.90
5.0	13	17	21	25	29	33	38	43	47	52	57	62	67	72	77
5.5	14	18	22	27	32	37	41	46	51	57	62	67	73	78	84
6.0	15	20	24	29	34	40	45	50	56	61	67	73	79	84	90

50% 点云高度百分位数（m）	覆盖度（%）														
	0.20	0.25	0.30	0.35	0.40	0.45	0.50	0.55	0.60	0.65	0.70	0.75	0.80	0.85	0.90
6.5	16	21	26	31	37	42	48	54	60	66	72	78	84	91	97
7.0	17	22	28	34	39	45	52	58	64	70	77	84	90	97	104
7.5	18	24	30	36	42	48	55	61	68	75	82	89	96	103	111
8.0	19	25	32	38	45	51	58	65	72	80	87	94	102	110	117
8.5	21	27	33	40	47	54	61	69	76	84	92	100	108	116	124
9.0	22	28	35	42	50	57	65	72	80	88	97	105	113	122	131
9.5	23	30	37	44	52	60	68	76	84	93	102	110	119	128	137
10.0	24	31	39	46	54	63	71	80	88	97	106	115	125	134	144
10.5	25	32	40	49	57	66	74	83	92	102	111	121	130	140	150
11.0	26	34	42	51	59	68	78	87	96	106	116	126	136	146	157
11.5	27	35	44	53	62	71	81	90	100	110	121	131	142	152	163
12.0	28	37	46	55	64	74	84	94	104	115	125	136	147	158	169
12.5	29	38	47	57	67	77	87	98	108	119	130	141	153	164	176
13.0	30	39	49	59	69	80	90	101	112	123	135	146	158	170	182
13.5	31	41	51	61	71	82	93	105	116	128	140	152	164	176	188
14.0	32	42	52	63	74	85	96	108	120	132	144	157	169	182	195
14.5	33	43	54	65	76	88	100	112	124	136	149	162	175	188	201
15.0	34	45	56	67	79	91	103	115	128	140	153	167	180	194	207
15.5	35	46	57	69	81	93	106	119	132	145	158	172	185	199	213
16.0	36	48	59	71	83	96	109	122	135	149	163	177	191	205	220
16.5	37	49	61	73	86	99	112	125	139	153	167	182	196	211	226
17.0	38	50	62	75	88	101	115	129	143	157	172	187	202	217	232
17.5	39	52	64	77	90	104	118	132	147	162	176	192	207	223	238
18.0	41	53	66	79	93	107	121	136	151	166	181	197	212	228	244

6.2 栎类林分蓄积量模型构建

6.2.1 多元线性模型

6.2.1.1 变量筛选

按照 3.3.3 节 "4 种模型变量组合方案"，筛选 4 类多元线性模型的模型变量。经过逐步回归筛选（方案 1 和 2）或 Pearson 相关分析（方案 4）之后，可以确定 4 种模型的自变量，如表 6-10 所示。

表 6-10　变量筛选结果

方案编号	变量筛选方法	筛选后的变量
1 和 2	逐步回归	点云平均高（elev_mean）、5% 点云高度百分位数（elev_5th）
3	固定变量	点云平均高（elev_mean）、覆盖度（CC）
4	Pearson 相关分析	5% 点云高度百分位数（elev_5th）、密度变量 [2]（density[2]）

6.2.1.2　建立模型

针对 4 种方案，分别以多元线性回归法建立蓄积估测模型，得到的模型及其评价指标如表 6-11、表 6-12 所示。

表 6-11　多元线性回归模型公式

模型方案	模型参数	模型公式
1 和 2	h_{5th}、CC	$V=15.333h_{5th}+175.856CC-98.545$
3	h_{mean}、CC	$V=9.377h_{mean}+191.031CC-109.980$
4	h_{5th}、d_2	$V=22.353h_{5th}+18.514d_2-28.437$

表 6-12　多元线性回归模型评价指标

模型方案	R^2	修正 R^2	残差标准差
1 和 2	0.755	0.746	34.647
3	0.745	0.735	35.387
4	0.682	0.670	39.521

6.2.2　多元非线性模型

6.2.2.1　变量筛选

按照 3.3.3 节 "4 种模型变量组合方案"，筛选 4 类多元非线性模型的模型变量。经过逐步回归筛选（方案 1 和 2）或 Pearson 相关分析（方案 4）之后，可以确定 4 种模型的自变量如表 6-13 所示。

表 6-13　变量筛选结果

方案编号	变量筛选方法	筛选后的变量
1 和 2	逐步回归	10% 点云高度百分位数（elev_10th）与覆盖度（CC）
3	固定变量	点云平均高（elev_mean）、覆盖度（CC）
4	Pearson 相关分析	10% 点云高度百分位数（elev_10th）、密度变量 [2]（density[2]）

6.2.2.2　建立模型（表 6-14、表 6-15）

表 6-14　非线性回归模型公式

模型方案	模型参数	模型公式
1 和 2	h_{10th}、CC	$\ln V=0.991\ln h_{10th}+1.184\ln CC+3.092$
3	h_{mean}、CC	$\ln V=1.197\ln CC+1.074\ln h_{mean}+2.599$
4	h_{10th}、d_2	$\ln V=1.529\ln h_{10th}-0.072\ln d_2+1.712$

表 6-15   非线性回归模型评价指标

模型方案	R^2	修正 R^2	残差标准差
1 和 2	0.865	0.860	0.295
3	0.868	0.863	0.292
4	0.798	0.791	0.366

6.2.3   模型精度评价

基于不同模型精度评价指标分析，得出最佳建模方案，如表 6-16、表 6-17 所示。

表 6-16   基于十折交叉验证的模型总体精度

模型	决定系数 R^2	均方根误差 RMSE（m³/hm²）	平均绝对误差 MAE（m³/hm²）	平均绝对百分比误差 MAPE（%）	总相对误差 TRE（%）
线性方案 1 和 2	0.644	37.682	33.205	42.749	16.219
线性方案 3	0.610	38.368	34.914	53.308	−196.313
线性方案 4	0.573	41.186	35.848	40.332	0.150
非线性方案 1 和 2	0.693	34.486	28.759	24.851	4.270
非线性方案 3	0.732	32.999	27.844	26.641	4.941
非线性方案 4	0.578	40.873	34.176	35.002	5.047

表 6-17   基于留一法的模型总体精度

模型	决定系数 R^2	均方根误差 RMSE（m³/hm²）	平均绝对误差 MAE（m³/hm²）	平均绝对百分比误差 MAPE（%）	总相对误差 TRE（%）
线性方案 1 和 2	0.725	28.625	28.625	33.003	−327.114
线性方案 3	0.711	29.702	29.702	39.323	7362.870
线性方案 4	0.647	31.289	31.289	35.426	1.607
非线性方案 1 和 2	0.739	25.769	25.769	23.842	5.708
非线性方案 3	0.768	24.913	24.913	24.705	5.113
非线性方案 4	0.620	30.689	30.689	29.735	7.158

6.2.4   林分航空蓄积表编制

根据十折交叉验证和留一法验证结果，所有线性回归模型和非线性回归模型中，多元非线性模型方案 3 最优。基于模型精度评价结果，选择建立二元林分航空蓄积表。

模型形式：$\ln V = 1.197\ln CC + 1.074\ln h_{\text{mean}} + 2.599$。

模型变量：点云平均高和覆盖度。

模型预测散点图（基于十折交叉验证法见图 6-2）：

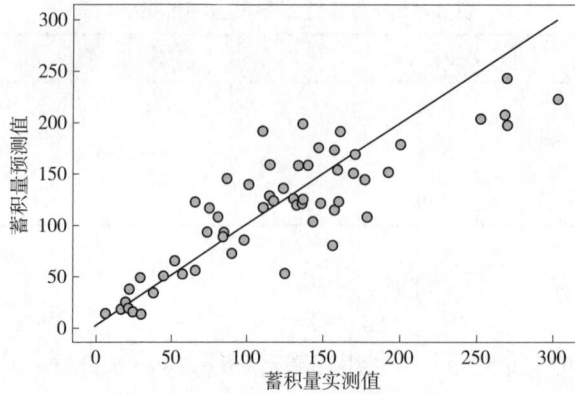

图 6-2　十折交叉验证模型预测结果（非线性方案 3）

编制的林分航空蓄积表成果见表 6-18：

表 6-18　东北林区 – 栎类林分航空蓄积表

点云平均高（m）	覆盖度（%）															
	0.20	0.25	0.30	0.35	0.40	0.45	0.50	0.55	0.60	0.65	0.70	0.75	0.80	0.85	0.90	0.95
2.0	4	5	7	8	9	11	12	14	15	17	18	20	22	23	25	27
2.5	5	7	9	10	12	14	16	18	20	21	23	26	28	30	32	34
3.0	6	8	10	12	15	17	19	21	24	26	29	31	34	36	39	41
3.5	8	10	12	15	17	20	23	25	28	31	34	37	40	43	46	49
4.0	9	11	14	17	20	23	26	29	32	36	39	42	46	49	53	56
4.5	10	13	16	19	23	26	30	33	37	40	44	48	52	56	60	64
5.0	11	14	18	22	25	29	33	37	41	45	49	54	58	62	67	71
5.5	12	16	20	24	28	32	37	41	46	50	55	59	64	69	74	79
6.0	13	18	22	27	31	35	40	45	50	55	60	65	71	76	81	87
6.5	15	19	24	29	34	39	44	49	54	60	66	71	77	83	89	94
7.0	16	21	26	31	36	42	47	53	59	65	71	77	83	90	96	102
7.5	17	22	28	33	39	45	51	57	64	70	76	83	90	96	103	110
8.0	18	24	30	36	42	48	55	61	68	75	82	89	96	103	111	118
8.5	20	25	32	38	45	52	58	65	73	80	87	95	103	110	118	126
9.0	21	27	34	41	48	55	62	70	77	85	93	101	109	117	126	134
9.5	22	29	36	43	50	58	66	74	82	90	98	107	116	124	133	142
10.0	23	30	38	45	53	61	70	78	87	95	104	113	122	131	141	150
10.5	24	32	40	48	56	65	73	82	91	100	110	119	129	138	148	158
11.0	26	34	42	50	59	68	77	86	96	105	115	125	135	145	156	166
11.5	27	35	44	53	62	71	81	91	101	111	121	131	142	153	163	174
12.0	28	37	46	55	65	75	85	95	105	116	127	137	149	160	171	182

续表

点云平均高（m）	覆盖度（%）															
	0.20	0.25	0.30	0.35	0.40	0.45	0.50	0.55	0.60	0.65	0.70	0.75	0.80	0.85	0.90	0.95
12.5	30	39	48	58	68	78	88	99	110	121	132	144	155	167	179	191
13.0	31	40	50	60	71	81	92	103	115	126	138	150	162	174	186	199
13.5	32	42	52	63	74	85	96	108	119	131	144	156	169	181	194	207
14.0	33	44	54	65	76	88	100	112	124	137	149	162	175	188	202	215
14.5	35	45	56	68	79	91	104	116	129	142	155	168	182	196	210	224
15.0	36	47	58	70	82	95	108	121	134	147	161	175	189	203	217	232
15.5	37	49	60	73	85	98	111	125	139	152	167	181	195	210	225	240
16.0	38	50	63	75	88	102	115	129	143	158	172	187	202	218	233	248
16.5	40	52	65	78	91	105	119	134	148	163	178	194	209	225	241	257
17.0	41	54	67	80	94	108	123	138	153	168	184	200	216	232	249	265
17.5	42	55	69	83	97	112	127	142	158	174	190	206	223	239	256	274
18.0	44	57	71	85	100	115	131	147	163	179	196	212	230	247	264	282
18.5	45	59	73	88	103	119	135	151	168	184	201	219	236	254	272	290
19.0	46	60	75	90	106	122	139	155	172	190	207	225	243	262	280	299
19.5	48	62	77	93	109	126	143	160	177	195	213	232	250	269	288	307
20.0	49	64	79	96	112	129	146	164	182	200	219	238	257	276	296	316

6.3　桦木林分蓄积量模型构建

6.3.1　多元线性模型

6.3.1.1　变量筛选

　　按照 3.3.3 节"4 种模型变量组合方案"，筛选 4 类多元线性模型的模型变量。经过逐步回归筛选（方案 1 和 2）或 Pearson 相关分析（方案 4）之后，可以确定 4 种模型的自变量，如表 6-19 所示。

表 6-19　变量筛选结果

方案编号	变量筛选方法	筛选后的变量
1 和 2	逐步回归	90% 点云高度百分位数（elev_90th）、覆盖度（CC）和点云高度中位数（elev_mad）
3	固定变量	点云平均高（elev_mean）、覆盖度（CC）
4	Pearson 相关分析	90% 点云高度百分位数（elev_90th）、密度变量 [2]（density[2]）

6.3.1.2　建立模型（表 6-20、表 6-21）

表 6-20　多元线性回归模型公式

模型方案	模型参数	模型公式
1 和 2	h_{90th}、CC、h_{mad}	$V=9.906h_{90th}+132.047CC-14.213h_{mad}-88.288$
3	h_{mean}、CC	$V=9.749h_{mean}+148.605CC-79.223$
4	h_{90th}、d_2	$V=8.318h_{90th}+182.128d_2-13.594$

表 6-21　多元线性回归模型评价指标

模型方案	R^2	修正 R^2	残差标准差
1 和 2	0.850	0.840	20.700
3	0.828	0.820	21.939
4	0.728	0.717	27.536

6.3.2　多元非线性模型

6.3.2.1　变量筛选

按照 3.3.3 节"4 种模型变量组合方案"，筛选 4 类多元非线性模型的模型变量。经过逐步回归筛选（方案 1 和 2）或 Pearson 相关分析（方案 4）之后，可以确定 4 种模型的自变量，如表 6-22 所示。

表 6-22　变量筛选结果

方案编号	变量筛选方法	筛选后的变量
1 和 2	逐步回归	95% 点云高度百分位数（elev_95th）、覆盖度（CC）、密度变量 [1]（density[1]）
3	固定变量	点云平均高（elev_mean）、覆盖度（CC）
4	Pearson 相关分析	95% 点云高度百分位数（elev_95th）、密度变量 [1]（density[1]）

6.3.2.2　建立模型（表 6-23、表 6-24）

表 6-23　多元非线性回归模型公式

模型方案	模型参数	模型公式
1 和 2	h_{95th}、CC、d_1	$\ln V=1.507\ln h_{95th}+1.177\ln CC-0.146\ln d_1+0.617$
3	h_{mean}、CC	$\ln V=1.361\ln h_{mean}+1.333\ln CC+2.163$
4	h_{95th}、d_1	$\ln V=2.113\ln h_{95th}-0.225\ln d_1+2.045$

表 6-24　非线性回归模型评价指标

模型方案	R^2	修正 R^2	残差标准差
1 和 2	0.945	0.941	0.219
3	0.922	0.918	0.258
4	0.846	0.840	0.361

6.3.3　模型精度评价

基于不同模型精度评价指标分析，得出最佳建模方案，如表 6-25、表 6-26 所示。

表 6-25　基于十折交叉验证的模型总体精度

模型	决定系数 R^2	总相对误差 TRE（%）	均方根误差 RMSE（m^3/hm^2）	平均绝对误差 MAE（m^3/hm^2）	平均绝对百分比误差 MAPE
线性方案 1 和 2	0.771	−47.644	21.272	17.189	0.677
线性方案 3	0.779	0.030	21.302	18.213	0.556
线性方案 4	0.672	0.139	27.153	22.310	0.316
非线性方案 1 和 2	0.817	−0.018	19.700	16.225	0.256
非线性方案 3	0.746	−0.016	22.847	19.257	0.328
非线性方案 4	0.695	0.011	26.353	22.975	0.412

表 6-26　基于留一法的模型总体精度

模型	决定系数 R^2	总相对误差 TRE（%）	均方根误差 RMSE（m^3/hm^2）	平均绝对误差 MAE（m^3/hm^2）	平均绝对百分比误差 MAPE
线性方案 1 和 2	0.806	−1.105	83.533	83.533	2.645
线性方案 3	0.800	−0.186	90.507	90.507	2.347
线性方案 4	0.688	−0.064	112.755	112.755	1.942
非线性方案 1 和 2	0.809	0.022	16.023	16.023	0.193
非线性方案 3	0.773	0.031	17.342	17.342	0.208
非线性方案 4	0.700	0.079	22.051	22.051	0.311

6.3.4　林分航空蓄积表编制

根据十折交叉验证和留一法验证结果，所有线性回归模型和非线性回归模型中，多元非线性模型方案 3 最优。基于模型精度评价结果，选择建立二元林分航空蓄积表。

模型形式：$\ln V = 1.361\ln h_{mean} + 1.333\ln CC + 2.163$。

模型变量：点云平均高和覆盖度。

模型预测散点图（基于十折交叉验证法见图 6-3）：

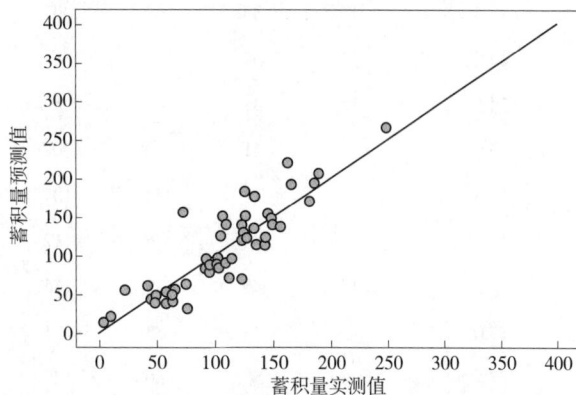

图 6-3　十折交叉验证模型预测结果（非线性方案 3）

编制的林分航空蓄积表成果见表 6-27：

表 6-27　东北林区 - 桦木林分航空蓄积表

点云平均高（m）	覆盖度（%）								
	0.10	0.20	0.30	0.40	0.50	0.60	0.70	0.80	0.90
3.0	2	5	8	11	15	20	24	29	34
3.5	2	6	10	14	19	24	30	36	42
4.0	3	7	12	17	23	29	36	43	50
4.5	3	8	14	20	27	34	42	50	59
5.0	4	9	16	23	31	39	48	58	68
5.5	4	10	18	26	35	45	55	66	77
6.0	5	12	20	29	40	50	62	74	87
6.5	5	13	22	33	44	56	69	83	97
7.0	6	14	25	36	49	62	76	91	107
7.5	6	16	27	40	54	68	84	100	117
8.0	7	17	30	43	59	75	92	109	128
8.5	7	19	32	47	64	81	100	119	139
9.0	8	20	35	51	69	88	108	129	150
9.5	9	22	37	55	74	94	116	138	162
10.0	9	23	40	59	79	101	124	148	174
10.5	10	25	43	63	85	108	133	159	185
11.0	11	27	46	67	90	115	141	169	198
11.5	11	28	49	71	96	122	150	179	210
12.0	12	30	51	75	102	130	159	190	222
12.5	13	32	54	80	107	137	168	201	235
13.0	13	33	57	84	113	144	177	212	248
13.5	14	35	60	89	119	152	187	223	261
14.0	15	37	63	93	125	160	196	234	274
14.5	15	39	67	98	131	168	206	246	288
15.0	16	41	70	102	138	176	216	258	301
15.5	17	42	73	107	144	184	225	269	315
16.0	18	44	76	112	150	192	235	281	329
16.5	18	46	79	116	157	200	245	293	343
17.0	19	48	83	121	163	208	256	305	357
17.5	20	50	86	126	170	216	266	318	372
18.0	21	52	89	131	176	225	276	330	386

6.4 杨树林分蓄积量模型构建

6.4.1 多元线性模型

6.4.1.1 变量筛选

按照 3.3.3 节 "4 种模型变量组合方案",筛选 4 类多元线性模型的模型变量。经过逐步回归筛选(方案 1 和 2)或 Pearson 相关分析(方案 4)之后,确定 4 种模型的自变量,如表 6-28 所示。

表 6-28 变量筛选结果

方案编号	变量筛选方法	筛选后的变量
1 和 2	逐步回归	50% 点云高度百分位数(elev_50th)、点云高度最小值(elev_min)
3	固定变量	点云平均高(elev_mean)、覆盖度(CC)
4	Pearson 相关分析	50% 点云高度百分位数(elev_50th)、密度变量 [3](density[3])

6.4.1.2 建立模型(表 6-29、表 6-30)

表 6-29 多元线性回归模型公式

模型方案	模型参数	模型公式
1 和 2	h_{50th}、h_{min}	$V=13.407h_{50th}+529.387h_{min}-1118.37$
3	h_{mean}、CC	$V=15.34h_{mean}+62.507CC-78.109$
4	h_{50th}、d_3	$V=11.976h_{50th}+146.229d_3-16.664$

表 6-30 多元线性回归模型评价指标

模型方案	R^2	修正 R^2	残差标准差
1 和 2	0.781	0.772	34.888
3	0.689	0.676	41.559
4	0.741	0.730	37.937

6.4.2 多元非线性模型

6.4.2.1 变量筛选

按照 3.3.3 节 "4 种模型变量组合方案",筛选 4 类多元非线性模型的模型变量。经过逐步回归筛选(方案 1 和 2)或 Pearson 相关分析(方案 4)之后,可以确定 4 种模型的自变量,如表 6-31 所示。

表 6-31　变量筛选结果

方案编号	变量筛选方法	筛选后的变量
1 和 2	逐步回归	50% 点云高度百分位数（elev_50th）、覆盖度（CC）
3	固定变量	点云平均高（elev_mean）、覆盖度（CC）
4	Pearson 相关分析	50% 点云高度百分位数（elev_50th）、密度变量 [3]（density[3]）

6.4.2.2　建立模型（表 6-32、表 6-33）

表 6-32　多元非线性回归模型公式

模型方案	模型参数	模型公式
1 和 2	h_{50th}、CC	$\ln V = 1.830\ln h_{50th} + 0.494\ln CC + 0.334$
3	h_{mean}、CC	$\ln V = 1.879\ln h_{mean} + 0.410\ln CC + 0.463$
4	h_{50th}、d_3	$\ln V = 1.875\ln h_{50th} - 0.009\ln d_3 - 0.105$

表 6-33　非线性回归模型评价指标

模型方案	R^2	修正 R^2	残差标准差
1 和 2	0.879	0.874	0.289
3	0.804	0.796	0.367
4	0.830	0.823	0.342

6.4.3　模型精度评价

基于不同模型精度评价指标分析，得出最佳建模方案，如表 6-34、表 6-35 所示。

表 6-34　基于十折交叉验证的模型总体精度

模 型	决定系数 R^2	总相对误差 TRE（%）	均方根误差 RMSE（m³/hm²）	平均绝对误差 MAE（m³/hm²）	平均绝对百分比误差 MAPE（%）
线性方案 1 和 2	0.725	0.001	34.905	28.548	0.263
线性方案 3	0.633	−0.034	42.243	36.540	0.360
线性方案 4	0.699	−0.004	37.711	30.383	0.289
非线性方案 1 和 2	0.711	0.036	34.605	28.833	0.247
非线性方案 3	0.500	0.036	45.890	39.108	0.334
非线性方案 4	0.591	0.062	41.772	32.667	0.280

表 6-35　基于留一法的模型总体精度

模 型	决定系数 R^2	总相对误差 TRE（%）	均方根误差 RMSE（m³/hm²）	平均绝对误差 MAE（m³/hm²）	平均绝对百分比误差 MAPE（%）
线性方案 1 和 2	0.749	0.203	140.015	140.015	1.349
线性方案 3	0.657	0.070	177.629	177.629	1.853
线性方案 4	0.711	−0.026	153.834	153.834	1.528

模　型	决定系数 R^2	总相对误差 TRE （%）	均方根误差 RMSE（m³/hm²）	平均绝对误差 MAE（m³/hm²）	平均绝对百分比误差 MAPE（%）
非线性方案 1 和 2	0.729	0.047	26.824	26.824	0.239
非线性方案 3	0.546	0.073	36.479	36.479	0.313
非线性方案 4	0.626	0.062	31.092	31.092	0.277

6.4.4　林分航空蓄积表编制

根据十折交叉验证和留一法验证结果，所有线性回归模型和非线性回归模型中，多元非线性模型方案 1/2 最优。基于模型精度评价结果，选择建立二元林分航空蓄积表。

模型形式：$\ln V = 1.830 \ln h_{50th} + 0.494 \ln CC + 0.334$。

模型变量：50% 点云高度百分位数和覆盖度。

模型预测散点图（基于十折交叉验证法）（图 6-4）：

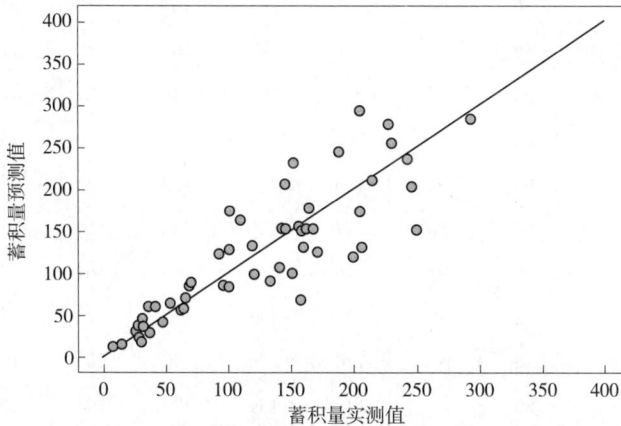

图 6-4　十折交叉验证模型预测结果（非线性方案 1/2）

编制的林分航空蓄积表成果见表 6-36：

表 6-36　东北林区 - 杨树林分航空蓄积表

50% 点云高度百分位数（m）	覆盖度（%）								
	0.10	0.20	0.30	0.40	0.50	0.60	0.70	0.80	0.90
4.0	6	8	10	11	13	14	15	16	17
4.5	7	10	12	14	16	17	18	20	21
5.0	9	12	15	17	19	21	22	24	25
5.5	10	14	17	20	22	25	27	28	30
6.0	12	17	20	24	26	29	31	33	35
6.5	14	19	24	27	30	33	36	38	41

续表

50% 点云高度百分位数（m）	覆盖度（%）								
	0.10	0.20	0.30	0.40	0.50	0.60	0.70	0.80	0.90
7.0	16	22	27	31	35	38	41	44	47
7.5	18	25	31	35	40	43	47	50	53
8.0	20	28	35	40	45	49	53	56	60
8.5	22	32	39	45	50	54	59	63	67
9.0	25	35	43	50	55	60	65	70	74
9.5	28	39	47	55	61	67	72	77	82
10.0	30	43	52	60	67	73	79	85	90
10.5	33	47	57	66	73	80	87	92	98
11.0	36	51	62	71	80	87	94	101	107
11.5	39	55	67	78	87	95	102	109	116
12.0	42	60	73	84	94	102	111	118	125
12.5	46	64	78	90	101	110	119	127	135
13.0	49	69	84	97	108	119	128	137	145
13.5	52	74	90	104	116	127	137	146	155
14.0	56	79	96	111	124	136	147	157	166
14.5	60	84	103	119	132	145	156	167	177
15.0	64	90	109	126	141	154	166	178	188
15.5	68	95	116	134	150	164	177	189	200
16.0	72	101	123	142	158	173	187	200	212
16.5	76	107	130	150	168	183	198	211	224
17.0	80	113	138	159	177	194	209	223	237
17.5	84	119	145	167	187	204	220	235	250
18.0	89	125	153	176	197	215	232	248	263
18.5	93	131	161	185	207	226	244	261	276
19.0	98	138	169	194	217	237	256	274	290
19.5	103	145	177	204	228	249	269	287	304
20.0	108	152	185	213	238	261	281	301	319
20.5	113	159	194	223	249	273	294	315	333
21.0	118	166	202	233	261	285	308	329	348
21.5	123	173	211	244	272	298	321	343	364
22.0	128	180	220	254	284	311	335	358	379
22.5	134	188	230	265	296	324	349	373	395
23.0	139	196	239	276	308	337	363	388	412

6.5　云杉林分蓄积量模型构建

6.5.1　多元线性模型

6.5.1.1　变量筛选

按照 3.3.3 节 "4 种模型变量组合方案"，筛选 4 类多元线性模型的模型变量。经过逐步回归筛选（方案 1 和 2）或 Pearson 相关分析（方案 4）之后，可以确定 4 种模型的自变量，如表 6-37 所示。

表 6-37　变量筛选结果

方案编号	变量筛选方法	筛选后的变量
1	逐步回归	点云平均高（elev_mean）、1% 点云高度百分位数（elev_1st）
2	逐步回归	点云平均高（elev_mean）、点云强度中位数（int_mad）、覆盖度（CC）
3	固定变量	点云平均高（elev_mean）、覆盖度（CC）
4	Pearson 相关分析	点云平均高（elev_mean）、密度变量 [1]（density[1]）

6.5.1.2　建立模型（表 6-38、表 6-39）

表 6-38　多元线性回归模型公式

模型方案	模型参数	模型公式
1	h_{mean}、h_{1st}	$V=19.908h_{mean}+11.904h_{1st}-67.009$
2	h_{mean}、i_{mad}、CC	$V=22.311h_{mean}-0.005i_{mad}+77.159CC-65.262$
3	h_{mean}、CC	$V=22.217h_{mean}+63.598CC-85.929$
4	h_{mean}、d_1	$V=24.713h_{mean}+26.535d_1-75.096$

表 6-39　多元线性回归模型评价指标

模型方案	R^2	修正 R^2	残差标准差
1	0.888	0.888	40.724
2	0.894	0.887	40.140
3	0.879	0.874	42.304
4	0.875	0.870	43.026

6.5.2　多元非线性模型

6.5.2.1　变量筛选

按照 3.3.3 节 "4 种模型变量组合方案"，筛选 4 类多元非线性模型的模型变量。经过逐步回归筛选（方案1和2）或 Pearson 相关分析（方案4）之后，可以确定4种模型的自变量，如表6-40所示。

表6-40 变量筛选结果

方案编号	变量筛选方法	筛选后的变量
1和2	逐步回归	覆盖度（CC）、10% 点云高度百分位数（elev_10th）
3	固定变量	点云平均高（elev_mean）、覆盖度（CC）
4	Pearson 相关分析	50% 点云高度百分位数（elev_50th）、密度变量[0]（density[0]）

6.5.2.2 建立模型（表6-41、表6-42）

表6-41 多元非线性回归模型公式

模型方案	模型参数	模型公式
1和2	CC、h_{10th}	$\ln V = 0.977\ln CC + 0.972\ln h_{10th} + 3.645$
3	h_{mean}、CC	$\ln V = 1.121\ln h_{mean} + 0.853\ln CC + 2.860$
4	h_{50th}、d_0	$\ln V = 1.4176\ln h_{50th} - 0.136\ln d_0 - 1.213$

表6-42 非线性回归模型评价指标

模型方案	R^2	修正 R^2	残差标准差
1和2	0.952	0.950	0.223
3	0.949	0.947	0.228
4	0.910	0.907	0.303

6.5.3 模型精度评价

基于不同模型精度评价指标分析，得出最佳建模方案，如表6-43、表6-44所示。

表6-43 基于十折交叉验证的模型总体精度

模型	决定系数 R^2	总相对误差 TRE（%）	均方根误差 RMSE（m³/hm²）	平均绝对误差 MAE（m³/hm²）	平均绝对百分比误差 MAPE（%）
线性方案1	0.867	−0.037	39.525	32.751	0.293
线性方案2	0.846	−0.196	41.318	34.885	0.452
线性方案3	0.841	−0.182	43.014	36.500	0.484
线性方案4	0.836	0.118	43.353	35.656	0.318
非线性方案1和2	0.889	0.003	34.191	27.629	0.183
非线性方案3	0.891	0.018	33.831	27.556	0.186
非线性方案4	0.784	−0.002	47.284	37.803	0.286

表6-44 基于留一法的模型总体精度

模型	决定系数 R^2	总相对误差 TRE（%）	均方根误差 RMSE（m³/hm²）	平均绝对误差 MAE（m³/hm²）	平均绝对百分比误差 MAPE（%）
线性方案1	0.853	−0.018	171.772	171.772	1.450
线性方案2	0.865	−5.910	158.214	158.214	1.749

模型	决定系数 R^2	总相对误差 TRE（%）	均方根误差 RMSE（m³/hm²）	平均绝对误差 MAE（m³/hm²）	平均绝对百分比误差 MAPE（%）
线性方案 3	0.855	−0.382	169.186	169.186	1.910
线性方案 4	0.849	−6.491	170.526	170.526	1.484
非线性方案 1 和 2	0.889	0.003	34.191	27.629	0.183
非线性方案 3	0.893	0.030	26.750	26.750	0.183
非线性方案 4	0.785	0.043	38.150	38.150	0.276

6.5.4　林分航空蓄积表编制

根据十折交叉验证和留一法验证结果，所有线性回归模型和非线性回归模型中，多元非线性模型方案 1/2 最优。基于模型精度评价结果，选择建立二元林分航空蓄积表。

模型形式：$\ln V=0.977\ln CC+0.972\ln h_{10th}+3.645$。

模型变量：10% 点云高度百分位数、覆盖度。

模型预测散点图（基于十折交叉验证法见图 6–5）：

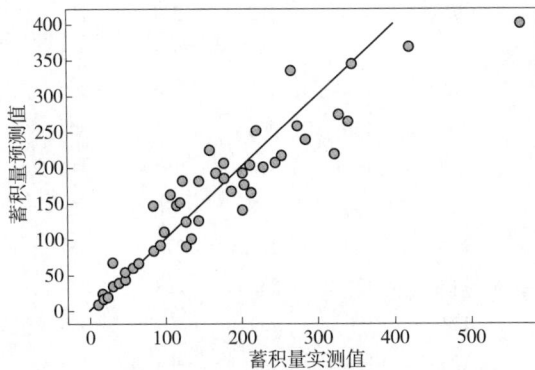

图 6–5　十折交叉验证模型预测结果（非线性方案 1/2）

编制的林分航空蓄积表成果见表 6–45：

表 6–45　东北林区 – 云杉林分航空蓄积表

10% 点云高度百分位数（m）	覆盖度（%）								
	0.10	0.20	0.30	0.40	0.50	0.60	0.70	0.80	0.90
2.0	8	16	23	31	38	46	53	60	68
2.5	10	19	29	38	47	57	66	75	84
3.0	12	23	34	45	57	68	79	90	100
3.5	14	27	40	53	66	79	91	104	117
4.0	16	31	45	60	75	89	104	118	133
4.5	17	34	51	67	84	100	117	133	149

续表

10% 点云高度百分位数（m）	覆盖度（%）								
	0.10	0.20	0.30	0.40	0.50	0.60	0.70	0.80	0.90
5.0	19	38	56	75	93	111	129	147	165
5.5	21	42	62	82	102	122	142	161	181
6.0	23	45	67	89	111	133	154	176	197
6.5	25	49	73	96	120	143	167	190	213
7.0	27	53	78	104	129	154	179	204	229
7.5	29	56	84	111	138	165	192	218	245
8.0	30	60	89	118	147	175	204	232	261
8.5	32	64	95	125	156	186	216	246	276
9.0	34	67	100	132	165	197	229	261	292
9.5	36	71	105	139	173	207	241	275	308
10.0	38	74	111	147	182	218	253	289	324
10.5	40	78	116	154	191	228	266	303	340
11.0	42	82	121	161	200	239	278	317	355
11.5	43	85	127	168	209	250	290	331	371
12.0	45	89	132	175	218	260	302	345	387
12.5	47	93	138	182	227	271	315	359	402
13.0	49	96	143	189	235	281	327	372	418
13.5	51	100	148	196	244	292	339	386	433
14.0	52	103	154	203	253	302	351	400	449
14.5	54	107	159	210	262	313	364	414	465
15.0	56	110	164	217	270	323	376	428	480
15.5	58	114	169	225	279	334	388	442	496
16.0	60	118	175	232	288	344	400	456	511
16.5	62	121	180	239	297	355	412	470	527
17.0	63	125	185	246	305	365	424	483	542

6.6　阔叶混交林林分蓄积量模型构建

6.6.1　多元线性模型

6.6.1.1　变量筛选

按照 3.3.3 节"4 种模型变量组合方案"，筛选 4 类多元线性模型的模型变量。经过逐步回归筛选（方案 1 和 2）或 Pearson 相关分析（方案 4）之后，可以确定 4 种模型的自变量，如表 6-46 所示。

表 6-46 变量筛选结果

方案编号	变量筛选方法	筛选后的变量
1 和 3	逐步回归、固定变量	点云平均高（elev_mean）、覆盖度（CC）
2	逐步回归	点云平均高（elev_mean）、80% 点云强度百分位数（int_80th）、覆盖度（CC）
4	Pearson 相关分析	点云平均高（elev_mean）、密度变量 [2]（density[2]）

6.6.1.2 建立模型（表 6-47、表 6-48）

表 6-47 多元线性回归模型公式

模型方案	模型参数	模型公式
1 和 3	h_{mean}、CC	$V=11.775h_{mean}+82.889CC-74.273$
2	h_{mean}、CC、i_{80th}	$V=10.108h_{mean}+125.98CC-0.001i_{80th}-28.533$
4	h_{mean}、d_2	$V=14.907h_{mean}+71.481d_2-61.155$

表 6-48 多元线性回归模型评价指标

模型方案	R^2	修正 R^2	残差标准差
1 和 3	0.815	0.809	25.728
2	0.842	0.834	24.006
4	0.795	0.788	27.128

6.6.2 多元非线性模型

6.6.2.1 变量筛选

按照 3.3.3 节 "4 种模型变量组合方案"，筛选 4 类多元非线性模型的模型变量。经过逐步回归筛选（方案 1 和 2）或 Pearson 相关分析（方案 4）之后，可以确定 4 种模型的自变量，如表 6-49 所示。

表 6-49 变量筛选结果

方案编号	变量筛选方法	筛选后的变量
1 和 2	逐步回归	覆盖度（CC）、80% 点云高度百分位数（elev_80th）
3	固定变量	点云平均高（elev_mean）、覆盖度（CC）
4	Pearson 相关分析	点云平均高（elev_mean）、密度变量 [1]（density[1]）

6.6.2.2 建立模型（表 6-50、表 6-51）

表 6-50 多元非线性回归模型公式

模型方案	模型参数	模型公式
1 和 2	CC、h_{80th}	$\ln V=0.974\ln CC+1.377\ln h_{80th}+1.274$
3	h_{mean}、CC	$\ln V=1.319\ln h_{mean}+0.800\ln CC+1.762$
4	h_{mean}、d_1	$\ln V=1.754\ln h_{mean}+0.024\ln d_1-0.433$

表 6-51 非线性回归模型评价指标

模型方案	R^2	修正 R^2	残差标准差
1 和 2	0.829	0.823	0.345
3	0.815	0.808	0.359
4	0.763	0.755	0.406

6.6.3 模型精度评价

基于不同模型精度评价指标分析，得出最佳建模方案，如表 6-52、表 6-53 所示。

表 6-52 基于十折交叉验证的模型总体精度

模型	决定系数 R^2	总相对误差 TRE（%）	均方根误差 RMSE（m³/hm²）	平均绝对误差 MAE（m³/hm²）	平均绝对百分比误差 MAPE（%）
线性方案 1 和 3	0.773	−0.059	25.388	21.395	0.369
线性方案 2	0.794	−0.034	24.340	21.104	0.368
线性方案 4	0.754	−0.069	26.972	21.903	0.390
非线性方案 1 和 2	0.791	−0.021	24.697	21.290	0.303
非线性方案 3	0.792	−0.025	24.605	20.897	0.344
非线性方案 4	0.744	−0.004	27.664	23.132	0.388

表 6-53 基于留一法的模型总体精度

模型	决定系数 R^2	总相对误差 TRE（%）	均方根误差 RMSE（m³/hm²）	平均绝对误差 MAE（m³/hm²）	平均绝对百分比误差 MAPE（%）
线性方案 1 和 3	0.797	−8.397	124.442	124.442	2.295
线性方案 2	0.818	0.045	121.458	121.458	2.263
线性方案 4	0.779	0.664	126.850	126.850	2.241
非线性方案 1 和 2	0.806	0.057	20.691	20.691	0.300
非线性方案 3	0.811	0.072	19.775	19.775	0.289
非线性方案 4	0.756	0.078	22.611	22.611	0.349

6.6.4 林分航空蓄积表编制

根据十折交叉验证和留一法验证结果，所有线性回归模型和非线性回归模型中，多元非线性模型方案 1 和 2 最优。基于模型精度评价结果，选择建立二元林分航空蓄积表。

模型形式：$\ln V = 0.974 \ln CC + 1.377 \ln h_{80th} + 1.274$。

模型变量：覆盖度、80% 点云高度百分位数。

模型预测散点图（基于十折交叉验证法见图 6-6）：

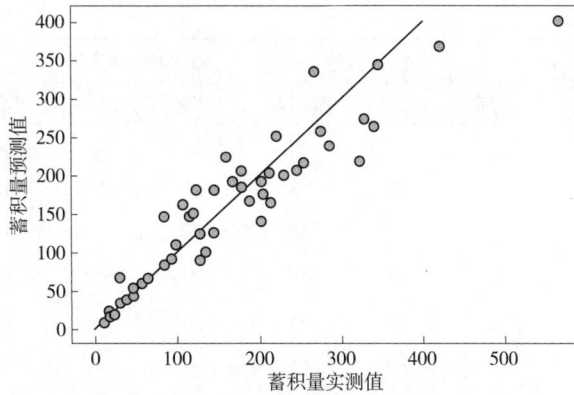

图 6-6　十折交叉验证模型预测结果（非线性方案 1/2）

编制的林分航空蓄积表成果见表 6-54：

表 6-54　东北林区 – 阔叶混林分航空蓄积表

80% 点云高度百分位数（m）	覆盖度（%）							
	0.20	0.30	0.40	0.50	0.60	0.70	0.80	0.90
2.0	2	3	4	5	6	7	7	8
2.5	3	4	5	6	8	9	10	11
3.0	3	5	7	8	10	11	13	15
3.5	4	6	8	10	12	14	16	18
4.0	5	7	10	12	15	17	19	22
4.5	6	9	12	14	17	20	23	26
5.0	7	10	13	17	20	23	26	30
5.5	8	12	15	19	23	26	30	34
6.0	9	13	17	21	26	30	34	38
6.5	10	15	19	24	29	33	38	42
7.0	11	16	21	27	32	37	42	47
7.5	12	18	23	29	35	40	46	52
8.0	13	19	26	32	38	44	50	57
8.5	14	21	28	35	41	48	55	61
9.0	15	23	30	38	45	52	59	66
9.5	17	25	33	40	48	56	64	72
10.0	18	26	35	43	52	60	69	77
10.5	19	28	37	46	55	64	73	82
11.0	20	30	40	49	59	69	78	88
11.5	22	32	42	53	63	73	83	93
12.0	23	34	45	56	67	77	88	99
12.5	24	36	47	59	70	82	93	105

80% 点云高度百分位数（m）	覆盖度（%）							
	0.20	0.30	0.40	0.50	0.60	0.70	0.80	0.90
13.0	25	38	50	62	74	86	98	110
13.5	27	40	53	66	78	91	104	116
14.0	28	42	55	69	82	96	109	122
14.5	30	44	58	72	86	100	114	128
15.0	31	46	61	76	91	105	120	134
15.5	32	48	64	79	95	110	125	141
16.0	34	50	67	83	99	115	131	147
16.5	35	53	70	86	103	120	137	153
17.0	37	55	72	90	108	125	142	160
17.5	38	57	75	94	112	130	148	166
18.0	40	59	78	97	116	135	154	173
18.5	41	62	81	101	121	140	160	179
19.0	43	64	84	105	125	146	166	186
19.5	45	66	88	109	130	151	172	193
20.0	46	68	91	113	135	156	178	200
20.5	48	71	94	117	139	162	184	207
21.0	49	73	97	120	144	167	190	214

6.7 针叶混林分蓄积量模型构建

6.7.1 多元线性模型

6.7.1.1 变量筛选

按照 3.3.3 节 "4 种模型变量组合方案"，筛选 4 类多元线性模型的模型变量。经过逐步回归筛选（方案 1 和 2）或 Pearson 相关分析（方案 4）之后，可以确定 4 种模型的自变量，如表 6-55 所示。

表 6-55 变量筛选结果

方案编号	变量筛选方法	筛选后的变量
1	逐步回归	20% 点云高度百分位数（elev_20th）、密度变量 [8]（density[8]）
2	逐步回归	20% 点云高度百分位数（elev_20th）、70% 点云强度百分位数（int_70th）

方案编号	变量筛选方法	筛选后的变量
3	固定变量	点云平均高（elev_mean）、覆盖度（CC）
4	Pearson 相关分析	20% 点云高度百分位数（elev_20th）、密度变量 [1]（density[1]）

6.7.1.2　建立模型（表 6-56、表 6-57）

表 6-56　多元线性回归模型公式

模型方案	模型参数	模型公式
1	h_{20th}、d_8	$V=23.726h_{20th}-278.733d_8CC-35.009$
2	h_{20th}、i_{70th}	$V=22.043h_{20th}+0.001i_{70th}-82.541$
3	h_{mean}、CC	$V=86.365CC+19.913h_{mean}-101.689$
4	h_{20th}、d_1	$V=18.783h_{20th}-194.043d_1+12.732$

表 6-57　多元线性回归模型评价指标

模型方案	R^2	修正 R^2	残差标准差
1	0.859	0.853	32.905
2	0.862	0.857	32.521
3	0.844	0.838	34.597
4	0.848	0.842	34.137

6.7.2　多元非线性模型

6.7.2.1　变量筛选

按照 3.3.3 节"4 种模型变量组合方案"，筛选 4 类多元非线性模型的模型变量。经过逐步回归筛选（方案 1 和 2）或 Pearson 相关分析（方案 4）之后，可以确定 4 种模型的自变量，如表 6-58 所示。

表 6-58　变量筛选结果

方案编号	变量筛选方法	筛选后的变量
1 和 2	逐步回归	20% 点云高度百分位数（elev_20th）与覆盖度（CC）
3	固定变量	点云平均高（elev_mean）、覆盖度（CC）
4	Pearson 相关分析	20% 点云高度百分位数（elev_20th）、密度变量 [1]（density[1]）

6.7.2.2　建立模型（表 6-59、表 6-60）

表 6-59　非线性回归模型公式

模型方案	模型参数	模型公式
1 和 2	h_{20th}、CC	$\ln V=1.131\ln h_{20th}+0.608\ln CC+2.783$
3	h_{mean}、CC	$\ln V=0.674\ln CC+1.276\ln h_{mean}+2.300$
4	h_{20th}、d_1	$\ln V=1.214\ln h_{20th}-0.035\ln d_1+2.286$

表 6-60　非线性回归模型评价指标

模型方案	R^2	修正 R^2	残差标准差
1 和 2	0.930	0.927	0.178
3	0.925	0.922	0.185
4	0.907	0.904	0.205

6.7.3　模型精度评价

基于不同模型精度评价指标分析，得出最佳建模方案，如表 6-61、表 6-62 所示。

表 6-61　基于十折交叉验证的模型总体精度（%）

模型	决定系数 R^2	均方根误差 RMSE（m^3/hm^2）	平均绝对误差 MAE（m^3/hm^2）	平均绝对百分比误差 MAPE（%）	总相对误差 TRE（%）
线性方案 1	0.831	31.589	27.188	17.659	2.176
线性方案 2	0.848	30.344	25.726	17.711	4.267
线性方案 3	0.818	33.955	29.944	22.937	2.453
线性方案 4	0.819	33.070	28.510	19.317	3.339
非线性方案 1 和 2	0.844	29.232	24.713	15.043	1.710
非线性方案 3	0.843	31.064	26.724	16.341	1.044
非线性方案 4	0.823	32.378	27.423	17.539	1.831

表 6-62　基于留一法的模型总体精度

模型	决定系数 R^2	均方根误差 RMSE（m^3/hm^2）	平均绝对误差 MAE（m^3/hm^2）	平均绝对百分比误差 MAPE（%）	总相对误差 TRE（%）
线性方案 1	0.843	25.963	25.963	17.381	1.628
线性方案 2	0.864	23.909	23.909	16.683	3.499
线性方案 3	0.829	28.807	28.807	22.463	7.263
线性方案 4	0.830	27.147	27.147	19.007	4.336
非线性方案 1 和 2	0.875	21.311	21.311	13.316	1.165
非线性方案 3	0.850	25.780	25.780	16.236	1.740
非线性方案 4	0.827	26.455	26.455	17.488	2.097

6.7.4　林分航空蓄积表编制

根据十折交叉验证和留一法验证结果，所有线性回归模型和非线性回归模型中，多元非线性模型方案 1/2 最优。基于模型精度评价结果，选择建立二元林分航空蓄积表。

模型形式：$\ln V = 1.131 \ln h_{20th} + 0.608 \ln CC + 2.783$。

模型变量：20% 点云高度百分位数、覆盖度。

模型预测散点图（基于十折交叉验证法见图 6-7）：

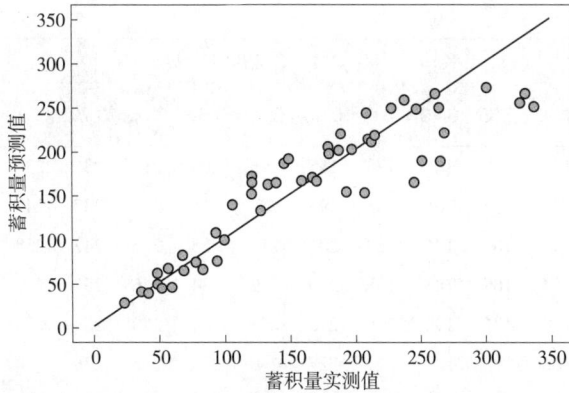

图 6-7　十折交叉验证模型预测结果（非线性方案 1/2）

编制的林分航空蓄积表成果见表 6-63：

表 6-63　东北林区 – 针叶混林分航空蓄积表

20% 点云	覆盖度（%）															
高度百分位数（m）	0.20	0.25	0.30	0.35	0.40	0.45	0.50	0.55	0.60	0.65	0.70	0.75	0.80	0.85	0.90	0.95
2.0	13	15	17	19	20	22	23	25	26	27	29	30	31	32	33	34
2.5	17	20	22	24	26	28	30	32	33	35	37	38	40	41	43	44
3.0	21	24	27	30	32	34	37	39	41	43	45	47	49	51	53	54
3.5	25	29	32	35	38	41	44	46	49	51	54	56	58	60	63	65
4.0	29	33	37	41	44	48	51	54	57	60	62	65	68	70	73	75
4.5	33	38	43	47	51	55	58	62	65	68	71	74	77	80	83	86
5.0	38	43	48	53	57	61	65	69	73	77	80	84	87	90	94	97
5.5	42	48	53	59	64	68	73	77	81	86	89	93	97	101	104	108
6.0	46	53	59	65	70	75	80	85	90	94	99	103	107	111	115	119
6.5	50	58	65	71	77	83	88	93	98	103	108	113	117	122	126	130
7.0	55	63	70	77	84	90	96	102	107	112	118	123	128	132	137	142
7.5	59	68	76	83	90	97	104	110	116	122	127	133	138	143	148	153
8.0	64	73	82	90	97	105	111	118	124	131	137	143	148	154	159	165
8.5	68	78	87	96	104	112	119	126	133	140	146	153	159	165	171	176
9.0	73	84	93	102	111	119	127	135	142	149	156	163	169	176	182	188
9.5	78	89	99	109	118	127	135	143	151	159	166	173	180	187	193	200
10.0	82	94	105	115	125	135	143	152	160	168	176	184	191	198	205	212
10.5	87	99	111	122	132	142	152	161	169	178	186	194	202	209	217	224
11.0	92	105	117	129	139	150	160	169	178	187	196	204	213	221	228	236
11.5	96	110	123	135	147	158	168	178	188	197	206	215	224	232	240	248
12.0	101	116	129	142	154	165	176	187	197	207	216	226	235	243	252	260

续表

20% 点云高度百分位数（m）	覆盖度（%）															
	0.20	0.25	0.30	0.35	0.40	0.45	0.50	0.55	0.60	0.65	0.70	0.75	0.80	0.85	0.90	0.95
12.5	106	121	135	149	161	173	185	196	206	217	226	236	246	255	264	273
13.0	111	127	141	155	168	181	193	204	216	226	237	247	257	266	276	285
13.5	115	132	148	162	176	189	201	213	225	236	247	258	268	278	288	298
14.0	120	138	154	169	183	197	210	222	234	246	257	269	279	290	300	310
14.5	125	143	160	176	191	205	218	231	244	256	268	279	291	301	312	323
15.0	130	149	166	183	198	213	227	240	253	266	278	290	302	313	324	335
15.5	135	154	173	190	206	221	235	249	263	276	289	301	313	325	337	348
16.0	140	160	179	196	213	229	244	259	273	286	299	312	325	337	349	361
16.5	145	166	185	203	221	237	253	268	282	296	310	323	336	349	361	373
17.0	150	171	192	210	228	245	261	277	292	307	321	334	348	361	374	386

6.8　针阔混林分蓄积量模型构建

6.8.1　多元线性模型

6.8.1.1　变量筛选

按照 3.3.3 节"4 种模型变量组合方案"，筛选 4 类多元线性模型的模型变量。经过逐步回归筛选（方案 1 和 2）或 Pearson 相关分析（方案 4）之后，可以确定 4 种模型的自变量，如表 6-64 所示。

表 6-64　变量筛选结果

方案编号	变量筛选方法	筛选后的变量
1 和 2	逐步回归	点云平均高（elev_mean）、覆盖度（CC）和 25% 点云高度百分位数（elev_25h）
3	固定变量	点云平均高（elev_mean）、覆盖度（CC）
4	Pearson 相关分析	点云平均高（elev_mean）、密度变量 [1]（density[1]）

6.8.1.2　建立模型（表 6-65、表 6-66）

表 6-65　多元线性回归模型公式

模型方案	模型参数	模型公式
1 和 2	h_{mean}、CC、h_{25th}	$V=44.170h_{mean}-148.002CC-33.079h_{25th}-115.571$
3	h_{mean}、CC	$V=10.194h_{mean}+152.520CC-84.987$
4	h_{mean}、d_1	$V=13.207h_{mean}-107.869d_1-10.108$

表 6-66 多元线性回归模型评价指标

模型方案	R^2	修正 R^2	残差标准差
1 和 2	0.788	0.773	32.865
3	0.755	0.744	34.895
4	0.684	0.670	39.675

6.8.2 多元非线性模型

6.8.2.1 变量筛选

按照 3.3.3 节 "4 种模型变量组合方案"，筛选 4 类多元非线性模型的模型变量。经过逐步回归筛选（方案 1 和 2）或 Pearson 相关分析（方案 4）之后，可以确定 4 种模型的自变量，如表 6-67 所示。

表 6-67 变量筛选结果

方案编号	变量筛选方法	筛选后的变量
1 和 2	逐步回归	点云最大高（elev_max）、覆盖度（CC）
3	固定变量	点云平均高（elev_mean）、覆盖度（CC）
4	Pearson 相关分析	点云最大高（elev_max）、密度变量 [0]（density[0]）

6.8.2.2 建立模型（表 6-68、表 6-69）

表 6-68 非线性回归模型公式

模型方案	模型参数	模型公式
1 和 2	h_{max}、CC	$\ln V=1.425\ln h_{max}+1.261\ln CC+0.981$
3	h_{mean}、CC	$\ln V=1.276\ln CC+0.981\ln h_{mean}+2.950$
4	h_{max}、d_0	$\ln V=2.048\ln h_{max}-0.201\ln d_0+1.993$

表 6-69 非线性回归模型评价指标

模型方案	R^2	修正 R^2	残差标准差
1 和 2	0.885	0.880	0.283
3	0.861	0.855	0.311
4	0.784	0.775	0.389

6.8.3 模型精度评价

基于不同模型精度评价指标分析，得出最佳建模方案，如表 6-70、表 6-71 所示。

表 6-70 基于十折交叉验证的模型总体精度

模型	决定系数 R^2	均方根误差 RMSE（m^3/hm^2）	平均绝对误差 MAE（m^3/hm^2）	平均绝对百分比误差 MAPE（%）	总相对误差 TRE（%）
线性方案 1 和 2	0.738	31.951	23.480	33.920	3.683
线性方案 3	0.712	33.170	24.377	26.588	0.414

续表

模型	决定系数 R^2	均方根误差 RMSE（m³/hm²）	平均绝对误差 MAE（m³/hm²）	平均绝对百分比误差 MAPE（%）	总相对误差 TRE（%）
线性方案 4	0.644	38.488	29.344	38.614	−1.624
非线性方案 1 和 2	0.764	30.411	23.983	25.207	1.755
非线性方案 3	0.756	30.378	22.861	27.248	1.228
非线性方案 4	0.678	36.329	27.520	34.629	5.275

表 6-71　基于留一法的模型总体精度

模型	决定系数 R^2	均方根误差 RMSE（m³/hm²）	平均绝对误差 MAE（m³/hm²）	平均绝对百分比误差 MAPE（%）	总相对误差 TRE（%）
线性方案 1 和 2	0.738	23.168	23.168	31.902	11.541
线性方案 3	0.717	23.693	23.693	27.008	0.881
线性方案 4	0.635	29.310	29.310	37.880	2.719
非线性方案 1 和 2	0.763	23.669	23.669	23.364	4.138
非线性方案 3	0.758	22.245	22.245	24.258	4.861
非线性方案 4	0.673	27.400	27.400	31.002	8.271

6.8.4　林分航空蓄积表编制

根据十折交叉验证和留一法验证结果，所有线性回归模型和非线性回归模型中，多元非线性模型方案 1/2 最优。基于模型精度评价结果，选择建立二元林分航空蓄积表。

模型形式：$\ln V = 1.425 h_{max} + 1.261 \ln CC + 0.981$。

模型变量：点云最大高、覆盖度。

模型预测散点图（基于十折交叉验证法见图 6-8）：

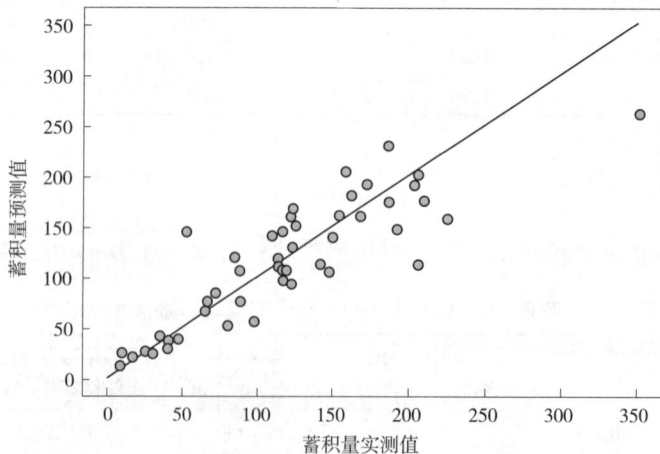

图 6-8　十折交叉验证模型预测结果（非线性方案 1/2）

编制的林分航空蓄积表成果见表 6-72：

表 6-72 东北林区 – 针阔混林分航空蓄积表

点云高度最大值（m）	覆盖度（%）														
	0.20	0.25	0.30	0.35	0.40	0.45	0.50	0.55	0.60	0.65	0.70	0.75	0.80	0.85	0.90
7	6	7	9	11	13	16	18	20	22	25	27	30	32	35	37
8	7	9	11	14	16	19	22	24	27	30	33	36	39	42	45
9	8	11	13	16	19	22	25	29	32	35	39	42	46	50	53
10	9	12	16	19	22	26	30	33	37	41	45	49	54	58	62
11	11	14	18	22	26	30	34	38	43	47	52	57	61	66	71
12	12	16	20	24	29	34	38	43	48	53	59	64	69	75	81
13	14	18	23	27	32	38	43	49	54	60	66	72	78	84	90
14	15	20	25	31	36	42	48	54	60	67	73	80	87	93	100
15	17	22	28	34	40	46	53	60	66	73	81	88	95	103	111
16	18	24	30	37	44	51	58	65	73	81	88	96	105	113	121
17	20	26	33	40	48	55	63	71	79	88	96	105	114	123	132
18	22	29	36	44	52	60	68	77	86	95	105	114	124	134	144
19	23	31	39	47	56	65	74	83	93	103	113	123	134	144	155
20	25	33	42	51	60	70	80	90	100	111	122	133	144	155	167
21	27	36	45	54	64	75	85	96	107	119	130	142	154	166	179
22	29	38	48	58	69	80	91	103	115	127	139	152	165	178	191
23	31	40	51	62	73	85	97	109	122	135	148	162	176	189	204
24	32	43	54	66	78	90	103	116	130	144	158	172	186	201	216
25	34	46	57	70	82	96	109	123	138	152	167	182	198	213	229
26	36	48	61	74	87	101	116	130	145	161	177	193	209	226	242
27	38	51	64	78	92	107	122	138	153	170	186	203	221	238	256
28	40	54	67	82	97	112	128	145	162	179	196	214	232	251	269
29	43	56	71	86	102	118	135	152	170	188	206	225	244	264	283
30	45	59	74	90	107	124	142	160	178	197	217	236	256	277	297
31	47	62	78	95	112	130	148	167	187	207	227	248	269	290	312
32	49	65	82	99	117	136	155	175	195	216	237	259	281	303	326
33	51	68	85	104	122	142	162	183	204	226	248	271	294	317	341
34	53	71	89	108	128	148	169	191	213	236	259	282	306	331	355
35	56	74	93	113	133	155	176	199	222	246	270	294	319	345	370
36	58	77	96	117	139	161	184	207	231	256	281	306	332	359	386
37	60	80	100	122	144	167	191	215	240	266	292	319	346	373	401

7

南方林区分树种
林分蓄积量模型
构建

南方林区获取了湖南、广西、福建和海南 4 个省份主要树种的空地一体化航飞样地数据，本章将以南方林区为总体，开展主要树种建模工作。为提高模型的适用性，第 7~11 章将分别以上述 4 省为建模总体，开展主要树种建模工作。

7.1　柏木林分蓄积量模型构建

南方柏木可用地面样地数量为 65 个。

7.1.1　多元线性模型

7.1.1.1　变量筛选

按照 3.3.3 节 "4 种模型变量组合方案"，筛选 4 类多元线性模型的模型变量。经过逐步回归筛选（方案 1 和 2）或 Pearson 相关分析（方案 4）之后，可以确定 4 种模型的自变量，如表 7-1 所示。

表 7-1　变量筛选结果

方案编号	变量筛选方法	筛选后的变量
1 和 2	逐步回归	点云平均高（elev_mean）、覆盖度（CC）、密度变量 [2]（density[2]）、密度变量 [9]（density[9]）
3	固定变量	点云平均高（elev_mean）、覆盖度（CC）
4	Pearson 相关分析	点云平均高（elev_mean）、密度变量 [2]（density[2]）

7.1.1.2　建立模型

针对 4 种方案，分别建立多元线性回归法建立蓄积估测模型，得到的模型及其评价指标如表 7-2、表 7-3 所示。

表 7-2　多元线性回归模型公式

模型方案	模型变量	模型公式
1 和 2	h_{mean}、d_2、CC、d_9	$V=28.043h_{mean}+768.956d_2+131.049CC+1580.892d_9-292.106$
3	h_{mean}、CC	$V=25.767h_{mean}+46.569CC-129.832$
4	h_{mean}、d_2	$V=34.074h_{mean}+619.499d_2-236.414$

表 7-3　多元线性回归模型评价指标

模型方案	R^2	修正 R^2	残差标准差
1 和 2	0.861	0.851	42.105
3	0.790	0.783	50.916
4	0.829	0.824	45.896

7.1.2 多元非线性模型

7.1.2.1 变量筛选

按照 3.3.3 节 "4 种模型变量组合方案"，筛选 4 类多元非线性模型的模型变量。经过逐步回归筛选（方案 1 和 2）或 Pearson 相关分析（方案 4）之后，可以确定 4 种模型的自变量，如表 7–4 所示。

表 7–4 变量筛选结果

方案编号	变量筛选方法	筛选后的变量
1 和 2	逐步回归	70% 点云高度百分位数（elev_70th）与覆盖度（CC）
3	固定变量	点云平均高（elev_mean）、覆盖度（CC）
4	Pearson 相关分析	覆盖度（CC），密度变量 [2]（density[2]）

7.1.2.2 建立模型

针对 4 种方案，分别以非线性回归法建立蓄积估测模型，4 种方案得到的模型公式及模型评价指标如表 7–5、表 7–6 所示。

表 7–5 非线性回归模型公式

模型方案	模型变量	模型公式
1 和 2	h_{70th}、CC	$\ln V = 1.212\ln h_{70th} + 1.195\ln CC + 2.345$
3	h_{mean}、CC	$\ln V = 1.110\ln CC + 1.274\ln h_{mean} + 2.473$
4	CC、d_2	$\ln V = 1.653\ln CC - 0.076\ln d_2 + 5.356$

表 7–6 非线性回归模型评价指标

模型方案	R^2	修正 R^2	残差标准差
1 和 2	0.942	0.940	0.266
3	0.931	0.928	0.291
4	0.823	0.817	0.465

7.1.3 模型精度评价

表 7–7、表 7–8 分别为十折交叉验证和留一法验证结果。

表 7–7 基于十折交叉验证的模型总体精度

模 型	决定系数 R^2	均方根误差 RMSE（m³/hm²）	平均绝对误差 MAE（m³/hm²）	平均绝对百分比误差 MAPE（%）	总相对误差 TRE（%）
线性方案 1 和 2	0.771	48.853	37.962	62.105	6.176
线性方案 3	0.699	52.119	39.129	64.773	5.816
线性方案 4	0.761	49.803	38.250	53.354	8.002
非线性方案 1 和 2	0.782	43.257	29.713	21.896	5.553

续表

模 型	决定系数 R^2	均方根误差 RMSE（m³/hm²）	平均绝对误差 MAE（m³/hm²）	平均绝对百分比误差 MAPE（%）	总相对误差 TRE（%）
非线性方案 3	0.755	46.205	31.413	23.638	7.330
非线性方案 4	0.307	76.069	52.460	39.956	15.956

表 7-8　基于留一法的模型总体精度

模 型	决定系数 R^2	均方根误差 RMSE（m³/hm²）	平均绝对误差 MAE（m³/hm²）	平均绝对百分比误差 MAPE（%）	总相对误差 TRE（%）
线性方案 1 和 2	0.799	35.540	35.540	57.419	−23.873
线性方案 3	0.714	37.693	37.693	65.462	0.769
线性方案 4	0.789	36.339	36.339	53.084	−16.174
非线性方案 1 和 2	0.798	28.594	28.594	20.814	4.097
非线性方案 3	0.779	30.431	30.431	22.019	5.112
非线性方案 4	0.325	51.050	51.050	38.598	12.585

7.1.4　林分航空蓄积表编制

根据十折交叉验证和留一法验证结果，所有线性回归模型和非线性回归模型中，多元非线性模型方案 1/2 最优。基于模型精度评价结果，选择多元非线性模型方案 1/2 建立二元林分航空蓄积表。

模型形式：$\ln V=1.212\ln h_{70th}+1.195\ln CC+2.345$。

模型变量：70% 点云高度百分位数和覆盖度。

模型预测散点图（基于十折交叉验证法见图 7-1）：

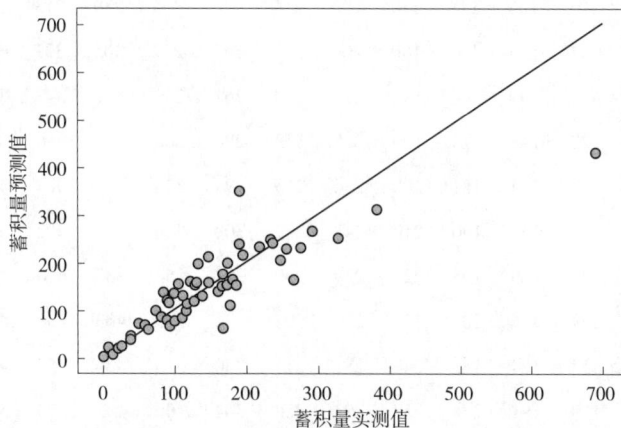

图 7-1　十折交叉验证模型预测结果（非线性方案 1/2）

编制的林分航空蓄积表成果见表 7-9：

表 7-9　南方林区 - 柏木林分航空蓄积表

70% 点云 高度百分 位数（m）	覆盖度（%）															
	0.20	0.25	0.30	0.35	0.40	0.45	0.50	0.55	0.60	0.65	0.70	0.75	0.80	0.85	0.90	0.95
2	4	5	6	7	8	9	11	12	13	14	16	17	19	20	21	23
3	6	8	9	11	13	15	17	19	21	24	26	28	30	33	35	37
4	8	11	13	16	19	22	24	27	30	33	37	40	43	46	49	53
5	11	14	17	21	25	28	32	36	40	44	48	52	56	60	65	69
6	13	17	22	26	31	35	40	45	50	55	60	65	70	75	81	86
7	16	21	26	31	37	42	48	54	60	66	72	78	85	91	97	104
8	19	25	31	37	43	50	57	63	70	78	85	92	99	107	114	122
9	22	29	35	43	50	58	65	73	81	89	98	106	115	123	132	141
10	25	32	40	48	57	65	74	83	92	102	111	121	130	140	150	160
11	28	36	45	54	64	73	83	93	104	114	125	135	146	157	168	179
12	31	40	50	60	71	82	93	104	115	127	138	150	162	175	187	199
13	34	45	55	67	78	90	102	114	127	140	153	166	179	192	206	220
14	37	49	61	73	86	98	112	125	139	153	167	181	196	210	225	240
15	41	53	66	79	93	107	121	136	151	166	181	197	213	229	245	261
16	44	57	71	86	101	116	131	147	163	180	196	213	230	247	265	283
17	47	62	77	92	108	125	141	158	176	193	211	229	248	266	285	304
18	51	66	82	99	116	133	151	170	188	207	226	246	265	285	306	326
19	54	71	88	106	124	143	162	181	201	221	242	262	283	305	326	348
20	58	75	93	112	132	152	172	193	214	235	257	279	302	324	347	370
21	61	80	99	119	140	161	182	204	227	250	273	296	320	344	368	393
22	65	84	105	126	148	170	193	216	240	264	289	313	339	364	390	416
23	68	89	111	133	156	180	204	228	253	279	305	331	357	384	411	439
24	72	94	117	140	164	189	215	240	267	294	321	348	376	404	433	462
25	75	98	122	147	173	199	225	253	280	308	337	366	395	425	455	485
26	79	103	128	154	181	208	236	265	294	323	353	384	415	446	477	509
27	83	108	134	162	190	218	247	277	308	339	370	402	434	467	500	533
28	87	113	140	169	198	228	259	290	322	354	387	420	453	488	522	557
29	90	118	147	176	207	238	270	302	336	369	403	438	473	509	545	581
30	94	123	153	184	215	248	281	315	350	385	420	456	493	530	568	605
31	98	128	159	191	224	258	293	328	364	400	437	475	513	552	591	630
32	102	133	165	199	233	268	304	341	378	416	455	494	533	573	614	655

7.2　马尾松林分蓄积量模型构建

7.2.1　多元线性模型

7.2.1.1　变量筛选

按照 3.3.3 节"4 种模型变量组合方案"，筛选 4 类多元线性模型的模型变量。经过逐步回归筛选（方案 1 和 2）或 Pearson 相关分析（方案 4）之后，可以确定 4 种模型的自变量，如图 7–10 所示。

表 7–10　变量筛选结果

方案编号	变量筛选方法	筛选后的变量
1	逐步回归	点云平均高（elev_mean）、覆盖度（CC）、密度变量 [9]（density[9]）、5% 点云高度百分位数（elev_5th）和密度变量 [0]（density[0]）
2	逐步回归	覆盖度（CC）、25% 点云强度百分位数（int_25th）、密度变量 [9]（density[9]）、5% 点云高度百分位数（elev_5th）、60% 点云高度百分位数（elev_60th）和密度变量 [0]（density[0]）
3	固定变量	点云平均高（elev_mean）、覆盖度（CC）
4	Pearson 相关分析	点云平均高（elev_mean）、密度变量 [2]（density[2]）

7.2.1.2　建立模型

针对 4 种方案，分别以多元线性回归法建立蓄积估测模型，得到的模型及其评价指标如表 7–11、表 7–12 所示。

表 7–11　多元线性回归模型公式

模型方案	模型参数	模型公式
1	h_{mean}、CC、d_9、h_{5th}、d_0	$V=10.096h_{mean}+184.551CC+424.357d_9+6.274h_{5th}+97.391d_0-131.301$
2	CC、i_{25th}、d_9、h_{5th}、h_{60th}、d_0	$V=170.430CC+0.001i_{25th}+285.652d_9+10.288h_{5th}+6.729h_{60th}+81.060d_0-135.720$
3	h_{mean}、CC	$V=15.551h_{mean}+160.059CC-114.257$
4	h_{mean}、d_2	$V=17.996h_{mean}-66.085d_2-40.805$

表 7–12　多元线性回归模型评价指标

模型方案	R^2	修正 R^2	残差标准差
1	0.809	0.803	47.387
2	0.825	0.818	45.517
3	0.780	0.777	50.350
4	0.727	0.723	56.150

7.2.2 多元非线性模型

7.2.2.1 变量筛选

按照 3.3.3 节 "4 种模型变量组合方案"，筛选 4 类多元非线性模型的模型变量。经过逐步回归筛选（方案 1 和 2）或 Pearson 相关分析（方案 4）之后，可以确定 4 种模型的自变量，如表 7-13 所示。

表 7-13   变量筛选结果

方案编号	变量筛选方法	筛选后的变量
1	逐步回归	点云平均高（elev_mean）和覆盖度（CC）
2	逐步回归	点云平均高（elev_mean）、覆盖度（CC）和密度变量 [8]（density[8]）
3	固定变量	点云平均高（elev_mean）、覆盖度（CC）
4	Pearson 相关分析	点云平均高（elev_mean）、密度变量 [2]（density[2]）

7.2.2.2 建立模型

针对 4 种方案，分别以多元非线性回归法建立蓄积估测模型，得到的模型及其评价指标如表 7-14、表 7-15 所示。

表 7-14   多元非线性回归模型公式

方案	模型变量	模型公式
1 和 3	h_{mean}、CC	$\ln V = 1.545 \ln h_{mean} + 0.162 \ln CC + 1.265$
2	h_{mean}、CC、d_8	$\ln V = 1.486 \ln h_{mean} + 0.180 \ln CC + 0.029 \ln d_8 + 1.493$
4	h_{mean}、d_2	$\ln V = 1.528 \ln h_{mean} - 0.077 \ln d_2 + 0.965$

表 7-15   非线性回归模型评价指标

模型方案	R^2	修正 R^2	残差标准差
1 和 3	0.782	0.779	0.437
2	0.782	0.778	0.438
4	0.781	0.779	0.438

7.2.3 模型精度评价

表 7-16、表 7-17 分别为十折交叉验证和留一法验证结果。

表 7-16   基于十折交叉验证的模型总体精度

模 型	决定系数 R^2	总相对误差 TRE（%）	均方根误差 RMSE（m³/hm²）	平均绝对误差 MAE（m³/hm²）	平均绝对百分比误差 MAPE（%）
线性方案 1	0.776	−0.001	49.381	37.108	0.447
线性方案 2	0.771	−0.001	49.952	37.373	0.447

模　型	决定系数 R^2	总相对误差 TRE（%）	均方根误差 RMSE（m³/hm²）	平均绝对误差 MAE（m³/hm²）	平均绝对百分比误差 MAPE（%）
线性方案 3	0.758	−0.004	49.987	37.442	0.442
线性方案 4	0.701	0.002	55.587	40.304	0.375
非线性方案 1 和 3	0.717	0.040	54.383	40.919	0.363
非线性方案 2	0.723	0.039	53.962	40.716	0.362
非线性方案 4	0.658	0.051	59.589	43.638	0.383

表 7-17　基于留一法的模型总体精度

模　型	决定系数 R^2	总相对误差 TRE（%）	均方根误差 RMSE（m³/hm²）	平均绝对误差 MAE（m³/hm²）	平均绝对百分比误差 MAPE（%）
线性方案 1	0.783	−3.867	603.541	603.541	6.983
线性方案 2	0.777	−3.946	609.309	609.309	7.002
线性方案 3	0.769	−1.656	605.167	605.167	7.025
线性方案 4	0.714	−0.561	656.019	656.019	5.873
非线性方案 1 和 3	0.734	1.169	39.104	39.104	0.336
非线性方案 2	0.738	1.226	39.197	39.197	0.338
非线性方案 4	0.678	0.119	42.330	42.330	0.361

7.2.4　林分航空蓄积表编制

根据十折交叉验证和留一法验证结果，线性回归模型中，方案 1、2、3 十折交叉验证和留一法验证结果均较好，但方案 1 和 2 模型参数过多（分别为 5 个和 6 个），不利于实际生产应用，故选择线性方案 3 建立二元林分航空蓄积表。

模型形式：$V=15.551h_{\mathrm{mean}}+160.059CC-114.257$。

模型变量：点云平均高和覆盖度。

模型预测散点图（基于十折交叉验证法见图 7-2）：

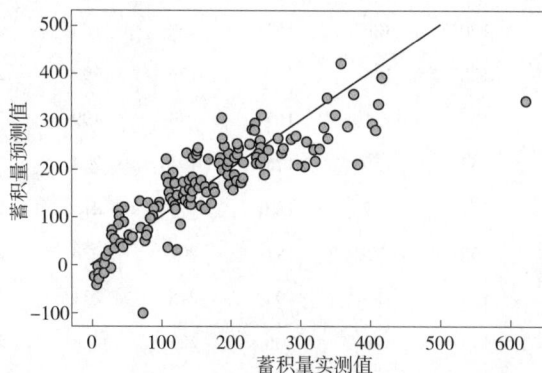

图 7-2　十折交叉验证模型预测结果（线性方案 3）

编制的林分航空蓄积表成果见表 7-18：

表 7-18 南方林区 – 马尾松林分航空蓄积表

马尾松单位蓄积量 (m^3/hm^2)	覆盖度（%）								
点云平均高（m）	0.10	0.20	0.30	0.40	0.50	0.60	0.70	0.80	0.90
2.0						13	29	45	61
2.5					5	21	37	53	69
3.0					12	28	44	60	76
3.5				4	20	36	52	68	84
4.0				12	28	44	60	76	92
4.5			4	20	36	52	68	84	100
5.0			12	28	44	60	76	92	108
5.5		3	19	35	51	67	83	99	115
6.0		11	27	43	59	75	91	107	123
6.5	3	19	35	51	67	83	99	115	131
7.0	11	27	43	59	75	91	107	123	139
7.5	18	34	50	66	82	98	114	130	146
8.0	26	42	58	74	90	106	122	138	154
8.5	34	50	66	82	98	114	130	146	162
9.0	42	58	74	90	106	122	138	154	170
9.5	49	65	81	98	114	130	146	162	178
10.0	57	73	89	105	121	137	153	169	185
10.5	65	81	97	113	129	145	161	177	193
11.0	73	89	105	121	137	153	169	185	201
11.5	81	97	113	129	145	161	177	193	209
12.0	88	104	120	136	152	168	184	200	216
12.5	96	112	128	144	160	176	192	208	224
13.0	104	120	136	152	168	184	200	216	232
13.5	112	128	144	160	176	192	208	224	240
14.0	119	135	151	167	183	199	215	232	248
14.5	127	143	159	175	191	207	223	239	255
15.0	135	151	167	183	199	215	231	247	263
15.5	143	159	175	191	207	223	239	255	271
16.0	151	167	183	199	215	231	247	263	279
16.5	158	174	190	206	222	238	254	270	286
17.0	166	182	198	214	230	246	262	278	294

续表

马尾松单位蓄积量 (m³/hm²)	覆盖度（%）								
点云平均高（m）	0.10	0.20	0.30	0.40	0.50	0.60	0.70	0.80	0.90
17.5	174	190	206	222	238	254	270	286	302
18.0	182	198	214	230	246	262	278	294	310
18.5	189	205	221	237	253	269	285	301	317
19.0	197	213	229	245	261	277	293	309	325
19.5	205	221	237	253	269	285	301	317	333
20.0	213	229	245	261	277	293	309	325	341
20.5	221	237	253	269	285	301	317	333	349
21.0	228	244	260	276	292	308	324	340	356
21.5	236	252	268	284	300	316	332	348	364
22.0	244	260	276	292	308	324	340	356	372
22.5	252	268	284	300	316	332	348	364	380
23.0	259	275	291	307	323	339	355	371	387
23.5	267	283	299	315	331	347	363	379	395
24.0	275	291	307	323	339	355	371	387	403
24.5	283	299	315	331	347	363	379	395	411
25.0	291	307	323	339	355	371	387	403	419

7.3　杉木林分蓄积量模型构建

7.3.1　多元线性模型

7.3.1.1　变量筛选

按照 3.3.3 节 "4 种模型变量组合方案"，筛选 4 类多元线性模型的模型变量。经过逐步回归筛选（方案 1 和 2）或 Pearson 相关分析（方案 4）之后，可以确定 4 种模型的自变量，如表 7-19 所示。

表 7-19　变量筛选结果

方案编号	变量筛选方法	筛选后的变量
1 和 2	逐步回归	覆盖度（CC）与 10% 点云高度百分位数（elev_10th）
3	固定变量	点云平均高（elev_mean）、覆盖度（CC）
4	Pearson 相关分析	10% 点云高度百分位数（elev_10th）、密度变量 [1]（density[1]）

7.3.1.2 建立模型

针对 4 种方案，分别以多元线性回归法建立蓄积估测模型，得到的模型及其评价指标如表 7-20、表 7-21 所示。

表 7-20 多元线性回归模型公式

方案编号	模型变量	模型公式
1 和 2	CC、h_{10th}	$V=126.806CC+21.499h_{10th}-78.706$
3	h_{mean}、CC	$V=147.230CC+17.784h_{mean}-108.729$
4	h_{10th}、d_1	$V=22.964h_{10th}-74.783d_1-8.365$

表 7-21 多元线性回归模型评价指标

模型方案	R^2	修正 R^2	残差标准差
1 和 2	0.740	0.737	63.246
3	0.730	0.717	64.452
4	0.715	0.711	66.257

7.3.2 多元非线性模型

7.3.2.1 变量筛选

按照 3.3.3 节"4 种模型变量组合方案"，筛选 4 类多元非线性模型的模型变量。经过逐步回归筛选（方案 1 和 2）或 Pearson 相关分析（方案 4）之后，可以确定 4 种模型的自变量，如表 7-22 所示。

表 7-22 变量筛选结果

方案编号	变量筛选方法	筛选后的变量
1 和 2	逐步回归	10% 点云高度百分位数（elev_10th）与覆盖度（CC）
3	固定变量	点云平均高（elev_mean）、覆盖度（CC）
4	Pearson 相关分析	10% 点云高度百分位数（elev_10th）、密度变量 [2]（density[2]）

7.3.2.2 建立模型

针对 4 种方案，分别以多元非线性回归法建立蓄积估测模型，得到的模型及其评价指标如表 7-23、表 7-24 所示。

表 7-23 非线性回归模型公式

模型方案	模型参数	模型公式
1 和 2	CC、h_{10th}	$\ln V=0.802\ln CC+1.137\ln h_{10th}+3.050$
3	h_{mean}、CC	$\ln V=0.884\ln CC+1.199\ln h_{mean}+2.601$
4	h_{10th}、d_0	$\ln V=1.302\ln h_{10th}-0.056\ln d_0+2.086$

表 7-24　非线性回归模型评价指标

模型方案	R^2	修正 R^2	残差标准差
1 和 2	0.765	0.762	0.462
3	0.744	0.741	0.482
4	0.691	0.687	0.530

7.3.3　模型精度评价

表 7-25、表 7-26 分别为十折交叉验证和留一法验证结果。

表 7-25　基于十折交叉验证的模型总体精度

模型	决定系数 R^2	均方根误差 RMSE（m³/hm²）	平均绝对误差 MAE（m³/hm²）	平均绝对百分比误差 MAPE（%）	总相对误差 TRE（%）
线性方案 1 和 2	0.732	59.057	42.964	50.173	−0.252
线性方案 3	0.725	60.146	46.297	64.581	0.429
线性方案 4	0.713	61.160	45.633	54.071	0.741
非线性方案 1 和 2	0.666	66.838	47.540	43.982	6.287
非线性方案 3	0.688	64.839	47.893	47.448	7.604
非线性方案 4	0.657	68.231	50.982	57.492	9.701

表 7-26　基于留一法验证的模型总体精度

模型	决定系数 R^2	均方根误差 RMSE（m³/hm²）	平均绝对误差 MAE（m³/hm²）	平均绝对百分比误差 MAPE（%）	总相对误差 TRE（%）
线性方案 1 和 2	0.737	41.805	41.805	48.971	−1.812
线性方案 3	0.730	44.996	44.996	64.883	−22.331
线性方案 4	0.718	44.959	44.959	54.768	2.039
非线性方案 1 和 2	0.678	46.558	46.558	43.436	9.656
非线性方案 3	0.694	47.175	47.175	46.694	10.463
非线性方案 4	0.666	49.577	49.577	56.316	11.580

7.3.4　林分航空蓄积表编制

根据模型评价参数以及十折交叉验证和留一法验证结果，线性回归模型方案 1/2 验证结果均较好，选择线性回归模型方案 1/2 建立二元林分航空蓄积表。

模型形式：$V=126.806CC+21.499h_{10th}-78.706$。

模型变量：10% 点云高度百分位数和覆盖度。

模型预测散点图（基于十折交叉验证法见图 7-3）：

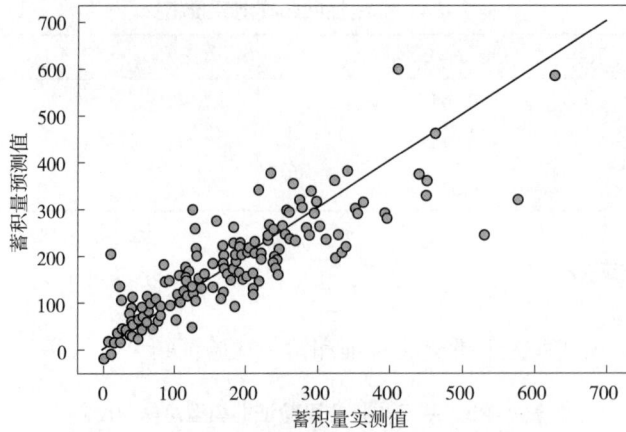

图 7-3 十折交叉验证模型预测结果（线性方案 1/2）

编制的林分航空蓄积表成果见表 7-27：

表 7-27 南方林区 – 杉木林分航空蓄积表

10% 点云高度百分位数（m）	覆盖度（%）															
	0.20	0.25	0.30	0.35	0.40	0.45	0.50	0.55	0.60	0.65	0.70	0.75	0.80	0.85	0.90	0.95
2.0	13	15	18	20	22	24	27	29	31	33	35	37	39	41	43	45
2.5	16	20	23	26	29	32	34	37	40	42	45	48	50	53	55	57
3.0	20	24	28	32	35	39	42	46	49	52	55	58	62	65	68	71
3.5	24	29	33	38	42	46	50	54	58	62	66	70	73	77	81	84
4.0	28	34	39	44	49	54	59	63	68	72	77	81	85	90	94	98
4.5	32	38	44	50	56	62	67	72	78	83	88	93	98	102	107	112
5.0	36	43	50	57	63	69	75	81	87	93	99	105	110	116	121	126
5.5	40	48	56	63	70	77	84	91	97	104	110	116	123	129	135	141
6.0	45	53	62	70	78	85	93	100	108	115	122	129	135	142	149	155
6.5	49	58	68	76	85	93	102	110	118	126	133	141	148	156	163	170
7.0	53	63	73	83	93	102	111	119	128	137	145	153	161	169	177	185
7.5	57	69	79	90	100	110	120	129	139	148	157	166	175	183	192	200
8.0	62	74	86	97	108	118	129	139	149	159	169	178	188	197	206	216
8.5	66	79	92	104	115	127	138	149	160	170	181	191	201	211	221	231
9.0	71	84	98	111	123	135	147	159	170	182	193	204	215	225	236	246
9.5	75	90	104	118	131	144	157	169	181	193	205	217	228	240	251	262
10.0	80	95	110	125	139	153	166	179	192	205	217	230	242	254	266	278
10.5	84	101	117	132	147	161	175	189	203	217	230	243	256	269	281	294
11.0	89	106	123	139	155	170	185	200	214	228	242	256	270	283	296	310
11.5	93	112	129	146	163	179	195	210	225	240	255	269	284	298	312	326

续表

10% 点云 高度百分位数（m）	覆盖度（%）															
	0.20	0.25	0.30	0.35	0.40	0.45	0.50	0.55	0.60	0.65	0.70	0.75	0.80	0.85	0.90	0.95
12.0	98	117	136	153	171	188	204	220	236	252	268	283	298	313	327	342
12.5	103	123	142	161	179	197	214	231	248	264	280	296	312	327	343	358
13.0	107	128	149	168	187	206	224	242	259	276	293	310	326	342	358	374
13.5	112	134	155	175	195	215	234	252	270	288	306	323	340	357	374	391
14.0	117	140	162	183	204	224	243	263	282	300	319	337	355	373	390	407
14.5	121	145	168	190	212	233	253	273	293	313	332	351	369	388	406	424
15.0	126	151	175	198	220	242	263	284	305	325	345	364	384	403	422	441
15.5	131	157	181	205	228	251	273	295	316	337	358	378	398	418	438	457
16.0	136	162	188	213	237	260	283	306	328	350	371	392	413	434	454	474
16.5	141	168	195	220	245	270	293	317	340	362	384	406	428	449	470	491
17.0	146	174	201	228	254	279	304	328	351	375	398	420	442	465	486	508
17.5	150	180	208	236	262	288	314	339	363	387	411	434	457	480	503	525
18.0	155	186	215	243	271	298	324	350	375	400	424	448	472	496	519	542
18.5	160	192	222	251	279	307	334	361	387	412	438	463	487	511	535	559
19.0	165	198	229	259	288	317	344	372	399	425	451	477	502	527	552	576
19.5	170	203	236	267	297	326	355	383	411	438	465	491	517	543	568	594
20.0	175	209	242	274	305	336	365	394	423	451	478	505	532	559	585	611
20.5	180	215	249	282	314	345	376	405	435	463	492	520	547	575	602	628
21.0	185	221	256	290	323	355	386	417	447	476	506	534	563	591	618	646
21.5	190	227	263	298	331	364	396	428	459	489	519	549	578	607	635	663
22.0	195	233	270	306	340	374	407	439	471	502	533	563	593	623	652	681
22.5	200	239	277	314	349	384	417	451	483	515	547	578	609	639	669	698
23.0	205	245	284	322	358	393	428	462	495	528	561	592	624	655	686	716
23.5	210	252	291	329	367	403	439	473	508	541	574	607	639	671	703	734
24.0	215	258	298	337	376	413	449	485	520	554	588	622	655	688	720	752
24.5	221	264	305	345	385	423	460	496	532	568	602	637	670	704	737	770
25.0	226	270	312	354	393	432	471	508	545	581	616	651	686	720	754	787
25.5	231	276	320	362	402	442	481	520	557	594	630	666	702	737	771	805
26.0	236	282	327	370	411	452	492	531	570	607	644	681	717	753	788	823
26.5	241	288	334	378	420	462	503	543	582	621	659	696	733	770	806	841
27.0	246	295	341	386	429	472	514	554	594	634	673	711	749	786	823	859
27.5	252	301	348	394	439	482	524	566	607	647	687	726	765	803	840	878
28.0	257	307	355	402	448	492	535	578	620	661	701	741	780	819	858	896

7.4　栎类林分蓄积量模型构建

7.4.1　多元线性模型

7.4.1.1　变量筛选

按照 3.3.3 节"4 种模型变量组合方案"，筛选 4 类多元线性模型的模型变量。经过逐步回归筛选（方案 1 和 2）或 Pearson 相关分析（方案 4）之后，可以确定 4 种模型的自变量，如表 7–28 所示。

表 7–28　变量筛选结果

方案编号	变量筛选方法	筛选后的变量
1 和 2	逐步回归	60% 点云高度百分位数（elev_60th）与点云强度最小值（int_min）
3	固定变量	点云平均高（elev_mean）、覆盖度（CC）
4	Pearson 相关分析	60% 点云高度百分位数（elev_60th）、密度变量 [2]（density[2]）

7.4.1.2　建立模型

针对 4 种方案，分别以多元线性回归法建立蓄积估测模型，得到的模型及其评价指标如表 7–29、表 7–30 所示。

表 7–29　多元线性回归模型公式

模型方案	模型参数	模型公式
方案 1 和 2	h_{60th}、i_{min}	$V=18.942h_{60th}+0.003i_{min}-130.862$
方案 3	h_{mean}、CC	$V=38.770h_{mean}+19.143CC-107.728$
方案 4	h_{60th}、d_2	$V=21.007h_{60th}+142.463d_2-162.387$

表 7–30　多元线性回归模型评价指标

模型方案	R^2	修正 R^2	残差标准差
1 和 2	0.694	0.680	59.343
3	0.620	0.602	60.185
4	0.655	0.639	62.998

7.4.2　多元非线性模型

7.4.2.1　变量筛选

按照 3.3.3 节 "4 种模型变量组合方案"，筛选 4 类多元非线性模型的模型变量。经过逐步回归筛选（方案 1 和 2）或 Pearson 相关分析（方案 4）之后，可以确定 4 种模型的自变量，如表 7-31 所示。

表 7-31　变量筛选结果

方案编号	变量筛选方法	筛选后的变量
1 和 2	逐步回归	60% 点云高度百分位数（elev_60th）、覆盖度（CC）
3	固定变量	点云平均高（elev_mean）、覆盖度（CC）
4	Pearson 相关分析	60% 点云高度百分位数（elev_60th）和密度变量 [2]（density[2]）

7.4.2.2　建立模型

针对 4 种方案，分别以非线性回归法建立蓄积估测模型，4 种方案得到的模型公式及模型评价指标如表 7-32、表 7-33 所示。

表 7-32　非线性回归模型公式

模型方案	模型参数	模型公式
1 和 2	h_{60th}、CC	$\ln V = 1.909\ln h_{60th} + 0.064\ln CC - 0.230$
3	h_{mean}、CC	$\ln V = 1.715\ln h_{mean} + 1.68\ln CC + 0.553$
4	h_{60th}、d_2	$\ln V = 1.888\ln h_{60th} - 0.02\ln d_2 - 0.269$

表 7-33　非线性回归模型评价指标

模型方案	R^2	修正 R^2	残差标准差
1 和 2	0.643	0.635	0.481
3	0.606	0.587	0.511
4	0.644	0.627	0.486

7.4.3　模型精度评价

表 7-34、表 7-35 分别为十折交叉验证和留一法验证结果。

表 7-34　基于十折交叉验证的模型总体精度

模型	决定系数 R^2	均方根误差 RMSE（m^3/hm^2）	平均绝对误差 MAE（m^3/hm^2）	平均绝对百分比误差 MAPE（%）	总相对误差 TRE（%）
线性方案 1 和 2	0.581	57.143	45.794	57.211	1.245
线性方案 3	0.571	60.172	45.252	54.073	1.220
线性方案 4	0.580	59.149	46.676	58.302	-1.680

续表

模　型	决定系数 R^2	均方根误差 RMSE（m³/hm²）	平均绝对误差 MAE（m³/hm²）	平均绝对百分比误差 MAPE（%）	总相对误差 TRE（%）
非线性方案 1 和 2	0.597	54.440	43.658	46.653	9.980
非线性方案 3	0.574	58.603	46.047	50.168	11.341
非线性方案 4	0.443	67.344	47.123	38.290	15.937

表 7–35　基于留一法的模型总体精度

模　型	决定系数 R^2	均方根误差 RMSE（m³/hm²）	平均绝对误差 MAE（m³/hm²）	平均绝对百分比误差 MAPE（%）	总相对误差 TRE（%）
线性方案 1 和 2	0.625	46.069	46.069	57.064	13.317
线性方案 3	0.569	46.519	46.519	53.558	−20.866
线性方案 4	0.609	46.352	46.352	56.817	−13.173
非线性方案 1 和 2	0.615	44.484	44.484	45.104	11.759
非线性方案 3	0.564	46.740	46.740	48.4234	12.600
非线性方案 4	0.598	45.484	45.484	45.155	11.828

7.4.4　林分航空蓄积表编制

根据模型评价参数以及十折交叉验证和留一法验证结果，非线性回归模型方案 1/2 验证结果均较好，故选择非线性回归模型方案 1/2 建立二元林分航空蓄积表。

模型形式：$\ln V = 1.909\ln h_{60th} + 0.064\ln CC - 0.230$。

模型变量：60% 点云高度百分位数和覆盖度。

模型预测散点图（基于十折交叉验证法见图 7–4）：

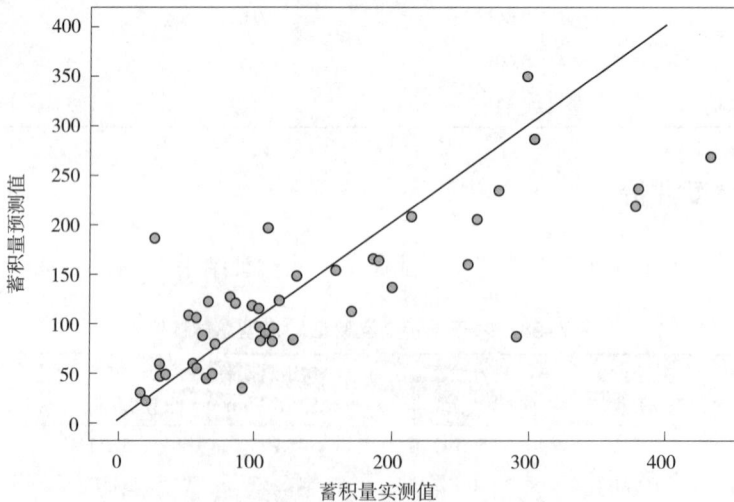

图 7–4　十折交叉验证模型预测结果（非线性方案 1/2）

编制的林分航空蓄积表成果见表 7-36：

表 7-36　南方林区 – 栎类林分航空蓄积表

60% 点云高度百分位数（m）	覆盖度（%）															
	0.20	0.25	0.30	0.35	0.40	0.45	0.50	0.55	0.60	0.65	0.70	0.75	0.80	0.85	0.90	0.95
4.0	10	10	10	10	11	11	11	11	11	11	11	11	11	11	11	11
4.5	13	13	13	13	13	13	13	14	14	14	14	14	14	14	14	14
5.0	15	16	16	16	16	16	16	17	17	17	17	17	17	17	17	17
5.5	19	19	19	19	19	20	20	20	20	20	20	20	20	20	20	21
6.0	22	22	22	23	23	23	23	23	24	24	24	24	24	24	24	24
6.5	26	26	26	26	27	27	27	27	27	28	28	28	28	28	28	28
7.0	29	30	30	30	31	31	31	31	32	32	32	32	32	32	32	33
7.5	34	34	34	35	35	35	36	36	36	36	36	37	37	37	37	37
8.0	38	39	39	39	40	40	40	41	41	41	41	41	41	42	42	42
8.5	43	43	44	44	45	45	45	46	46	46	46	47	47	47	47	47
9.0	48	48	49	49	50	50	50	51	51	51	52	52	52	52	52	53
9.5	53	53	54	55	55	56	56	56	57	57	57	57	58	58	58	58
10.0	58	59	60	60	61	61	62	62	62	63	63	63	64	64	64	64
10.5	64	65	65	66	67	67	68	68	68	69	69	69	70	70	70	70
11.0	70	71	72	72	73	73	74	74	75	75	76	76	76	76	77	77
11.5	76	77	78	79	79	80	80	81	81	82	82	83	83	83	84	84
12.0	82	84	84	85	86	87	87	88	88	89	89	90	90	90	91	91
12.5	89	90	91	92	93	94	94	95	95	96	96	97	97	98	98	98
13.0	96	97	98	99	100	101	102	102	103	103	104	104	105	105	106	106
13.5	103	105	106	107	108	109	109	110	111	111	112	112	113	113	113	114
14.0	110	112	113	115	116	116	117	118	119	119	120	120	121	121	122	122
14.5	118	120	121	122	124	124	125	126	127	127	128	129	129	130	130	131
15.0	126	128	129	131	132	133	134	134	135	136	137	137	138	138	139	139
15.5	134	136	138	139	140	141	142	143	144	145	145	146	147	147	148	148
16.0	143	145	146	148	149	150	151	152	153	154	154	155	156	156	157	158
16.5	151	153	155	157	158	159	160	161	162	163	164	165	165	166	166	167
17.0	160	162	164	166	167	169	170	171	172	173	173	174	175	176	176	177
17.5	169	172	174	175	177	178	179	180	181	182	183	184	185	186	186	187
18.0	179	181	183	185	187	188	189	190	192	193	193	194	195	196	197	197
18.5	188	191	193	195	197	198	199	201	202	203	204	205	206	206	207	208
19.0	198	201	203	205	207	208	210	211	212	213	214	215	216	217	218	219
19.5	208	211	213	216	217	219	221	222	223	224	225	226	227	228	229	230
20.0	218	221	224	226	228	230	231	233	234	235	237	238	239	239	240	241

续表

60% 点云 高度百分 位数（m）	覆盖度（%）															
	0.20	0.25	0.30	0.35	0.40	0.45	0.50	0.55	0.60	0.65	0.70	0.75	0.80	0.85	0.90	0.95
20.5	229	232	235	237	239	241	243	244	246	247	248	249	250	251	252	253
21.0	240	243	246	248	250	252	254	256	257	258	260	261	262	263	264	265
21.5	251	254	257	260	262	264	266	267	269	270	272	273	274	275	276	277
22.0	262	266	269	271	274	276	278	279	281	282	284	285	286	287	288	289
22.5	273	277	281	283	286	288	290	292	293	295	296	297	299	300	301	302
23.0	285	289	293	295	298	300	302	304	306	307	309	310	311	313	314	315
23.5	297	301	305	308	310	313	315	317	319	320	322	323	325	326	327	328
24.0	309	314	317	320	323	326	328	330	332	333	335	336	338	339	340	342

7.5　樟楠林分蓄积量模型构建

7.5.1　多元线性模型

7.5.1.1　变量筛选

按照 3.3.3 节"4 种模型变量组合方案"，筛选 4 类多元线性模型的模型变量。经过逐步回归筛选（方案 1 和 2）或 Pearson 相关分析（方案 4）之后，可以确定 4 种模型的自变量，如表 7-37 所示。

表 7-37　变量筛选结果

方案编号	变量筛选方法	筛选后的变量
1 和 2	逐步回归	10% 点云高度百分位数（elev_10th）和密度变量 [5]（density[5]）
3	固定变量	点云平均高（elev_mean）、覆盖度（CC）
4	Pearson 相关分析	10% 点云高度百分位数（elev_10th）、密度变量 [1]（density[1]）

7.5.1.2　建立模型

针对 4 种方案，分别以多元线性回归法建立蓄积估测模型，得到的模型及其评价指标如表 7-38、表 7-39 所示。

表 7-38　多元线性回归模型公式

模型方案	模型变量	模型公式
1 和 2	h_{10th}、d_5	$V=18.729h_{10th}+273.349d_5-63.312$
3	CC、h_{mean}	$V=70.01CC+14.877h_{mean}-81.616$
4	h_{10th}、d_1	$V=17.259h_{10th}-182.519d_1-2.583$

表 7-39　多元线性回归模型评价指标

模型方案	R^2	修正 R^2	残差标准差
1 和 2	0.721	0.712	68.093
3	0.698	0.689	70.770
4	0.707	0.698	69.737

7.5.2　多元非线性模型

7.5.2.1　变量筛选

按照 3.3.3 节 "4 种模型变量组合方案"，筛选 4 类多元非线性模型的模型变量。经过逐步回归筛选（方案 1 和 2）或 Pearson 相关分析（方案 4）之后，可以确定 4 种模型的自变量，如表 7-40 所示。

表 7-40　变量筛选结果

方案编号	变量筛选方法	筛选后的变量
1	逐步回归	10% 点云高度百分位数（elev_10th）、点云高度中位数（elev_mad）和密度变量 [9]（density[9]）
2	逐步回归	40% 点云高度百分位数（elev_40th）、10% 点云强度百分位数（int_10th）和密度变量 [3]（density[3]）
3	固定变量	点云平均高（elev_mean）、覆盖度（CC）
4	Pearson 相关分析	1% 点云强度百分位数（int_1st）、点云高度中位数（elev_mad）

7.5.2.2　建立模型

针对 4 种方案，分别以多元非线性回归法建立蓄积估测模型，得到的模型及其评价指标如表 7-41、表 7-42 所示。

表 7-41　多元非线性回归模型公式

模型方案	模型参数	模型公式
1	h_{10th}、h_{mad}、d_9	$\ln V=1.671\ln h_{10th}+0.319\ln h_{mad}-0.104\ln d_9-1.528$
2	h_{40th}、i_{10th}、d_3	$\ln V=1.704\ln h_{40th}+0.047\ln i_{10th}+0.181\ln d_3+0.389$
3	h_{mean}、CC	$\ln V=1.825\ln h_{mean}+0.185\ln CC+0.19$
4	h_{mad}、i_{1st}	$\ln V=0.861\ln h_{mad}+0.1916\ln i_{1st}-3.033$

表 7-42　非线性回归模型评价指标

模型方案	R^2	修正 R^2	残差标准差
1	0.862	0.856	0.476
2	0.813	0.804	0.516
3	0.838	0.833	0.514
4	0.648	0.606	0.702

7.5.3　模型精度评价

表 7-43、表 7-44 分别为十折交叉验证和留一法验证结果。

表 7-43　基于十折交叉验证的模型总体精度

模型	决定系数 R^2	总相对误差 TRE （%）	均方根误差 RMSE （m³/hm²）	平均绝对误差 MAE （m³/hm²）	平均绝对百分比误差 MAPE（%）
线性方案 1 和 2	0.680	-0.069	64.358	51.246	0.699
线性方案 3	0.661	-0.031	65.170	51.406	0.672
线性方案 4	0.669	-0.067	64.729	52.793	0.880
非线性方案 1	0.588	0.059	69.043	54.266	0.469
非线性方案 2	0.467	0.087	81.812	63.829	0.529
非线性方案 3	0.609	0.051	68.280	53.428	0.482
非线性方案 4	—	—	—	—	—

表 7-44　基于留一法的模型总体精度

模型	决定系数 R^2	总相对误差 TRE （%）	均方根误差 RMSE （m³/hm²）	平均绝对误差 MAE （m³/hm²）	平均绝对百分比误差 MAPE（%）
线性方案 1 和 2	0.686	-0.585	354.569	354.569	5.615
线性方案 3	0.673	1.686	351.369	351.369	4.798
线性方案 4	0.686	-0.585	354.569	354.569	5.615
非线性方案 1	0.599	0.112	53.313	51.313	0.456
非线性方案 2	0.484	0.146	62.168	62.168	0.511
非线性方案 3	0.606	0.122	53.308	53.308	0.483
非线性方案 4	—	—	—	—	—

7.5.4　林分航空蓄积表编制

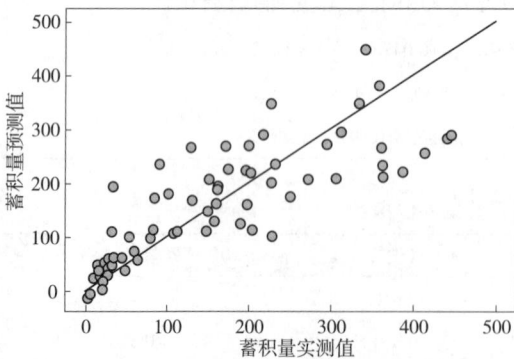

图 7-5　十折交叉验证模型预测结果
（线性方案 1/2）

根据建模结果线性回归模型方案 1/2 精度较高，在十折交叉验证和留一法验证中效果较好，选择线性回归模型中方案 1/2 建立二元林分航空蓄积表。

模型形式：$V=18.729h_{10th}+273.349d_5-63.312$。

模型变量：10% 点云高度百分位数和密度变量 [5]。

模型预测散点图（基于十折交叉验证法见图 7-5）：

编制的林分航空蓄积表成果见表 7-45：

表 7-45　南方林区 – 樟楠林分航空蓄积表

10% 点云高度百分位数（m）	密度变量 [5]								
	0.04	0.08	0.12	0.16	0.20	0.24	0.28	0.32	0.36
2.00			7	18	29	40	51	62	73
2.50		5	16	27	38	49	60	71	82
3.0	4	15	26	37	48	58	69	80	91
3.5	13	24	35	46	57	68	79	90	101
4.0	23	33	44	55	66	77	88	99	110
4.5	32	43	54	65	76	87	98	108	119
5.0	41	52	63	74	85	96	107	118	129
5.5	51	62	72	83	94	105	116	127	138
6.0	60	71	82	93	104	115	126	137	147
6.5	69	80	91	102	113	124	135	146	157
7.0	79	90	101	112	122	133	144	155	166
7.5	88	99	110	121	132	143	154	165	176
8.0	97	108	119	130	141	152	163	174	185
8.5	107	118	129	140	151	161	172	183	194
9.0	116	127	138	149	160	171	182	193	204
9.5	126	136	147	158	169	180	191	202	213
10.0	135	146	157	168	179	190	201	211	222
10.5	144	155	166	177	188	199	210	221	232
11.0	154	165	176	186	197	208	219	230	241
11.5	163	174	185	196	207	218	229	240	250
12.0	172	183	194	205	216	227	238	249	260
12.5	182	193	204	215	225	236	247	258	269
13.0	191	202	213	224	235	246	257	268	279
13.5	200	211	222	233	244	255	266	277	288
14.0	210	221	232	243	254	264	275	286	297
14.5	219	230	241	252	263	274	285	296	307
15.0	229	239	250	261	272	283	294	305	316
15.5	238	249	260	271	282	293	304	314	325
16.0	247	258	269	280	291	302	313	324	335
16.5	257	268	279	289	300	311	322	333	344
17.0	266	277	288	299	310	321	332	343	353
17.5	275	286	297	308	319	330	341	352	363
18.0	285	296	307	318	328	339	350	361	372

10% 点云高度百分位数（m）	密度变量 [5]								
	0.04	0.08	0.12	0.16	0.20	0.24	0.28	0.32	0.36
18.5	294	305	316	327	338	349	360	371	382
19.0	303	314	325	336	347	358	369	380	391
19.5	313	324	335	346	357	368	378	389	400
20.0	322	333	344	355	366	377	388	399	410
20.5	332	343	353	364	375	386	397	408	419
21.0	341	352	363	374	385	396	407	417	428
21.5	350	361	372	383	394	405	416	427	438
22.0	360	371	382	392	403	414	425	436	447
22.5	369	380	391	402	413	424	435	446	456
23.0	378	389	400	411	422	433	444	455	466
23.5	388	399	410	421	431	442	453	464	475
24.0	397	408	419	430	441	452	463	474	485
24.5	406	417	428	439	450	461	472	483	494
25.0	416	427	438	449	460	471	481	492	503

7.6　桉树林分蓄积量模型构建

7.6.1　多元线性模型

7.6.1.1　变量筛选

按照 3.3.3 节"4 种模型变量组合方案"，筛选 4 类多元线性模型的模型变量。经过逐步回归筛选（方案 1 和 2）或 Pearson 相关分析（方案 4）之后，可以确定 4 种模型的自变量，如表 7-46 所示。

表 7-46　变量筛选结果

方案编号	变量筛选方法	筛选后的变量
1	逐步回归	70% 点云高度百分位数（elev_70th）、覆盖度（CC）、密度变量 [2]（density[2]）、95% 点云高度百分位数（elev_95th）、密度变量 [8]（density[8]）、10% 点云高度百分位数（elev_10th）、50% 点云高度百分位数（elev_50th）和密度变量 [1]（density[1]）
2	逐步回归	70% 点云高度百分位数（elev_70th）、覆盖度（CC）、点云强度中位数（int_mad）和 99% 点云高度百分位数（elev_99th）、密度变量 [2]（density[2]）
3	固定变量	点云平均高（elev_mean）、覆盖度（CC）
4	Pearson 相关分析	70% 点云高度百分位数（elev_70th）、密度变量 [6]（density[6]）

7.6.1.2　建立模型

针对 4 种方案，分别以多元线性回归法建立蓄积估测模型，得到的模型及其评价指标如表 7-47、表 7-48 所示。

表 7-47　多元线性回归模型公式

模型方案	模型参数	模型公式
1	h_{70th}、CC、d_2、h_{95th}、d_8、h_{10th}、h_{50th}、d_1	$V=73.160h_{70th}+164.815CC+391.464d_2-32.359h_{95th}-190.363d_8+14.437h_{10th}-34.966h_{50th}+332.428d_1-173.081$
2	h_{70th}、CC、d_2、h_{99th}、i_{mad}	$V=26.223h_{70th}+147.229CC+431.425d_2-12.027h_{99th}-0.005i_{mad}-137.246$
3	h_{mean}、CC	$V=14.796h_{mean}+184.806CC-147.613$
4	h_{70th}、d_6	$V=13.773h_{70th}-84.065d_6-74.710$

表 7-48　多元线性回归模型评价指标

模型方案	R^2	修正 R^2	残差标准差
1	0.796	0.782	55.967
2	0.761	0.751	59.756
3	0.688	0.683	67.457
4	0.703	0.698	65.885

7.6.2　多元非线性模型

7.6.2.1　变量筛选

按照 3.3.3 节 "4 种模型变量组合方案"，筛选 4 类多元非线性模型的模型变量。经过逐步回归筛选（方案 1 和 2）或 Pearson 相关分析（方案 4）之后，可以确定 4 种模型的自变量，如表 7-49 所示。

表 7-49　变量筛选结果

方案编号	变量筛选方法	筛选后的变量
1	逐步回归	40% 点云高度百分位数（elev_40th）
2	逐步回归	50% 点云高度百分位数（elev_50th）、点云强度中位数（int_mad）、密度变量 [1]（density[1]）、1% 点云高度百分位数（elev_1st）、95% 点云高度百分位数（elev_95th）和密度变量 [0]（density[0]）
3	固定变量	点云平均高（elev_mean）、覆盖度（CC）
4	Pearson 相关分析	40% 点云高度百分位数（elev_40th）、密度变量 [4]（density[4]）

7.6.2.2　建立模型

针对 4 种方案，分别以多元非线性回归法建立蓄积估测模型，得到的模型及其评价指标如表 7-50、表 7-51 所示。

表 7-50　多元非线性回归模型公式

模型方案	模型参数	模型公式
1	h_{40th}	$\ln V=1.632\ln h_{40th}+0.387$
2	h_{50th}、i_{mad}、d_1、h_{1st}、h_{95th}、d_0	$\ln V=2.549\ln h_{50th}-0.073\ln i_{mad}+0.175\ln d_1+1.081\ln h_{1st}-1.459\ln h_{95th}+0.245\ln d_0+2.470$
3	h_{mean}、CC	$\ln V=1.651\ln h_{\mathrm{mean}}+0.181\ln CC+0.591$
4	h_{40th}、d_4	$\ln V=1.600\ln h_{40th}+0.050\ln d_4-0.323$

表 7-51　非线性回归模型评价指标

模型方案	R^2	修正 R^2	残差标准差
1	0.600	0.596	0.685
2	0.666	0.649	0.632
3	0.575	0.568	0.702
4	0.587	0.580	0.692

7.6.3　模型精度评价

表 7-52、表 7-53 分别为十折交叉验证和留一法验证结果。

表 7-52　基于十折交叉验证的模型总体精度

模　型	决定系数 R^2	总相对误差 TRE（%）	均方根误差 RMSE（m³/hm²）	平均绝对误差 MAE（m³/hm²）	平均绝对百分比误差 MAPE（%）
线性方案 1	0.714	0.005	58.826	45.453	0.851
线性方案 2	0.713	−0.008	57.125	44.424	0.759
线性方案 3	0.643	0.006	64.553	49.036	0.932
线性方案 4	0.673	0.037	61.980	48.235	0.720
非线性方案 1	0.640	0.151	63.668	48.883	0.612
非线性方案 2	0.316	0.060	90.067	59.722	0.709
非线性方案 3	0.631	0.146	64.798	50.139	0.641
非线性方案 4	0.598	0.158	65.575	50.276	0.607

表 7-53　基于留一法的模型总体精度

模　型	决定系数 R^2	总相对误差 TRE（%）	均方根误差 RMSE（m³/hm²）	平均绝对误差 MAE（m³/hm²）	平均绝对百分比误差 MAPE（%）
线性方案 1	0.750	8.910	547.452	547.452	9.250
线性方案 2	0.729	−32.811	552.147	552.147	9.152
线性方案 3	0.664	−4.445	611.882	611.882	12.269
线性方案 4	0.683	−4.070	609.288	609.288	9.388

模　型	决定系数 R^2	总相对误差 TRE（%）	均方根误差 RMSE（m³/hm²）	平均绝对误差 MAE（m³/hm²）	平均绝对百分比误差 MAPE（%）
非线性方案 1	0.636	0.670	47.144	47.144	0.589
非线性方案 2	0.433	0.368	55.345	55.345	0.635
非线性方案 3	0.658	1.322	47.318	47.318	0.614
非线性方案 4	0.636	0.670	47.144	47.144	0.589

7.6.4　林分航空蓄积表编制

虽然建模结果线性回归模型方案 1 和 2 精度较高，但变量多达五六个，实际应用难度较大，故折中选择线性回归模型方案 4 的模型，模型精度以及十折交叉验证和留一法验证中效果均较好。

模型形式：$V=13.773h_{70th}-84.065d_6-74.710$。

模型变量：70% 点云高度百分位数和密度变量 [6]。

模型预测散点图（基于十折交叉验证法见图 7-6）：

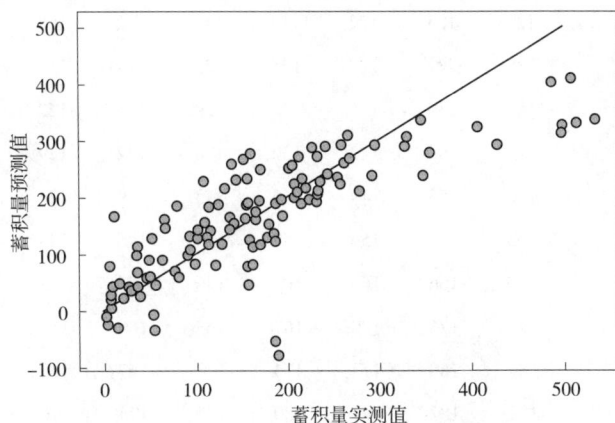

图 7-6　十折交叉验证模型预测结果（线性方案 4）

编制的林分航空蓄积表成果见表 7-54：

表 7-54　南方林区 – 桉树林分航空蓄积表

70% 点云高度百分位数（m）	密度变量 [6]									
	0.04	0.08	0.12	0.16	0.20	0.24	0.28	0.32	0.36	0.40
6.0	5	1								
6.5	11	8	5	1						
7.0	18	15	12	8	5	2				
7.5	25	22	18	15	12	8	5	2		

续表

70% 点云高度百分位数（m）	密度变量 [6]									
	0.04	0.08	0.12	0.16	0.20	0.24	0.28	0.32	0.36	0.40
8.0	32	29	25	22	19	15	12	9	5	2
8.5	39	36	32	29	26	22	19	15	12	9
9.0	46	43	39	36	32	29	26	22	19	16
9.5	53	49	46	43	39	36	33	29	26	23
10.0	60	56	53	50	46	43	39	36	33	29
10.5	67	63	60	56	53	50	46	43	40	36
11.0	73	70	67	63	60	57	53	50	47	43
11.5	80	77	74	70	67	64	60	57	53	50
12.0	87	84	80	77	74	70	67	64	60	57
12.5	94	91	87	84	81	77	74	71	67	64
13.0	101	98	94	91	88	84	81	77	74	71
13.5	108	105	101	98	94	91	88	84	81	78
14.0	115	111	108	105	101	98	95	91	88	84
14.5	122	118	115	112	108	105	101	98	95	91
15.0	129	125	122	118	115	112	108	105	102	98
15.5	135	132	129	125	122	119	115	112	109	105
16.0	142	139	136	132	129	125	122	119	115	112
16.5	149	146	142	139	136	132	129	126	122	119
17.0	156	153	149	146	143	139	136	133	129	126
17.5	163	160	156	153	150	146	143	139	136	133
18.0	170	166	163	160	156	153	150	146	143	140
18.5	177	173	170	167	163	160	157	153	150	146
19.0	184	180	177	174	170	167	163	160	157	153
19.5	191	187	184	180	177	174	170	167	164	160
20.0	197	194	191	187	184	181	177	174	170	167
20.5	204	201	198	194	191	187	184	181	177	174
21.0	211	208	204	201	198	194	191	188	184	181
21.5	218	215	211	208	205	201	198	195	191	188
22.0	225	222	218	215	211	208	205	201	198	195
22.5	232	228	225	222	218	215	212	208	205	202
23.0	239	235	232	229	225	222	219	215	212	208
23.5	246	242	239	236	232	229	225	222	219	215
24.0	252	249	246	242	239	236	232	229	226	222
24.5	259	256	253	249	246	243	239	236	232	229

续表

70% 点云高度百分位数（m）	密度变量 [6]									
	0.04	0.08	0.12	0.16	0.20	0.24	0.28	0.32	0.36	0.40
25.0	266	263	260	256	253	249	246	243	239	236
25.5	273	270	266	263	260	256	253	250	246	243
26.0	280	277	273	270	267	263	260	256	253	250
26.5	287	284	280	277	273	270	267	263	260	257
27.0	294	290	287	284	280	277	274	270	267	264
27.5	301	297	294	291	287	284	281	277	274	270
28.0	308	304	301	297	294	291	287	284	281	277
28.5	314	311	308	304	301	298	294	291	288	284
29.0	321	318	315	311	308	305	301	298	294	291
29.5	328	325	322	318	315	311	308	305	301	298
30.0	335	332	328	325	322	318	315	312	308	305
30.5	342	339	335	332	329	325	322	318	315	312
31.0	349	346	342	339	335	332	329	325	322	319
31.5	356	352	349	346	342	339	336	332	329	326
32.0	363	359	356	353	349	346	342	339	336	332
32.5	370	366	363	359	356	353	349	346	343	339
33.0	376	373	370	366	363	360	356	353	350	346
33.5	383	380	377	373	370	367	363	360	356	353
34.0	390	387	383	380	377	373	370	367	363	360
34.5	397	394	390	387	384	380	377	374	370	367
35.0	404	401	397	394	391	387	384	380	377	374
35.5	411	408	404	401	397	394	391	387	384	381

7.7　阔叶混林分蓄积量模型构建

7.7.1　多元线性模型

7.7.1.1　变量筛选

按照 3.3.3 节 "4 种模型变量组合方案"，筛选 4 类多元线性模型的模型变量。经过逐步回归筛选（方案 1 和 2）或 Pearson 相关分析（方案 4）之后，可以确定 4 种模型的自变量，如表 7-55 所示。

表 7-55　变量筛选结果

方案编号	变量筛选方法	筛选后的变量
1	逐步回归	60% 点云高度百分位数（elev_60th）
2	逐步回归	60% 点云高度百分位数（elev_60th）、点云强度最小值（int_min）
3	固定变量	点云平均高（elev_mean）、覆盖度（CC）
4	Pearson 相关分析	60% 点云高度百分位数（elev_60th）、密度变量 [2]（density[2]）

7.7.1.2　建立模型

针对 4 种方案，分别以多元线性回归法建立蓄积估测模型，得到的模型及其评价指标如表 7-56、表 7-57 所示。

表 7-56　多元线性回归模型公式

模型方案	模型参数	模型公式
1	h_{60th}	$V=14.611h_{60th}-61.771$
2	h_{60th}、i_{min}	$V=14.561h_{60th}+0.002i_{min}-75.327$
3	h_{mean}、CC	$V=16.459h_{mean}+54.057CC-84.364$
4	h_{60th}、d_2	$V=14.307h_{60th}-38.916d_2-54.389$

表 7-57　多元线性回归模型评价指标

模型方案	R^2	修正 R^2	残差标准差
1	0.630	0.626	56.490
2	0.663	0.655	54.237
3	0.599	0.589	59.173
4	0.630	0.622	56.781

7.7.2　多元非线性模型

7.7.2.1　变量筛选

按照 3.3.3 节"4 种模型变量组合方案"，筛选 4 类多元非线性模型的模型变量。经过逐步回归筛选（方案 1 和 2）或 Pearson 相关分析（方案 4）之后，可以确定 4 种模型的自变量，如表 7-58 所示。

表 7-58　变量筛选结果

方案编号	变量筛选方法	筛选后的变量
1	逐步回归	50% 点云高度百分位数（elev_50th）
2	逐步回归	60% 点云高度百分位数（elev_60th）
3	固定变量	点云平均高（elev_mean）、覆盖度（CC）
4	Pearson 相关分析	50% 点云高度百分位数（elev_50th）、密度变量 [1]（density[1]）

7.7.2.2 建立模型

针对 4 种方案，分别以多元非线性回归法建立蓄积估测模型，得到的模型及其评价指标如表 7–59、表 7–60 所示。

表 7–59　多元非线性回归模型公式

模型方案	模型参数	模型公式
1	h_{50th}	$\ln V = 1.688\ln h_{50th} + 0.460$
2	h_{60th}	$\ln V = 1.744\ln h_{60th} + 0.213$
3	h_{mean}、CC	$\ln V = 1.696\ln h_{mean} + 0.134\ln CC + 0.714$
4	h_{50th}、d_1	$\ln V = 1.741\ln h_{50th} + 0.030\ln d_1 + 0.428$

表 7–60　非线性回归模型评价指标

模型方案	R^2	修正 R^2	残差标准差
1	0.711	0.708	0.469
2	0.710	0.706	0.470
3	0.691	0.684	0.487
4	0.711	0.704	0.473

7.7.3　模型精度评价

表 7–61、表 7–62 分别为十折交叉验证和留一法验证结果。

表 7–61　基于十折交叉验证的模型总体精度

模型	决定系数 R^2	总相对误差 TRE（%）	均方根误差 RMSE（m³/hm²）	平均绝对误差 MAE（m³/hm²）	平均绝对百分比误差 MAPE（%）
线性方案 1	0.585	0.043	57.542	44.704	0.497
线性方案 2	0.570	0.047	58.384	45.438	0.510
线性方案 3	0.536	0.042	60.674	47.140	0.510
线性方案 4	0.576	0.042	58.160	45.065	0.506
非线性方案 1	0.570	0.132	59.170	43.539	0.417
非线性方案 2	0.571	0.134	59.146	43.389	0.417
非线性方案 3	0.524	0.136	62.146	46.063	0.444
非线性方案 4	0.561	0.135	59.780	44.045	0.422

表 7–62　基于留一法的模型总体精度

模型	决定系数 R^2	总相对误差 TRE（%）	均方根误差 RMSE（m³/hm²）	平均绝对误差 MAE（m³/hm²）	平均绝对百分比误差 MAPE（%）
线性方案 1	0.611	0.575	378.317	378.317	4.239
线性方案 2	0.607	0.248	379.614	379.614	4.291

模型	决定系数 R^2	总相对误差 TRE（%）	均方根误差 RMSE（m³/hm²）	平均绝对误差 MAE（m³/hm²）	平均绝对百分比误差 MAPE（%）
线性方案 3	0.567	11.243	397.865	397.865	4.309
线性方案 4	0.606	0.459	381.270	381.270	4.314
非线性方案 1	0.595	0.114	41.748	41.748	0.409
非线性方案 2	0.593	0.115	41.944	41.944	0.411
非线性方案 3	0.557	0.132	44.197	44.197	0.436
非线性方案 4	0.585	0.115	42.134	42.134	0.443

7.7.4　林分航空蓄积表编制

根据建模精度以及十折交叉验证和留一法验证结果，非线性回归模型方案 4 评价较优，选择作为建立二元林分航空蓄积表的模型。

模型形式：$\ln V = 1.741\ln h_{50} + 0.030\ln d_1 + 0.428$。

模型变量：50% 点云高度百分位数和密度变量 [1]。

模型预测散点图（基于十折交叉验证法见图 7-7）：

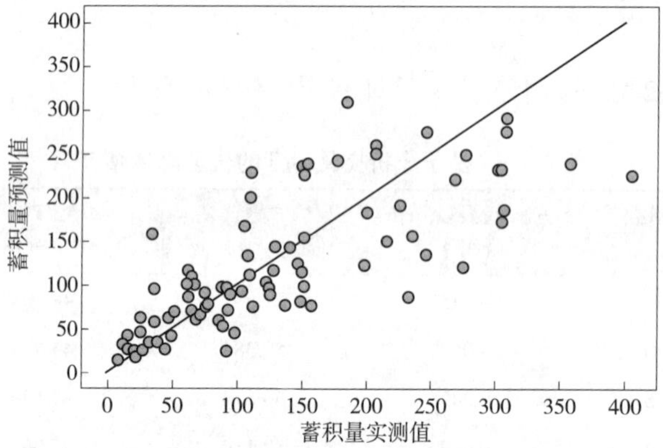

图 7-7　十折交叉验证模型预测结果（非线性方案 4）

编制的林分航空蓄积表成果见表 7-63：

表 7-63　南方林区 - 阔叶混林分航空蓄积表

50% 点云高度百分位数（m）	密度变量 [1]								
	0.05	0.10	0.15	0.20	0.25	0.30	0.35	0.40	0.45
2.0	5	5	5	5	5	5	5	5	5
2.5	7	7	7	7	7	7	7	7	7
3.0	9	10	10	10	10	10	10	10	10
3.5	12	13	13	13	13	13	13	13	13

续表

50% 点云高度百分位数（m）	密度变量 [1]								
	0.05	0.10	0.15	0.20	0.25	0.30	0.35	0.40	0.45
4.0	16	16	16	16	16	17	17	17	17
4.5	19	20	20	20	20	20	20	20	20
5.0	23	24	24	24	24	24	24	25	24
5.5	27	28	28	28	29	29	29	29	29
6.0	32	32	33	33	33	33	34	34	33
6.5	36	37	38	38	38	39	39	39	39
7.0	42	42	43	43	44	44	44	44	44
7.5	47	48	48	49	49	49	50	50	49
8.0	52	53	54	55	55	55	56	56	55
8.5	58	59	60	61	61	61	62	62	61
9.0	64	66	66	67	67	68	68	68	68
9.5	71	72	73	74	74	75	75	75	75
10.0	77	79	80	81	81	82	82	82	82
10.5	84	86	87	88	88	89	89	90	89
11.0	91	93	94	95	96	96	97	97	96
11.5	99	101	102	103	103	104	104	105	104
12.0	106	108	110	111	111	112	112	113	112
12.5	114	116	118	119	120	120	121	121	120
13.0	122	125	126	127	128	129	129	130	129
13.5	130	133	135	136	137	137	138	139	137
14.0	139	142	143	145	146	146	147	148	146
14.5	147	151	152	154	155	156	156	157	156
15.0	156	160	162	163	164	165	166	167	165
15.5	166	169	171	173	174	175	176	176	175
16.0	175	179	181	183	184	185	186	186	185
16.5	185	189	191	193	194	195	196	197	195
17.0	195	199	201	203	204	205	206	207	205
17.5	205	209	211	213	215	216	217	218	216
18.0	215	219	222	224	226	227	228	229	227
18.5	225	230	233	235	237	238	239	240	238
19.0	236	241	244	246	248	249	250	251	249
19.5	247	252	255	258	259	261	262	263	261
20.0	258	264	267	269	271	272	274	275	272
20.5	270	275	279	281	283	284	286	287	284

50% 点云高度百分位数（m）	密度变量 [1]								
	0.05	0.10	0.15	0.20	0.25	0.30	0.35	0.40	0.45
21.0	281	287	290	293	295	297	298	299	297
21.5	293	299	303	305	307	309	310	312	309
22.0	305	311	315	318	320	322	323	324	322
22.5	317	324	328	330	333	334	336	337	334
23.0	329	336	340	343	346	348	349	351	348
23.5	342	349	353	356	359	361	362	364	361
24.0	355	362	367	370	372	374	376	377	374

7.8 针叶混林分蓄积量模型构建

7.8.1 多元线性模型

7.8.1.1 变量筛选

按照 3.3.3 节"4 种模型变量组合方案"，筛选 4 类多元线性模型的模型变量。经过逐步回归筛选（方案 1 和 2）或 Pearson 相关分析（方案 4）之后，可以确定 4 种模型的自变量，如表 7-64 所示。

表 7-64   变量筛选结果

方案编号	变量筛选方法	筛选后的变量
1	逐步回归	覆盖度（CC）、点云平均高（elev_mean）
2	逐步回归	覆盖度（CC）、点云平均高（elev_mean）、80% 点云强度百分位数（int_80th）与密度变量 [7]（density[7]）
3	固定变量	点云平均高（elev_mean）、覆盖度（CC）
4	Pearson 相关分析	点云平均高（elev_mean）、密度变量 [2]（density[2]）

7.8.1.2 建立模型

针对 4 种方案，分别以多元线性回归法建立蓄积估测模型，得到的模型及其评价指标如表 7-65、表 7-66 所示。

表 7-65   多元线性回归模型公式

模型方案	模型参数	模型公式
1 和 3	h_{mean}、CC	$V=16.691h_{mean}+155.028CC-115.808$
2	h_{mean}、CC、i_{80th}、d_7	$V=18.602h_{mean}+163.334CC+0.002i_{80th}-263.502d_7-129.631$
4	h_{mean}、d_2	$V=19.225h_{mean}-69.904d_2-36.682$

表 7-66　多元线性回归模型评价指标

模型方案	R^2	修正 R^2	残差标准差
1 和 3	0.701	0.694	61.303
2	0.776	0.764	53.837
4	0.638	0.628	67.529

7.8.2　多元非线性模型

7.8.2.1　变量筛选

按照 3.3.3 节 "4 种模型变量组合方案"，筛选 4 类多元非线性模型的模型变量。经过逐步回归筛选（方案 1 和 2）或 Pearson 相关分析（方案 4）之后，可以确定 4 种模型的自变量，如表 7-67 所示。

表 7-67　变量筛选结果

方案编号	变量筛选方法	筛选后的变量
1 和 2	逐步回归	20% 点云高度百分位数（elev_20th）、覆盖度（CC）
3	固定变量	点云平均高（elev_mean）、覆盖度（CC）
4	Pearson 相关分析	20％点云高度百分位数（elev_20th）、密度变量 [1]（density[1]）

7.8.2.2　建立模型

针对 4 种方案，分别以多元非线性回归法建立蓄积估测模型，得到的模型及其评价指标如表 7-68、表 7-69 所示。

表 7-68　非线性回归模型公式

方案编号	模型变量	模型公式
1 和 2	CC、h_{20th}	$\ln V = 0.829\ln CC + 1.319\ln h_{20th} + 2.394$
3	h_{mean}、CC	$\ln V = 0.852\ln CC + 1.460\ln h_{mean} + 1.884$
4	h_{20th}、d_1	$\ln V = 1.747\ln h_{20th} + 0.04\ln d_1 + 1.144$

表 7-69　非线性回归模型评价

模型方案	R^2	修正 R^2	残差标准差
1 和 2	0.799	0.794	0.474
3	0.800	0.795	0.473
4	0.692	0.684	0.586

7.8.3　模型精度评价

表 7-70、表 7-71 分别为十折交叉验证和留一法验证结果。

表 7-70　基于十折交叉验证的模型总体精度

模型	决定系数 R^2	均方根误差 RMSE（m^3/hm^2）	平均绝对误差 MAE（m^3/hm^2）	平均绝对百分比误差 MAPE（%）	总相对误差 TRE（%）
线性方案 1 和 3	0.656	58.228	44.813	66.017	−3.045
线性方案 2	0.726	54.515	43.332	92.100	−2.582
线性方案 4	0.595	60.810	48.458	72.235	−5.319
非线性方案 1 和 2	0.719	50.050	37.661	39.235	2.592
非线性方案 3	0.674	54.184	40.346	42.026	3.164
非线性方案 4	0.429	71.559	57.251	64.216	8.588

表 7-71　基于留一法的模型总体精度

模型	决定系数 R^2	均方根误差 RMSE（m^3/hm^2）	平均绝对误差 MAE（m^3/hm^2）	平均绝对百分比误差 MAPE（%）	总相对误差 TRE（%）
线性方案 1 和 3	0.678	42.409	42.409	59.519	−12.875
线性方案 2	0.741	41.117	41.117	85.794	−26.122
线性方案 4	0.612	46.933	46.933	67.749	−2.532
非线性方案 1 和 2	0.721	37.076	37.076	38.167	12.757
非线性方案 3	0.668	40.094	40.094	41.035	11.826
非线性方案 4	0.481	53.382	53.382	59.223	16.485

7.8.4　林分航空蓄积表编制

根据建模精度以及十折交叉验证和留一法验证结果，非线性回归模型方案 1/2 综合评价较优，故选择作为建立二元林分航空蓄积表的模型。

模型形式：$\ln V = 0.829 \ln CC + 1.319 \ln h_{20th} + 2.394$。

模型变量：20% 点云高度百分位数和覆盖度。

模型预测散点图（基于十折交叉验证法见图 7-8）：

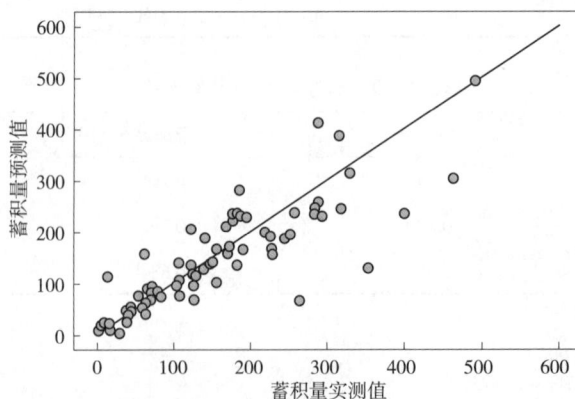

图 7-8　十折交叉验证模型预测结果（非线性方案 1/2）

编制的林分航空蓄积表成果见表 7-72：

表 7-72　南方林区 – 针叶混林分航空蓄积表

20%点云高度百分位数（m）	覆盖度（%）															
	0.20	0.25	0.30	0.35	0.40	0.45	0.50	0.55	0.60	0.65	0.70	0.75	0.80	0.85	0.90	0.95
2.0	7	9	10	11	13	14	15	17	18	19	20	22	23	24	25	26
2.5	10	12	14	15	17	19	21	22	24	26	27	29	30	32	34	35
3.0	12	15	17	20	22	24	26	28	31	33	35	37	39	41	43	45
3.5	15	18	21	24	27	30	32	35	37	40	43	45	48	50	52	55
4.0	18	22	25	29	32	35	38	42	45	48	51	54	57	60	63	65
4.5	21	25	29	33	37	41	45	49	52	56	59	63	66	70	73	76
5.0	24	29	34	38	43	47	52	56	60	64	68	72	76	80	84	88
5.5	27	33	38	43	49	54	58	63	68	73	77	82	86	91	95	99
6.0	31	37	43	49	54	60	66	71	76	81	87	92	97	102	107	112
6.5	34	41	48	54	61	67	73	79	85	91	96	102	108	113	119	124
7.0	38	45	53	60	67	74	80	87	93	100	106	112	119	125	131	137
7.5	41	50	58	65	73	81	88	95	102	109	116	123	130	137	143	150
8.0	45	54	63	71	80	88	96	104	111	119	127	134	141	149	156	163
8.5	49	58	68	77	86	95	104	112	121	129	137	145	153	161	169	177
9.0	52	63	73	83	93	103	112	121	130	139	148	157	165	174	182	190
9.5	56	68	79	89	100	110	120	130	140	149	159	168	177	187	196	205
10.0	60	72	84	96	107	118	129	139	150	160	170	180	190	200	209	219
10.5	64	77	90	102	114	126	137	148	159	170	181	192	202	213	223	233
11.0	68	82	95	108	121	134	146	158	170	181	193	204	215	226	237	248
11.5	72	87	101	115	128	142	155	167	180	192	204	216	228	240	252	263
12.0	77	92	107	122	136	150	164	177	190	203	216	229	241	254	266	278
12.5	81	97	113	128	143	158	173	187	201	215	228	242	255	268	281	294
13.0	85	102	119	135	151	167	182	197	211	226	240	254	268	282	296	309
13.5	89	108	125	142	159	175	191	207	222	237	252	267	282	297	311	325
14.0	94	113	131	149	167	184	200	217	233	249	265	280	296	311	326	341
14.5	98	118	137	156	174	192	210	227	244	261	277	294	310	326	342	357
15.0	103	124	144	163	182	201	219	238	255	273	290	307	324	341	357	374
15.5	107	129	150	171	190	210	229	248	267	285	303	321	338	356	373	390
16.0	112	135	156	178	199	219	239	259	278	297	316	334	353	371	389	407
16.5	116	140	163	185	207	228	249	269	290	309	329	348	367	386	405	424

20% 点云高度百分位数（m）	覆盖度（%）															
	0.20	0.25	0.30	0.35	0.40	0.45	0.50	0.55	0.60	0.65	0.70	0.75	0.80	0.85	0.90	0.95
17.0	121	146	170	193	215	237	259	280	301	322	342	362	382	402	421	441
17.5	126	151	176	200	224	246	269	291	313	334	356	376	397	418	438	458
18.0	131	157	183	208	232	256	279	302	325	347	369	391	412	433	454	475
18.5	135	163	190	215	241	265	289	313	337	360	383	405	427	449	471	493
19.0	140	169	196	223	249	275	300	324	349	373	396	420	443	465	488	510
19.5	145	175	203	231	258	284	310	336	361	386	410	434	458	482	505	528
20.0	150	181	210	239	267	294	321	347	373	399	424	449	474	498	522	546
20.5	155	187	217	247	275	304	331	359	385	412	438	464	489	515	539	564
21.0	160	193	224	255	284	313	342	370	398	425	452	479	505	531	557	582
21.5	165	199	231	263	293	323	353	382	410	439	466	494	521	548	574	601
22.0	170	205	238	271	302	333	364	394	423	452	481	509	537	565	592	619

7.9　其他亮针叶林分蓄积量模型构建

7.9.1　多元线性模型

7.9.1.1　变量筛选

按照 3.3.3 节"4 种模型变量组合方案"，筛选 4 类多元线性模型的模型变量。经过逐步回归筛选（方案 1 和 2）或 Pearson 相关分析（方案 4）之后，可以确定 4 种模型的自变量，如表 7–73 所示。

表 7–73　变量筛选结果

方案编号	变量筛选方法	筛选后的变量
1 和 2	逐步回归	点云平均高（elev_mean）、密度变量 [9]（density[9]）、密度变量 [1]（density[1]）和覆盖度（CC）
3	固定变量	点云平均高（elev_mean）、覆盖度（CC）
4	Pearson 相关分析	点云平均高（elev_mean）、密度变量 [3]（density[3]）

7.9.1.2　建立模型

针对 4 种方案，分别以多元线性回归法建立蓄积估测模型，得到的模型及其评价指标如表 7–74、表 7–75 所示。

表 7-74　多元线性回归模型公式

模型方案	模型参数	模型公式
1 和 2	h_{mean}、d_1、d_9、CC	$V=24.645h_{mean}+339.712d_1-1418.41d_9+105.228CC-158.079$
3	h_{mean}、CC	$V=18.06h_{mean}+121.705CC-95.639$
4	h_{mean}、d_3	$V=20.956h_{mean}+66.335d_3-58.528$

表 7-75　多元线性回归模型评价指标

模型方案	R^2	修正 R^2	残差标准差
1 和 2	0.821	0.812	45.427
3	0.773	0.767	50.522
4	0.746	0.740	53.406

7.9.2　多元非线性模型

7.9.2.1　变量筛选

按照 3.3.3 节 "4 种模型变量组合方案"，筛选 4 类多元非线性模型的模型变量。经过逐步回归筛选（方案 1 和 2）或 Pearson 相关分析（方案 4）之后，可以确定 4 种模型的自变量，如表 7-76 所示。

表 7-76　变量筛选结果

方案编号	变量筛选方法	筛选后的变量
1	逐步回归	覆盖度（CC）、80% 点云高度百分位数（elev_80th）、点云高度中位数（elev_mad）、密度变量 [9]（density[9]）
2	逐步回归	20% 点云高度百分位数（elev_20th）、覆盖度（CC）、密度变量 [3]（density[3]）
3	固定变量	点云平均高（elev_mean）、覆盖度（CC）
4	Pearson 相关分析	点云平均高（elev_mean）、密度变量 [2]（density[2]）

7.9.2.2　建立模型

针对 4 种方案，分别以多元非线性回归法建立蓄积估测模型，得到的模型及其评价指标如表 7-77、表 7-78 所示。

表 7-77　多元非线性回归模型公式

模型方案	模型参数	模型公式
1	CC、h_{80th}、h_{mad}、d_9	$\ln V=0.672\ln CC+1.702\ln h_{80th}-0.319\ln h_{mad}-0.100\ln d_9+0.625$
2	h_{20th}、CC、d_3	$\ln V=0.776\ln h_{20th}+0.872\ln CC-0.125\ln d_3+3.381$
3	h_{mean}、CC	$\ln V=1.064\ln h_{mean}+0.819\ln CC+2.924$
4	h_{mean}、d_2	$\ln V=1.339\ln h_{mean}-0.010\ln d_2+1.833$

表 7-78　非线性回归模型评价指标

模型方案	R^2	修正 R^2	残差标准差
1	0.812	0.801	0.345
2	0.748	0.738	0.396
3	0.762	0.755	0.383
4	0.680	0.671	0.444

7.9.3　模型精度评价

表 7-79、表 7-80 分别为十折交叉验证和留一法验证结果。

表 7-79　基于十折交叉验证的模型总体精度

模型	决定系数 R^2	总相对误差 TRE（%）	均方根误差 RMSE（m³/hm²）	平均绝对误差 MAE（m³/hm²）	平均绝对百分比误差 MAPE（%）
线性方案 1 和 2	0.725	0.004	47.833	38.704	0.369
线性方案 3	0.680	−0.025	50.167	42.157	0.338
线性方案 4	0.639	−0.006	54.156	45.358	0.421
非线性方案 1	0.772	0.015	42.506	33.871	0.300
非线性方案 2	0.462	0.022	59.369	50.431	0.384
非线性方案 3	0.736	0.023	45.302	37.970	0.327
非线性方案 4	0.667	0.016	51.747	44.744	0.414

表 7-80　基于留一法的模型总体精度

模型	决定系数 R^2	总相对误差 TRE（%）	均方根误差 RMSE（m³/hm²）	平均绝对误差 MAE（m³/hm²）	平均绝对百分比误差 MAPE（%）
线性方案 1 和 2	0.789	−0.840	261.219	261.219	2.705
线性方案 3	0.747	−0.239	292.601	292.601	2.500
线性方案 4	0.716	0.863	318.887	318.887	3.189
非线性方案 1	0.807	0.065	30.149	30.149	0.275
非线性方案 2	0.689	0.094	39.797	39.797	0.325
非线性方案 3	0.779	0.084	33.650	33.650	0.297
非线性方案 4	0.729	0.108	40.050	40.050	0.383

7.9.4　林分航空蓄积表编制

根据建模精度以及十折交叉验证和留一法验证结果，非线性回归模型方案 1 和 2 综合评价较优，非线性回归模型方案 3 次之，但非线性回归模型方案 1 和 2 变量个数较多，不利于生产应用，故选择非线性回归模型方案 3 作为二元林分航空蓄积表模型。

模型形式：$\ln V=1.064\ln h_{mean}+0.819\ln CC+2.924$。

模型变量：点云平均高和覆盖度。

模型预测散点图（基于十折交叉验证法见图 7-9）：

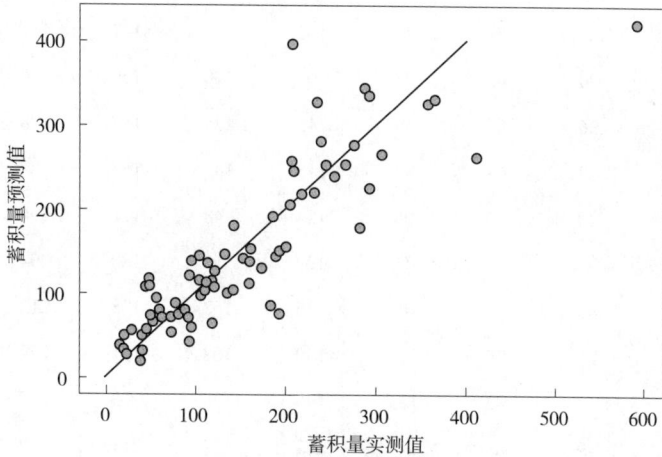

图 7-9　十折交叉验证模型预测结果（非线性方案 3）

编制的林分航空蓄积表成果见表 7-81：

表 7-81　南方林区 - 其他亮针叶林分航空蓄积表

单位蓄积量（m³/hm²）	覆盖度（%）								
点云平均高（m）	0.10	0.20	0.30	0.40	0.50	0.60	0.70	0.80	0.90
2.0	6	10	15	18	22	26	29	32	36
2.5	7	13	18	23	28	32	37	41	45
3.0	9	16	22	28	34	39	45	50	55
3.5	11	19	26	33	40	46	53	59	65
4.0	12	22	30	38	46	54	61	68	75
4.5	14	25	34	44	52	61	69	77	85
5.0	16	28	38	49	58	68	77	86	95
5.5	17	31	43	54	65	75	85	95	105
6.0	19	34	47	59	71	82	94	104	115
6.5	21	37	51	64	77	90	102	114	125
7.0	22	40	55	70	84	97	110	123	135
7.5	24	43	59	75	90	105	119	132	146
8.0	26	46	63	80	96	112	127	142	156
8.5	28	49	68	86	103	119	135	151	166
9.0	29	52	72	91	109	127	144	161	177

续表

单位蓄积量（m³/hm²）	覆盖度（%）								
点云平均高（m）	0.10	0.20	0.30	0.40	0.50	0.60	0.70	0.80	0.90
9.5	31	55	76	96	116	134	153	170	187
10.0	33	58	80	102	122	142	161	180	198
10.5	34	61	85	107	129	150	170	189	208
11.0	36	64	89	113	135	157	178	199	219
11.5	38	67	93	118	142	165	187	208	230
12.0	40	70	98	124	148	172	196	218	240
12.5	41	73	102	129	155	180	204	228	251
13.0	43	76	106	135	162	188	213	238	262
13.5	45	79	111	140	168	195	222	247	272
14.0	47	83	115	146	175	203	230	257	283
14.5	49	86	119	151	182	211	239	267	294
15.0	50	89	124	157	188	219	248	277	305
15.5	52	92	128	162	195	226	257	286	315
16.0	54	95	133	168	202	234	266	296	326
16.5	56	98	137	174	208	242	274	306	337
17.0	58	102	142	179	215	250	283	316	348
17.5	59	105	146	185	222	257	292	326	359
18.0	61	108	150	190	229	265	301	336	370
18.5	63	111	155	196	235	273	310	346	381
19.0	65	114	159	202	242	281	319	356	392
19.5	67	117	164	207	249	289	328	366	403
20.0	68	121	168	213	256	297	337	376	414
20.5	70	124	173	219	262	305	346	386	425
21.0	72	127	177	224	269	313	355	396	436
21.5	74	130	182	230	276	321	364	406	447
22.0	76	134	186	236	283	328	373	416	458
22.5	78	137	191	241	290	336	382	426	469
23.0	79	140	195	247	297	344	391	436	480
23.5	81	143	200	253	303	352	400	446	491
24.0	83	147	204	259	310	360	409	456	502
24.5	85	150	209	264	317	368	418	466	513
25.0	87	153	213	270	324	376	427	476	525

7.10 针阔混林分蓄积量模型构建

7.10.1 多元线性模型

7.10.1.1 变量筛选

按照 3.3.3 节 "4 种模型变量组合方案"，筛选 4 类多元线性模型的模型变量。经过逐步回归筛选（方案 1 和 2）或 Pearson 相关分析（方案 4）之后，可以确定 4 种模型的自变量，如表 7-82 所示。

表 7-82　变量筛选结果

方案编号	变量筛选方法	筛选后的变量
1	逐步回归	点云平均高（elev_mean）、覆盖度（CC）、点云高度最小值（elev_min）
2	逐步回归	点云平均高（elev_mean）、覆盖度（CC）、点云强度最小值（int_min）、点云高度最小值（elev_min）
3	固定变量	点云平均高（elev_mean）、覆盖度（CC）
4	Pearson 相关分析	25% 点云高度百分位数（elev_25th）、密度变量 [1]（density[1]）

7.10.1.2 建立模型

针对 4 种方案，分别以多元线性回归法建立蓄积估测模型，得到的模型及其评价指标如表 7-83、表 7-84 所示。

表 7-83　多元线性回归模型公式

模型方案	模型参数	模型公式
1	h_{mean}、CC、h_{min}	$V=16.451h_{mean}+133.532CC-30.276h_{min}-54.804$
2	h_{mean}、CC、h_{min}、i_{min}	$V=16.536h_{mean}+111.793CC-29.724h_{min}+0.002i_{min}-51.522$
3	h_{mean}、CC	$V=15.901h_{mean}+132.747CC-112$
4	h_{25th}、d_1	$V=16.813h_{25th}-138.713d_1-19.144$

表 7-84　多元线性回归模型评价指标

模型方案	R^2	修正 R^2	残差标准差
1	0.752	0.744	59.859
2	0.765	0.755	58.559
3	0.740	0.734	60.982
4	0.711	0.705	64.244

7.10.2 多元非线性模型

7.10.2.1 变量筛选

按照 3.3.3 节"4 种模型变量组合方案",筛选 4 类多元非线性模型的模型变量。经过逐步回归筛选(方案 1 和 2)或 Pearson 相关分析(方案 4)之后,可以确定 4 种模型的自变量,如表 7-85 所示。

表 7-85   变量筛选结果

方案编号	变量筛选方法	筛选后的变量
1	逐步回归	点云平均高(elev_mean)、覆盖度(CC)和点云高度最小值(elev_min)
2	逐步回归	点云平均高(elev_mean)、覆盖度(CC)、点云高度最小值(elev_min)、点云强度最小值(int_min)
3	固定变量	点云平均高(elev_mean)、覆盖度(CC)
4	Pearson 相关分析	25% 点云高度百分位数(elev_25th)、密度变量 [1](density[1])

7.10.2.2 建立模型

针对 4 种方案,分别以多元非线性回归法建立蓄积估测模型,得到的模型及其评价指标如表 7-86、表 7-87 所示。

表 7-86   多元非线性回归模型公式

模型方案	模型参数	模型公式
1	h_{mean}、CC、h_{min}	$\ln V = 1.542\ln h_{mean} + 0.555\ln CC - 0.357\ln h_{min} + 1.597$
2	h_{mean}、CC、h_{min}、i_{min}	$\ln V = 1.061\ln h_{mean} + 1.083\ln CC - 0.459\ln h_{min} + 0.017\ln i_{min} + 3.163$
3	h_{mean}、CC	$\ln V = 1.517\ln h_{mean} + 0.553\ln CC + 1.392$
4	h_{25th}、d_1	$\ln V = 1.528\ln h_{25th} - 0.030\ln d_1 + 1.097$

表 7-87   多元非线性回归模型评价指标

模型方案	R^2	修正 R^2	残差标准差
1	0.767	0.757	0.511
2	0.753	0.742	0.527
3	0.742	0.736	0.533
4	0.715	0.709	0.559

7.10.3 模型精度评价

表 7-88、表 7-89 分别为十折交叉验证和留一法验证结果。

表 7-88　基于十折交叉验证的模型总体精度

模型	决定系数 R^2	总相对误差 TRE（％）	均方根误差 RMSE（m³/hm²）	平均绝对误差 MAE（m³/hm²）	平均绝对百分比误差 MAPE（％）
线性方案 1	0.698	-0.035	62.183	47.266	0.894
线性方案 2	0.716	-0.019	60.486	46.200	0.869
线性方案 3	0.721	-0.040	58.761	44.994	0.865
线性方案 4	0.684	-0.046	63.080	47.168	0.672
非线性方案 1	0.701	0.050	59.943	44.897	0.548
非线性方案 2	0.701	0.050	59.943	44.897	0.548
非线性方案 3	0.691	0.047	61.641	47.904	0.591
非线性方案 4	0.654	0.056	64.732	50.457	0.632

表 7-89　基于留一法的模型总体精度

模型	决定系数 R^2	总相对误差 TRE（％）	均方根误差 RMSE（m³/hm²）	平均绝对误差 MAE（m³/hm²）	平均绝对百分比误差 MAPE（％）
线性方案 1	0.707	9.328	436.721	436.721	8.123
线性方案 2	0.717	1.516	433.059	433.059	7.836
线性方案 3	0.724	-0.744	418.893	418.893	7.858
线性方案 4	0.696	-0.679	436.271	436.271	6.101
非线性方案 1	0.712	0.125	43.532	43.532	0.515
非线性方案 2	0.712	0.125	43.532	43.532	0.515
非线性方案 3	0.699	0.120	47.136	47.136	0.557
非线性方案 4	0.651	0.133	50.543	50.543	0.590

7.10.4　林分航空蓄积表编制

根据建模精度以及十折交叉验证和留一法验证结果，选择线性回归模型方案 3 作为二元林分航空蓄积表模型。

模型形式：$V = 15.901 h_{mean} + 132.747 CC - 112$。

模型变量：点云平均高和覆盖度。

模型预测散点图（基于十折交叉验证法见图 7-10）：

编制的林分航空蓄积表成果见表 7-90：

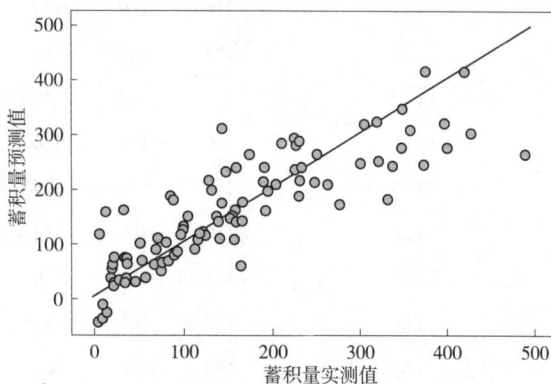

图 7-10　十折交叉验证模型预测结果（线性方案 3）

表 7-90　南方林区 - 针阔混林分航空蓄积表

点云平均高（m）	覆盖度（%）								
	0.10	0.20	0.30	0.40	0.50	0.60	0.70	0.80	0.90
2.0							13	26	39
2.5						7	21	34	47
3.0					2	15	29	42	55
3.5					10	23	37	50	63
4.0				5	18	31	45	58	71
4.5				13	26	39	52	66	79
5.0			7	21	34	47	60	74	87
5.5		2	15	29	42	55	68	82	95
6.0		10	23	37	50	63	76	90	103
6.5	5	18	31	44	58	71	84	98	111
7.0	13	26	39	52	66	79	92	106	119
7.5	21	34	47	60	74	87	100	113	127
8.0	28	42	55	68	82	95	108	121	135
8.5	36	50	63	76	90	103	116	129	143
9.0	44	58	71	84	97	111	124	137	151
9.5	52	66	79	92	105	119	132	145	159
10.0	60	74	87	100	113	127	140	153	166
10.5	68	82	95	108	121	135	148	161	174
11.0	76	89	103	116	129	143	156	169	182
11.5	84	97	111	124	137	151	164	177	190
12.0	92	105	119	132	145	158	172	185	198
12.5	100	113	127	140	153	166	180	193	206
13.0	108	121	135	148	161	174	188	201	214
13.5	116	129	142	156	169	182	196	209	222
14.0	124	137	150	164	177	190	204	217	230
14.5	132	145	158	172	185	198	211	225	238
15.0	140	153	166	180	193	206	219	233	246
15.5	148	161	174	188	201	214	227	241	254
16.0	156	169	182	196	209	222	235	249	262
16.5	164	177	190	203	217	230	243	257	270
17.0	172	185	198	211	225	238	251	265	278
17.5	180	193	206	219	233	246	259	272	286
18.0	187	201	214	227	241	254	267	280	294

续表

点云平均高（m）	覆盖度（%）								
	0.10	0.20	0.30	0.40	0.50	0.60	0.70	0.80	0.90
18.5	195	209	222	235	249	262	275	288	302
19.0	203	217	230	243	256	270	283	296	310
19.5	211	225	238	251	264	278	291	304	318
20.0	219	233	246	259	272	286	299	312	325
20.5	227	241	254	267	280	294	307	320	333
21.0	235	248	262	275	288	302	315	328	341
21.5	243	256	270	283	296	310	323	336	349
22.0	251	264	278	291	304	317	331	344	357
22.5	259	272	286	299	312	325	339	352	365
23.0	267	280	294	307	320	333	347	360	373
23.5	275	288	301	315	328	341	355	368	381
24.0	283	296	309	323	336	349	363	376	389
24.5	291	304	317	331	344	357	370	384	397
25.0	299	312	325	339	352	365	378	392	405

8

湖南林区分树种林分蓄积量模型构建

以湖南省为建模总体，开展主要树种建模工作。

8.1　柏木林分蓄积量模型构建

8.1.1　多元线性模型

8.1.1.1　变量筛选

按照 3.3.3 节"4 种模型变量组合方案"，筛选 4 类多元线性模型的模型变量。经过逐步回归筛选（方案 1 和 2）或 Pearson 相关分析（方案 4）之后，可以确定 4 种模型的自变量，如表 8-1 所示。

表 8-1　变量筛选结果

方案编号	变量筛选方法	筛选后的变量
1	逐步回归	点云平均高（elev_mean）、密度变量 [2]（density[2]）
2	逐步回归	点云平均高（elev_mean）、密度变量 [2]（density[2]）、点云强度最小值（int_min）
3	固定变量	点云平均高（elev_mean）、覆盖度（CC）
4	Pearson 相关分析	点云平均高（elev_mean）、密度变量 [2]（density[2]）

8.1.1.2　建立模型

针对 4 种方案，分别以多元线性回归法建立蓄积估测模型，得到的 4 种方案模型公式及评价指标分别如表 8-2、表 8-3 所示。

表 8-2　线性回归模型公式

模型方案	模型参数	模型公式
1 和 4	h_{mean}、d_2	$V=39.182h_{mean}+1021.037d_2-332.767$
2	h_{mean}、d_2、i_{min}	$V=38.305h_{mean}+1133.620d_2+0.04i_{min}-344.640$
3	h_{mean}、CC	$V=40.853CC+28.405h_{mean}-144.210$

表 8-3　多元线性回归模型评价指标

模型方案	R^2	修正 R^2	残差标准差
1 和 4	0.887	0.882	41.283
2	0.899	0.892	39.552
3	0.830	0.823	50.654

8.1.2 多元非线性模型

8.1.2.1 变量筛选

按照 3.3.3 节"4 种模型变量组合方案",筛选 4 类多元非线性模型的模型变量。经过逐步回归筛选(方案 1 和 2)或 Pearson 相关分析(方案 4)之后,可以确定 4 种模型的自变量,如表 8-4 所示。

表 8-4　变量筛选结果

方案编号	变量筛选方法	筛选后的变量
1 和 2	逐步回归	覆盖度(CC)、点云高度最大值(elev_max)
3	固定变量	点云平均高(elev_mean)、覆盖度(CC)
4	Pearson 相关分析	覆盖度(CC)、密度变量[2](density[2])

8.1.2.2 建立模型

针对 4 种方案,分别以多元非线性回归法建立蓄积估测模型,得到的模型及其评价指标如表 8-5、表 8-6 所示。

表 8-5　非线性回归模型公式

模型方案	模型参数	模型公式
1 和 2	CC、h_{max}	$\ln V = 1.053\ln CC + 1.613\ln h_{max} + 0.665$
3	h_{mean}、CC	$\ln V = 1.109\ln CC + 1.401\ln h_{mean} + 2.251$
4	CC、d_2	$\ln V = 1.625\ln CC - 0.477\ln d_2 + 4.497$

表 8-6　非线性回归模型评价指标

模型方案	R^2	修正 R^2	残差标准差
1 和 2	0.948	0.945	0.282
3	0.942	0.940	0.282
4	0.862	0.856	0.457

8.1.3 模型精度评价

表 8-7、表 8-8 分别为十折交叉验证和留一法验证结果。

表 8-7　基于十折交叉验证的模型总体精度

模　型	决定系数 R^2	均方根误差 RMSE（m^3/hm^2）	平均绝对误差 MAE（m^3/hm^2）	平均绝对百分比误差 MAPE（%）	总相对误差 TRE（%）
线性方案 1 和 4	0.863	41.762	34.235	68.543	−1.654
线性方案 2	0.837	42.689	33.481	72.078	−0.678
线性方案 3	0.729	49.644	38.331	87.414	6.193

模 型	决定系数 R^2	均方根误差 RMSE（m^3/hm^2）	平均绝对误差 MAE（m^3/hm^2）	平均绝对百分比误差 MAPE（%）	总相对误差 TRE（%）
非线性方案 1 和 2	0.851	37.344	26.988	22.935	3.149
非线性方案 3	0.849	38.628	28.676	23.108	2.263
非线性方案 4	0.443	67.344	47.123	38.290	15.937

表 8-8　基于留一法的模型总体精度

模 型	决定系数 R^2	均方根误差 RMSE（m^3/hm^2）	平均绝对误差 MAE（m^3/hm^2）	平均绝对百分比误差 MAPE（%）	总相对误差 TRE（%）
线性方案 1 和 4	0.856	34.179	34.179	80.102	10.04
线性方案 2	0.831	33.876	33.876	87.510	−97.329
线性方案 3	0.730	37.891	37.891	91.064	−15.183
非线性方案 1 和 2	0.843	25.879	25.879	22.419	4.436
非线性方案 3	0.864	26.800	26.800	21.853	5.583
非线性方案 4	0.451	46.190	46.190	37.943	12.486

8.1.4　林分航空蓄积表编制

根据建模精度以及十折交叉验证和留一法验证结果，非线性回归模型方案 1/2 精度最高，验证评价较优，故选择非线性回归模型方案 1/2 作为二元林分航空蓄积表模型。

模型形式：$\ln V = 1.053\ln CC + 1.613\ln h_{max} + 0.665$。

模型变量：点云高度最大值和覆盖度。

模型预测散点图（基于十折交叉验证法见图 8-1）：

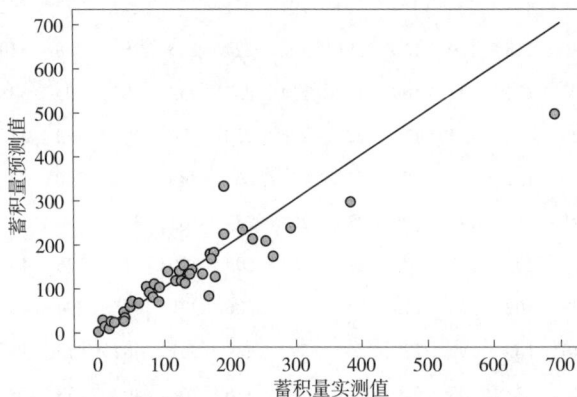

图 8-1　十折交叉验证模型预测结果（非线性方案 1/2）

编制的林分航空蓄积表成果见表8-9：

表 8-9 湖南林区 – 柏木林分航空蓄积表

点云高度最大值（m）	覆盖度（%）															
	0.20	0.25	0.30	0.35	0.40	0.45	0.50	0.55	0.60	0.65	0.70	0.75	0.80	0.85	0.90	0.95
5	5	6	7	9	10	11	13	14	15	17	18	19	21	22	23	25
6	6	8	10	12	13	15	17	19	20	22	24	26	28	29	31	33
7	8	10	13	15	17	19	22	24	26	29	31	33	35	38	40	43
8	10	13	16	18	21	24	27	30	32	35	38	41	44	47	50	53
9	12	16	19	22	26	29	32	36	39	43	46	50	53	57	60	64
10	15	19	22	26	30	34	38	43	47	51	55	59	63	67	71	76
11	17	22	26	31	35	40	45	50	54	59	64	69	74	78	83	88
12	20	25	30	35	41	46	52	57	63	68	74	79	85	90	96	101
13	22	28	34	40	46	53	59	65	71	77	84	90	96	103	109	115
14	25	32	39	45	52	59	66	73	80	87	94	101	109	116	123	130
15	28	36	43	51	58	66	74	82	90	97	105	113	121	129	137	145
16	31	40	48	56	65	73	82	91	99	108	117	126	135	143	152	161
17	34	44	53	62	72	81	90	100	110	119	129	139	148	158	168	178
18	38	48	58	68	78	89	99	110	120	131	141	152	163	173	184	195
19	41	52	63	74	86	97	108	120	131	143	154	166	178	189	201	213
20	45	57	69	81	93	105	118	130	142	155	168	180	193	206	218	231
21	48	61	74	87	101	114	127	141	154	168	181	195	209	222	236	250
22	52	66	80	94	108	123	137	152	166	181	195	210	225	240	255	270
23	56	71	86	101	116	132	147	163	179	194	210	226	242	258	274	290
24	60	76	92	108	125	141	158	174	191	208	225	242	259	276	293	310
25	64	81	98	116	133	151	169	186	204	222	240	258	276	295	313	331
26	68	87	105	123	142	161	180	198	218	237	256	275	295	314	333	353
27	73	92	111	131	151	171	191	211	231	252	272	292	313	334	354	375
28	77	98	118	139	160	181	202	224	245	267	288	310	332	354	376	398
29	82	103	125	147	169	192	214	237	259	282	305	328	351	374	398	421
30	86	109	132	155	179	202	226	250	274	298	322	347	371	395	420	445
31	91	115	139	164	189	213	238	264	289	314	340	365	391	417	443	469
32	96	121	147	172	198	225	251	277	304	331	358	385	412	439	466	493
33	100	127	154	181	209	236	264	292	320	348	376	404	433	461	490	518
34	105	133	162	190	219	248	277	306	335	365	394	424	454	484	514	544
35	111	140	169	199	229	260	290	321	351	382	413	444	476	507	539	570
36	116	146	177	208	240	272	303	336	368	400	433	465	498	531	564	597
37	121	153	185	218	251	284	317	351	384	418	452	486	520	555	589	624

续表

点云高度最大值（m）	覆盖度（%）															
	0.20	0.25	0.30	0.35	0.40	0.45	0.50	0.55	0.60	0.65	0.70	0.75	0.80	0.85	0.90	0.95
38	126	160	193	227	262	296	331	366	401	437	472	508	543	579	615	651
39	132	166	202	237	273	309	345	382	418	455	492	529	566	604	641	679
40	137	173	210	247	284	322	360	398	436	474	513	551	590	629	668	707

8.2　杨树林分蓄积量模型构建

8.2.1　多元线性模型

8.2.1.1　变量筛选

　　按照 3.3.3 节"4 种模型变量组合方案"，筛选 4 类多元线性模型的模型变量。经过逐步回归筛选（方案 1 和 2）或 Pearson 相关分析（方案 4）之后，可以确定 4 种模型的自变量，如表 8-10 所示。

表 8-10　变量筛选结果

方案编号	变量筛选方法	筛选后的变量
1 和 2	逐步回归	60% 点云高度百分位数（elev_60th）与密度变量 [5]（density[5]）
3	固定变量	点云平均高（elev_mean）、覆盖度（CC）
4	Pearson 相关分析	60% 点云高度百分位数（elev_60th）、密度变量 [2]（density[2]）

8.2.1.2　建立模型

　　针对 4 种方案，分别以多元线性回归法建立蓄积估测模型，得到的模型及其评价指标如表 8-11、表 8-12 所示。

表 8-11　多元线性回归模型公式

方案编号	模型变量	模型公式
1 和 2	h_{60th}、d_5	$V=12.357h_{60th}-363.266d_5-32.676$
3	h_{mean}、CC	$V=14.450h_{mean}-22.883CC-61.198$
4	h_{60th}、d_2	$V=13.940h_{60th}+129.426d_2-95.568$

表 8-12　多元线性回归模型评价指标

模型方案	R^2	修正 R^2	残差标准差
1 和 2	0.872	0.860	38.183
3	0.786	0.773	48.640
4	0.815	0.804	45.200

8.2.2　多元非线性模型

8.2.2.1　变量筛选

按照 3.3.3 节 "4 种模型变量组合方案"，筛选 4 类多元线性模型的模型变量。经过逐步回归筛选（方案 1 和 2）或 Pearson 相关分析（方案 4）之后，可以确定 4 种模型的自变量，如表 8–13 所示。

表 8–13　变量筛选结果

方案编号	变量筛选方法	筛选后的变量
1 和 2	逐步回归	70% 点云高度百分位数（elev_70th）
3	固定变量	点云平均高（elev_mean）、覆盖度（CC）
4	Pearson 相关分析	70% 点云高度百分位数（elev_70th）、密度变量 [1]（density[1]）

8.2.2.2　建立模型

针对 4 种方案，分别以多元非线性回归法建立蓄积估测模型，得到的模型及其评价指标如表 8–14、表 8–15 所示。

表 8–14　非线性回归模型公式

方案编号	模型变量	模型公式
1 和 2	h_{70th}	$\ln V = 2.142\ln h_{70th} - 1.625$
3	h_{mean}、CC	$\ln V = 2.101\ln h_{mean} - 0.08\ln CC - 1.057$
4	h_{70th}、d_1	$\ln V = 2.121\ln h_{70th} - 0.14\ln d_1 - 1.612$

表 8–15　非线性回归模型评价指标

模型方案	R^2	修正 R^2	残差标准差
1 和 2	0.716	0.708	0.773
3	0.688	0.669	0.823
4	0.716	0.700	0.789

8.2.3　模型精度评价

表 8–16、表 8–17 分别为十折交叉验证和留一法验证结果。

表 8–16　基于十折交叉验证的模型总体精度

模型	决定系数 R^2	均方根误差 RMSE（m³/hm²）	平均绝对误差 MAE（m³/hm²）	平均绝对百分比误差 MAPE（%）	总相对误差 TRE（%）
线性方案 1 和 2	0.800	43.140	36.507	187.735	3.756
线性方案 3	0.727	50.712	40.080	184.736	−10.88
线性方案 4	0.774	45.565	38.325	177.197	−7.887

模　型	决定系数 R^2	均方根误差 RMSE（m³/hm²）	平均绝对误差 MAE（m³/hm²）	平均绝对百分比误差 MAPE（%）	总相对误差 TRE（%）
非线性方案 1 和 2	0.747	44.805	37.342	108.696	12.317
非线性方案 3	0.697	49.043	40.958	122.149	11.809
非线性方案 4	0.717	47.121	39.628	113.601	13.906

表 8-17　基于留一法的模型总体精度

模　型	决定系数 R^2	均方根误差 RMSE（m³/hm²）	平均绝对误差 MAE（m³/hm²）	平均绝对百分比误差 MAPE（%）	总相对误差 TRE（%）
线性方案 1 和 2	0.823	34.676	34.676	183.109	−8.155
线性方案 3	0.731	40.308	40.308	193.196	−20.543
线性方案 4	0.783	36.722	36.722	189.258	−8.007
非线性方案 1 和 2	0.770	34.958	34.958	102.034	33.917
非线性方案 3	0.718	39.331	39.331	115.483	37.853
非线性方案 4	0.751	36.137	36.137	104.525	37.778

8.2.4　林分航空蓄积表编制

根据建模结果，线性回归模型方案 1/2 精度较高，在十折交叉验证和留一法验证中效果较好，故选择线性回归模型方案 1/2 建立二元林分航空蓄积表。

模型形式：$V=12.357h_{60th}-363.266d_5-32.676$。

模型变量：60% 点云高度百分位数和变量密度 [5]。

模型预测散点图（基于十折交叉验证法见图 8-2）：

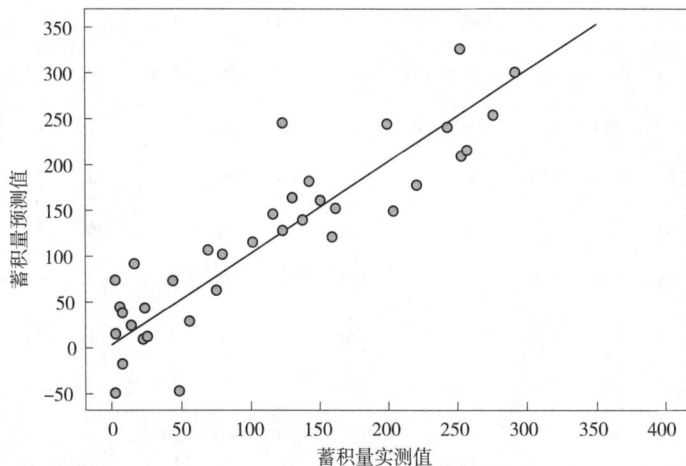

图 8-2　十折交叉验证模型预测结果（线性方案 1/2）

编制的林分航空蓄积表成果见表 8-18：

表 8-18　湖南林区 - 杨树林分航空蓄积表

60% 点云高度百分位数（m）	变量密度 [5]														
	0.02	0.04	0.06	0.08	0.10	0.12	0.14	0.16	0.18	0.20	0.22	0.24	0.26	0.28	0.30
4	9														
5	22	15	7												
6	34	27	20	12	5										
7	47	39	32	25	17	10	3								
8	59	52	44	37	30	23	15	8	1						
9	71	64	57	49	42	35	28	20	13	6					
10	84	76	69	62	55	47	40	33	26	18	11	4			
11	96	89	81	74	67	60	52	45	38	31	23	16	9	2	
12	108	101	94	87	79	72	65	57	50	43	36	28	21	14	7
13	121	113	106	99	92	84	77	70	63	55	48	41	34	26	19
14	133	126	119	111	104	97	89	82	75	68	60	53	46	39	31
15	145	138	131	124	116	109	102	95	87	80	73	65	58	51	44
16	158	151	143	136	129	121	114	107	100	92	85	78	71	63	56
17	170	163	156	148	141	134	127	119	112	105	97	90	83	76	68
18	182	175	168	161	153	146	139	132	124	117	110	103	95	88	81
19	195	188	180	173	166	159	151	144	137	129	122	115	108	100	93
20	207	200	193	185	178	171	164	156	149	142	135	127	120	113	105
21	220	212	205	198	190	183	176	169	161	154	147	140	132	125	118
22	232	225	217	210	203	196	188	181	174	167	159	152	145	137	130
23	244	237	230	222	215	208	201	193	186	179	172	164	157	150	143
24	257	249	242	235	228	220	213	206	199	191	184	177	169	162	155
25	269	262	254	247	240	233	225	218	211	204	196	189	182	175	167
26	281	274	267	260	252	245	238	230	223	216	209	201	194	187	180
27	294	286	279	272	265	257	250	243	236	228	221	214	207	199	192
28	306	299	292	284	277	270	262	255	248	241	233	226	219	212	204
29	318	311	304	297	289	282	275	268	260	253	246	238	231	224	217
30	331	324	316	309	302	294	287	280	273	265	258	251	244	236	229

8.3　杉木林分蓄积量模型构建

8.3.1　多元线性模型

8.3.1.1　变量筛选

按照 3.3.3 节"4 种模型变量组合方案"，筛选 4 类多元线性模型的模型变量。经过逐步回归筛选（方案 1 和 2）或 Pearson 相关分析（方案 4）之后，可以确定 4 种模型的自变量，如表 8-19 所示。

表 8-19　变量筛选结果

方案编号	变量筛选方法	筛选后的变量
1	逐步回归	点云平均高（elev_mean）、密度变量 [4]（density[4]）、30% 点云高度百分位数（elev_30th）
2	逐步回归	点云平均高（elev_mean）、密度变量 [4]（density[4]）、30% 点云高度百分位数（elev_30th）、5% 点云强度百分位数（int_5th）
3	固定变量	点云平均高（elev_mean）、覆盖度（CC）
4	Pearson 相关分析	点云平均高（elev_mean ）、密度变量 [1]（density[1]）

8.3.1.2　建立模型

针对 4 种方案，分别以多元线性回归法建立蓄积估测模型，得到的 4 种方案模型公式及评价指标分别如表 8-20、表 8-21 所示。

表 8-20　多元线性回归模型公式

模型方案	模型参数	模型公式
1	h_{mean}、d_4、h_{30th}	$V=48h_{mean}-465.468d_4-23.675h_{30th}-55.552$
2	h_{mean}、i_{5th}、d_4、h_{30th}	$V=46.640h_{mean}+36.480i_{5th}-437.182d_4-20.754h_{30th}-95.927$
3	h_{mean}、CC	$V=99.858CC+22.401h_{mean}-144.611$
4	h_{mean}、d_1	$V=27.385h_{mean}+403.521d_1-180.632$

表 8-21　多元线性回归模型评价指标

模型方案	R^2	修正 R^2	残差标准差
1	0.818	0.807	60.915
2	0.832	0.817	59.211
3	0.790	0.781	64.809
4	0.795	0.787	64.029

8.3.2 多元非线性模型

8.3.2.1 变量筛选

按照 3.3.3 节 "4 种模型变量组合方案",筛选 4 类多元非线性模型的模型变量。经过逐步回归筛选(方案 1 和 2)或 Pearson 相关分析(方案 4)之后,可以确定 4 种模型的自变量,如表 8-22 所示。

表 8-22　变量筛选结果

方案编号	变量筛选方法	筛选后的变量
1 和 2	逐步回归	10% 点云高度百分位数(elev_10th)与覆盖度(CC)
3	固定变量	点云平均高(elev_mean)、覆盖度(CC)
4	Pearson 相关分析	10 % 点云高度百分位数(elev_10th),密度变量 [0](density[0])

8.3.2.2 建立模型

针对 4 种方案,分别以多元非线性回归法建立蓄积估测模型,得到的模型及其评价指标如表 8-23、表 8-24 所示。

表 8-23　非线性回归模型公式

模型方案	模型参数	模型公式
1 和 2	CC、h_{10th}	$\ln V = 0.707\ln CC + 1.426\ln h_{10th} + 2.368$
3	h_{mean}、CC	$\ln V = 0.738\ln CC + 1.576\ln h_{mean} + 1.524$
4	h_{10th}、d_0	$\ln V = 16.51\ln h_{10th} - 0.027\ln d_0 + 1.6$

表 8-24　非线性回归模型评价指标

模型方案	R^2	修正 R^2	残差标准差
1 和 2	0.913	0.910	0.316
3	0.887	0.883	0.361
4	0.850	0.844	0.416

8.3.3 模型精度评价

表 8-25、表 8-26 分别为十折交叉验证和留一法验证结果。

表 8-25　基于十折交叉验证的模型总体精度

模型	决定系数 R^2	均方根误差 RMSE (m³/hm²)	平均绝对误差 MAE (m³/hm²)	平均绝对百分比误差 MAPE (%)	总相对误差 TRE (%)
线性方案 1	0.737	60.846	50.118	55.769	6.515
线性方案 2	0.746	60.046	49.672	48.336	10.316
线性方案 3	0.729	59.332	48.447	64.610	−65.834

模型	决定系数 R^2	均方根误差 RMSE（m³/hm²）	平均绝对误差 MAE（m³/hm²）	平均绝对百分比误差 MAPE（%）	总相对误差 TRE（%）
线性方案 4	0.725	61.300	50.705	47.6016	20.497
非线性方案 1 和 2	0.796	49.901	37.101	26.114	2.141
非线性方案 3	0.780	51.318	41.101	33.150	3.521
非线性方案 4	0.709	54.882	43.467	37.659	4.631

表 8-26　基于留一法的模型总体精度

模型	决定系数 R^2	均方根误差 RMSE（m³/hm²）	平均绝对误差 MAE（m³/hm²）	平均绝对百分比误差 MAPE（%）	总相对误差 TRE（%）
线性方案 1	0.768	46.741	46.741	54.153	−1.757
线性方案 2	0.765	47.332	47.332	47.694	−24.232
线性方案 3	0.761	45.064	45.064	66.765	−10.212
线性方案 4	0.763	46.607	46.607	44.788	3.530
非线性方案 1 和 2	0.818	35.035	35.035	24.877	4.212
非线性方案 3	0.800	38.180	38.180	32.833	6.036
非线性方案 4	0.741	40.302	40.302	37.038	8.670

8.3.4　林分航空蓄积表编制

根据建模精度以及十折交叉验证和留一法验证结果，非线性回归模型方案 1/2 综合评价较优，选择作为二元林分航空蓄积表模型。

模型形式：$\ln V = 0.707\ln CC + 1.426\ln h_{10th} + 2.368$。

模型变量：10% 点云高度百分位数和覆盖度。

模型预测散点图（基于十折交叉验证法见图 8-3）：

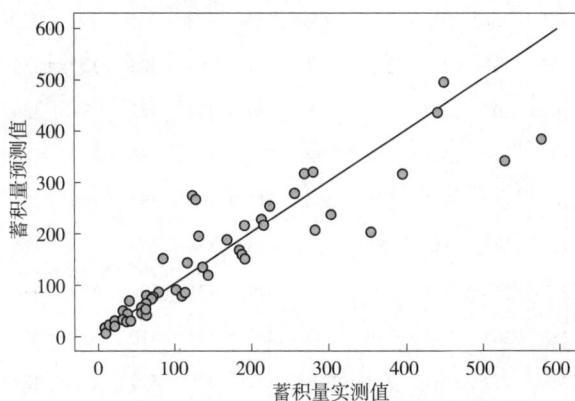

图 8-3　十折交叉验证模型预测结果（非线性方案 1/2）

编制的林分航空蓄积表成果见表 8-27：

表 8-27　湖南省 – 杉木林分航空蓄积表

10% 点云高度百分位数（m）	覆盖度（%）															
	0.20	0.25	0.30	0.35	0.40	0.45	0.50	0.55	0.60	0.65	0.70	0.75	0.80	0.85	0.90	0.95
2.0	9	11	12	14	15	16	18	19	20	21	22	23	24	26	27	28
2.5	13	15	17	19	21	22	24	26	27	29	31	32	34	35	37	38
3.0	16	19	22	24	27	29	31	34	36	38	40	42	44	46	47	49
3.5	20	24	27	30	33	36	39	42	44	47	50	52	54	57	59	61
4.0	25	29	33	37	40	44	47	51	54	57	60	63	66	69	72	74
4.5	29	34	39	43	48	52	56	60	64	67	71	74	78	81	85	88
5.0	34	40	45	50	55	60	65	69	74	78	82	86	90	94	98	102
5.5	39	46	52	58	64	69	74	80	85	90	94	99	104	108	113	117
6.0	44	52	59	65	72	78	84	90	96	101	107	112	117	123	128	133
6.5	49	58	66	73	81	88	94	101	107	114	120	126	132	137	143	149
7.0	55	64	73	82	90	97	105	112	119	126	133	140	146	153	159	165
7.5	61	71	81	90	99	107	116	124	132	139	147	154	161	168	175	182
8.0	66	78	88	99	108	118	127	136	144	153	161	169	177	185	192	200
8.5	72	85	96	108	118	128	138	148	157	167	175	184	193	201	210	218
9.0	79	92	105	117	128	139	150	161	171	181	190	200	209	218	227	236
9.5	85	99	113	126	138	150	162	173	184	195	206	216	226	236	246	255
10.0	91	107	122	136	149	162	174	187	198	210	221	232	243	254	264	275
10.5	98	115	130	145	160	174	187	200	213	225	237	249	261	272	283	294
11.0	105	122	139	155	171	185	200	214	227	241	253	266	279	291	303	315
11.5	111	130	148	165	182	198	213	228	242	256	270	284	297	310	323	335
12.0	118	139	158	176	193	210	226	242	257	272	287	301	315	329	343	356
12.5	125	147	167	186	205	223	240	256	273	289	304	319	334	349	363	377
13.0	133	155	177	197	217	235	254	271	288	305	322	338	353	369	384	399
13.5	140	164	186	208	229	248	268	286	304	322	339	356	373	389	405	421
14.0	147	173	196	219	241	262	282	301	321	339	357	375	393	410	427	444
14.5	155	181	206	230	253	275	296	317	337	357	376	395	413	431	449	466
15.0	163	190	217	242	266	289	311	333	354	374	394	414	434	452	471	490
15.5	170	200	227	253	278	302	326	349	371	392	413	434	454	474	494	513
16.0	178	209	238	265	291	316	341	365	388	410	432	454	475	496	517	537
16.5	186	218	248	277	304	331	356	381	405	429	452	474	497	518	540	561
17.0	194	228	259	289	317	345	372	398	423	447	472	495	518	541	563	585

续表

10% 点云高度百分位数（m）	覆盖度（%）															
	0.20	0.25	0.30	0.35	0.40	0.45	0.50	0.55	0.60	0.65	0.70	0.75	0.80	0.85	0.90	0.95
17.5	203	237	270	301	331	360	387	414	441	466	491	516	540	564	587	610
18.0	211	247	281	313	344	374	403	431	459	485	512	537	562	587	611	635

8.4　栎类林分蓄积量模型构建

8.4.1　多元线性模型

8.4.1.1　变量筛选

按照 3.3.3 节"4 种模型变量组合方案"，筛选 4 类多元线性模型的模型变量。经过逐步回归筛选（方案 1 和 2）或 Pearson 相关分析（方案 4）之后，可以确定 4 种模型的自变量，如表 8-28 所示。

表 8-28　变量筛选结果

方案编号	变量筛选方法	筛选后的变量
1 和 2	逐步回归	60% 点云高度百分位数（elev_60th）、点云高度最小值（elev_min）
3	固定变量	点云平均高（elev_mean）、覆盖度（CC）
4	Pearson 相关分析	60% 点云高度百分位数（elev_60th）、密度变量 [3]（density[3]）

8.4.1.2　建立模型

针对 4 种方案，分别以多元线性回归法建立蓄积估测模型，得到的 4 种方案模型公式及评价指标分别如表 8-29、表 8-30 所示。

表 8-29　多元线性回归模型公式

模型方案	模型参数	模型公式
1 和 2	h_{60th}、h_{min}	$V=15.768h_{60th}-403.705h_{min}+723.165$
3	h_{mean}、CC	$V=13.439h_{mean}+55.961CC-70.661$
4	h_{60th}、d_3	$V=14.540h_{60th}+51.093d_3-88.029$

表 8-30　多元线性回归模型评价指标

模型方案	R^2	修正 R^2	残差标准差
1 和 2	0.738	0.720	33.611
3	0.476	0.440	47.568
4	0.597	0.576	41.695

8.4.2 多元非线性模型

8.4.2.1 变量筛选

按照 3.3.3 节 "4 种模型变量组合方案"，筛选 4 类多元非线性模型的模型变量。经过逐步回归筛选（方案 1 和 2）或 Pearson 相关分析（方案 4）之后，可以确定 4 种模型的自变量，如表 8–31 所示。

表 8–31　变量筛选结果

方案编号	变量筛选方法	筛选后的变量
1 和 2	逐步回归	点云高度最小值（elev_min）、50% 点云高度百分位数（elev_50th）
3	固定变量	点云平均高（elev_mean）、覆盖度（CC）
4	Pearson 相关分析	50% 点云高度百分位数（elev_50th）、密度变量 [3]（density[3]）

8.4.2.2 建立模型

针对 4 种方案，分别以多元非线性回归法建立蓄积估测模型，得到的模型及其评价指标如表 8–32、表 8–33 所示。

表 8–32　非线性回归模型公式

模型方案	模型参数	模型公式
1 和 2	h_{50th}、h_{min}	$\ln V = 1.826\ln h_{50th} - 9.305\ln h_{min} + 6.573$
3	h_{mean}、CC	$\ln V = 1.595\ln h_{mean} - 0.067\ln CC + 0.728$
4	h_{50th}、d_3	$\ln V = 1.605\ln h_{50th} + 0.01\ln d_3 + 0.531$

表 8–33　非线性回归模型评价指标

模型方案	R^2	修正 R^2	残差标准差
1 和 2	0.696	0.675	0.393
3	0.477	0.441	0.516
4	0.555	0.525	0.476

8.4.3 模型精度评价

表 8–34、表 8–35 分别为十折交叉验证和留一法验证结果。

表 8–34　基于十折交叉验证的模型总体精度

模型	决定系数 R^2	均方根误差 RMSE（m³/hm²）	平均绝对误差 MAE（m³/hm²）	平均绝对百分比误差 MAPE（%）	总相对误差 TRE（%）
非线性方案 1 和 2	0.536	40.3931	33.081	48.154	6.757
非线性方案 3	0.220	45.717	38.839	60.822	7.51
非线性方案 4	0.395	42.419	35.046	52.116	4.721

续表

模型	决定系数 R^2	均方根误差 RMSE （ m³/hm² ）	平均绝对误差 MAE（ m³/hm² ）	平均绝对百分比误差 MAPE（ % ）	总相对误差 TRE （ % ）
非线性方案 1 和 2	0.632	34.950	29.422	44.772	9.269
非线性方案 3	0.210	45.295	38.600	57.738	13.783
非线性方案 4	0.412	41.431	35.377	49.389	11.774

表 8-35　基于留一法的模型总体精度

模型	决定系数 R^2	均方根误差 RMSE （ m³/hm² ）	平均绝对误差 MAE（ m³/hm² ）	平均绝对百分比误差 MAPE（ % ）	总相对误差 TRE （ % ）
非线性方案 1 和 2	0.609	29.4429	29.4429	46.517	85.731
非线性方案 3	0.326	35.020	35.0120	57.711	3.532
非线性方案 4	0.481	32.251	32.251	51.708	−9.5827
非线性方案 1 和 2	0.667	27.321	27.321	42.472	9.299
非线性方案 3	0.273	36.121	36.121	53.982	12.318
非线性方案 4	0.455	33.199	33.199	47.732	11.355

8.4.4　林分航空蓄积表编制

根据建模精度以及十折交叉验证和留一法验证结果，非线性回归模型方案 1/2 综合评价较优，故选择非线性回归模型方案 1/2 作为二元林分航空蓄积表模型。

模型形式：$\ln V = 1.826 \ln h_{50th} - 9.305 \ln h_{min} + 6.573$。

模型变量：50% 点云高度百分位数和点云高度最小值。

模型预测散点图（基于十折交叉验证法见图 8-4）：

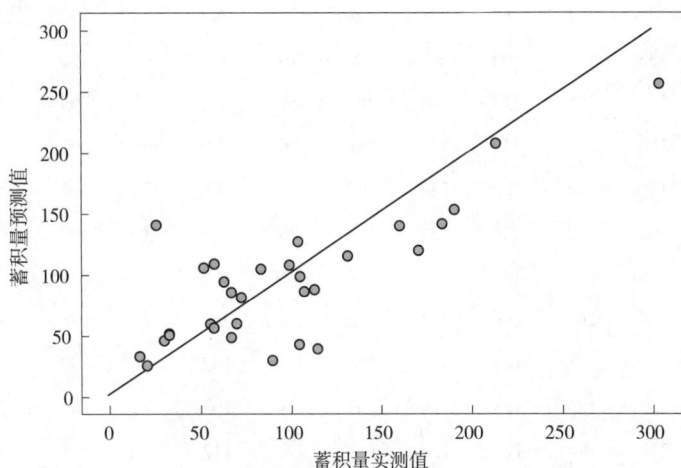

图 8-4　十折交叉验证模型预测结果（非线性方案 1/2）

编制的林分航空蓄积表成果见表 8-36：

表 8-36　湖南林区 – 栎类林分航空蓄积表

50% 点云高度百分位数（m）	点云高度最小值（m）												
	2.0	2.0	2.1	2.1	2.1	2.1	2.2	2.2	2.2	2.2	2.3	2.3	2.3
4.0	14	13	11	10	9	8	7	7	6	5	5	4	4
4.5	18	16	14	13	11	10	9	8	7	7	6	5	5
5.0	21	19	17	15	14	12	11	10	9	8	7	6	6
5.5	25	23	20	18	16	14	13	12	10	9	9	8	7
6.0	30	27	24	21	19	17	15	14	12	11	10	9	8
6.5	35	31	27	24	22	20	18	16	14	13	12	10	9
7.0	40	35	31	28	25	22	20	18	16	15	13	12	11
7.5	45	40	36	32	28	25	23	21	18	17	15	14	12
8.0	50	45	40	36	32	29	26	23	21	19	17	15	14
8.5	56	50	45	40	36	32	29	26	23	21	19	17	15
9.0	63	56	50	44	40	36	32	29	26	23	21	19	17
9.5	69	61	55	49	44	39	35	32	28	26	23	21	19
10.0	76	68	60	54	48	43	39	35	31	28	25	23	21
10.5	83	74	66	59	53	47	42	38	34	31	28	25	23
11.0	90	80	72	64	57	51	46	41	37	33	30	27	25
11.5	98	87	78	69	62	56	50	45	40	36	33	29	27
12.0	106	94	84	75	67	60	54	48	44	39	35	32	29
12.5	114	101	91	81	72	65	58	52	47	42	38	34	31
13.0	122	109	97	87	78	70	62	56	50	45	41	37	33
13.5	131	117	104	93	83	75	67	60	54	49	44	40	36
14.0	140	125	111	99	89	80	71	64	58	52	47	42	38
14.5	149	133	119	106	95	85	76	68	62	55	50	45	41
15.0	159	142	126	113	101	90	81	73	65	59	53	48	43
15.5	169	150	134	120	107	96	86	77	69	63	56	51	46
16.0	179	159	142	127	114	102	91	82	74	66	60	54	49
16.5	189	168	150	134	120	108	96	87	78	70	63	57	52
17.0	200	178	159	142	127	114	102	91	82	74	67	60	54
17.5	211	188	167	149	134	120	107	96	87	78	70	63	57
18.0	222	197	176	157	141	126	113	102	91	82	74	67	60
18.5	233	208	185	165	148	133	119	107	96	86	78	70	63
19.0	245	218	194	174	155	139	125	112	101	91	82	74	67
19.5	257	229	204	182	163	146	131	118	106	95	86	77	70

续表

50% 点云高度百分位数（m）	点云高度最小值（m）												
	2.0	2.0	2.1	2.1	2.1	2.1	2.2	2.2	2.2	2.2	2.3	2.3	2.3
20.0	269	239	214	191	171	153	137	123	111	100	90	81	73
20.5	281	250	223	200	178	160	143	129	116	104	94	85	77
21.0	294	262	233	209	187	167	150	135	121	109	98	89	80
21.5	307	273	244	218	195	174	156	140	126	114	102	92	84
22.0	320	285	254	227	203	182	163	146	132	119	107	96	87

8.5　马尾松林分蓄积量模型构建

8.5.1　多元线性模型

8.5.1.1　变量筛选

按照 3.3.3 节 "4 种模型变量组合方案"，筛选 4 类多元线性模型的模型变量。经过逐步回归筛选（方案 1 和 2）或 Pearson 相关分析（方案 4）之后，可以确定 4 种模型的自变量，如表 8-37 所示。

表 8-37　变量筛选结果

方案编号	变量筛选方法	筛选后的变量
1	逐步回归	覆盖度（CC）和 10% 点云高度百分位数（elev_10th）
2	逐步回归	覆盖度（CC）、5% 点云强度百分位数（int_5th）和 10% 点云高度百分位数（elev_10th）
3	固定变量	点云平均高（elev_mean）、覆盖度（CC）
4	Pearson 相关分析	点云平均高（elev_mean）、密度变量 [2]（density[2]）

8.5.1.2　建立模型

针对 4 种方案，分别以多元线性回归法建立蓄积估测模型，得到的 4 种方案模型公式及评价指标分别如表 8-38、表 8-39 所示。

表 8-38　多元线性回归模型公式

方案	模型变量	模型公式
1	CC、h_{10th}	$V=170.141CC+16.190h_{10th}-101.825$
2	CC、h_{10th}、i_{5th}	$V=161.376CC+17.363h_{10th}+23.913i_{5th}-118.958$
3	h_{mean}、CC	$V=14.283h_{mean}+139.145CC-110.400$
4	h_{mean}、d_2	$V=14.333h_{mean}-133.473d_2-24.722$

表 8-39 多元线性回归模型评价指标

模型方案	R^2	修正 R^2	残差标准差
1	0.834	0.827	35.382
2	0.851	0.841	33.869
3	0.827	0.820	36.102
4	0.773	0.763	41.361

8.5.2　多元非线性模型

8.5.2.1　变量筛选

按照 3.3.3 节"4 种模型变量组合方案"，筛选 4 类多元非线性模型的模型变量。经过逐步回归筛选（方案 1 和 2）或 Pearson 相关分析（方案 4）之后，可以确定 4 种模型的自变量，如表 8-40 所示。

表 8-40　变量筛选结果

方案编号	变量筛选方法	筛选后的变量
1	逐步回归	点云平均高（elev_mean）、覆盖度（CC）和 90% 点云高度百分位数（elev_90th）
2	逐步回归	覆盖度（CC）、20% 点云高度百分位数（elev_20th）和 25% 点云强度百分位数（int_25th）
3	固定变量	点云平均高（elev_mean）、覆盖度（CC）
4	Pearson 相关分析	点云平均高（elev_mean）、密度变量 [2]（density[2]）

8.5.2.2　建立模型

针对 4 种方案，分别以多元非线性回归法建立蓄积估测模型，得到的模型及其评价指标如表 8-41、表 8-42 所示。

表 8-41　多元非线性回归模型公式

方案	模型变量	模型公式
1	h_{mean}、CC、h_{90th}	$\ln V = 2.112\ln h_{mean} + 1.034\ln CC - 0.596\ln h_{90th} + 1.896$
2	CC、h_{20th}、i_{25th}	$\ln V = 0.975\ln CC + 1.431\ln h_{20th} + 0.219\ln i_{25th} + 1.911$
3	h_{mean}、CC	$\ln V = 1.582\ln h_{mean} + 0.963\ln CC + 1.454$
4	h_{mean}、d_2	$\ln V = 1.865\ln h_{mean} - 0.028\ln d_2 + 0.081$

表 8-42　非线性回归模型评价指标

模型方案	R^2	修正 R^2	残差标准差
1	0.954	0.951	0.226
2	0.955	0.952	0.224
3	0.949	0.947	0.236
4	0.860	0.854	0.390

8.5.3 模型精度评价

表 8-43、表 8-44 分别为十折交叉验证和留一法验证结果。

表 8-43 基于十折交叉验证的模型总体精度

模　型	决定系数 R^2	总相对误差 TRE （％）	均方根误差 RMSE （m^3/hm^2）	平均绝对误差 MAE（m^3/hm^2）	平均绝对百分比误差 MAPE（％）
线性方案 1	0.777	−0.204	37.663	33.860	0.921
线性方案 2	0.789	−0.191	37.099	32.099	0.861
线性方案 3	0.767	−0.197	37.866	32.856	1.009
线性方案 4	0.753	0.033	37.069	31.612	0.388
非线性方案 1	0.674	4.299	49.879	38.336	0.239
非线性方案 2	0.689	0.009	47.752	34.800	0.236
非线性方案 3	0.686	−0.004	48.635	37.283	0.229
非线性方案 4	0.619	0.013	55.028	43.621	0.301

表 8-44 基于留一法的模型总体精度

模　型	决定系数 R^2	总相对误差 TRE （％）	均方根误差 RMSE （m^3/hm^2）	平均绝对误差 MAE（m^3/hm^2）	平均绝对百分比误差 MAPE（％）
线性方案 1	0.806	−0.715	158.933	158.933	3.347
线性方案 2	0.820	−5.568	149.876	149.876	3.071
线性方案 3	0.803	−0.338	151.644	151.644	3.493
线性方案 4	0.748	1.177	162.682	168.682	1.944
非线性方案 1	0.713	0.162	37.232	37.232	0.227
非线性方案 2	0.693	0.265	34.534	34.534	0.224
非线性方案 3	0.723	0.156	36.520	36.520	0.221
非线性方案 4	0.620	0.053	43.789	43.789	0.292

8.5.4 林分航空蓄积表编制

根据建模精度以及十折交叉验证和留一法验证结果，非线性回归模型方案 3 模型精度较高，验证结果较好，选择作为二元林分航空蓄积表模型。

模型形式：$\ln V = 1.582\ln h_{mean} + 0.963\ln CC + 1.454$。

模型变量：点云平均高和覆盖度。

模型预测散点图（基于十折交叉验证法见图 8-5）：

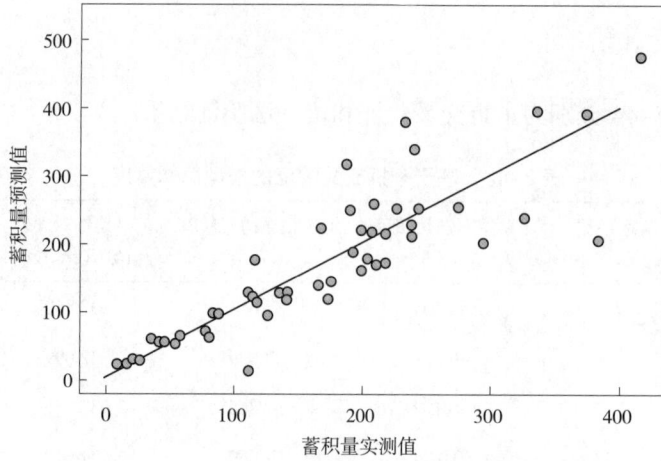

图 8-5 十折交叉验证模型预测结果（非线性方案 3）

编制的林分航空蓄积表成果见表 8-45：

表 8-45 南方林区 – 马尾松林分航空蓄积表

点云平均高（m）	覆盖度（%）								
	0.10	0.20	0.30	0.40	0.50	0.60	0.70	0.80	0.90
2.0	1	3	4	5	7	8	9	10	12
2.5	2	4	6	8	9	11	13	15	16
3.0	3	5	8	10	12	15	17	20	22
3.5	3	7	10	13	16	19	22	25	28
4.0	4	8	12	16	20	23	27	31	35
4.5	5	10	14	19	24	28	33	37	42
5.0	6	12	17	23	28	33	39	44	49
5.5	7	13	20	26	33	39	45	51	57
6.0	8	15	23	30	37	45	52	59	66
6.5	9	18	26	34	42	51	59	67	75
7.0	10	20	29	38	48	57	66	75	84
7.5	11	22	33	43	53	63	74	84	94
8.0	13	24	36	48	59	70	81	93	104
8.5	14	27	40	52	65	77	90	102	114
9.0	15	29	43	57	71	85	98	112	125
9.5	16	32	47	62	77	92	107	122	136
10.0	18	35	51	68	84	100	116	132	148

续表

点云平均高（m）	覆盖度（%）								
	0.10	0.20	0.30	0.40	0.50	0.60	0.70	0.80	0.90
10.5	19	37	55	73	91	108	125	142	160
11.0	21	40	60	79	98	116	135	153	172
11.5	22	43	64	84	105	125	145	164	184
12.0	24	46	68	90	112	133	155	176	197
12.5	25	49	73	96	119	142	165	188	210
13.0	27	53	78	102	127	151	176	200	224
13.5	29	56	82	109	135	161	186	212	237
14.0	30	59	87	115	143	170	197	225	252
14.5	32	62	92	122	151	180	209	237	266
15.0	34	66	97	128	159	190	220	250	281
15.5	36	69	103	135	168	200	232	264	295
16.0	37	73	108	142	176	210	244	277	311
16.5	39	77	113	149	185	221	256	291	326
17.0	41	80	119	157	194	231	268	305	342
17.5	43	84	124	164	203	242	281	320	358
18.0	45	88	130	171	213	253	294	334	374
18.5	47	92	136	179	222	265	307	349	391
19.0	49	96	142	187	232	276	320	364	408
19.5	51	100	147	195	241	288	334	379	425
20.0	53	104	154	203	251	299	347	395	442
20.5	55	108	160	211	261	311	361	411	460
21.0	58	112	166	219	271	323	375	426	478
21.5	60	116	172	227	282	336	389	443	496
22.0	62	121	179	235	292	348	404	459	514
22.5	64	125	185	244	302	361	418	476	533
23.0	66	130	192	253	313	373	433	492	552
23.5	69	134	198	261	324	386	448	510	571
24.0	71	139	205	270	335	399	463	527	590
24.5	73	143	212	279	346	413	479	544	610
25.0	76	148	219	288	357	426	494	562	629

8.6 樟楠林分蓄积量模型构建

8.6.1 多元线性模型

8.6.1.1 变量筛选

按照 3.3.3 节"4 种模型变量组合方案",筛选 4 类多元线性模型的模型变量。经过逐步回归筛选(方案 1 和 2)或 Pearson 相关分析(方案 4)之后,可以确定 4 种模型的自变量,如表 8-46 所示。

表 8-46 变量筛选结果

方案编号	变量筛选方法	筛选后的变量
1 和 2	逐步回归	5% 点云高度百分位数(elev_5th)
3	固定变量	点云平均高(elev_mean)、覆盖度(CC)
4	Pearson 相关分析	5% 点云高度百分位数(elev_5th)、密度变量 [1](density[1])

8.6.1.2 建立模型

针对 4 种方案,分别以多元线性回归法建立蓄积估测模型,得到的 4 种方案模型公式及评价指标分别如表 8-47、表 8-48 所示。

表 8-47 多元线性回归模型公式

模型方案	模型参数	模型公式
1 和 2	h_{5th}	$V=27.645h_{5th}-53.87$
3	h_{mean}、CC	$V=14.929h_{mean}+68.117CC-84.184$
4	h_{5th}、d_1	$V=27.568h_{5th}-5.977d_1-52.856$

表 8-48 多元线性回归模型评价指标

模型方案	R^2	修正 R^2	残差标准差
1 和 2	0.688	0.682	65.748
3	0.630	0.615	72.297
4	0.688	0.676	66.401

8.6.2 多元非线性模型

8.6.2.1 变量筛选

按照 3.3.3 节"4 种模型变量组合方案",筛选 4 类多元非线性模型的模型变量。经过逐步回归筛选（方案 1 和 2）或 Pearson 相关分析（方案 4）之后，可以确定 4 种模型的自变量，如表 8-49 所示。

表 8-49　变量筛选结果

方案编号	变量筛选方法	筛选后的变量
1	逐步回归	10% 点云高度百分位数（elev_10th）、密度变量 [3]（density[3]）和点云高度中位数（elev_mad）
2	逐步回归	点云平均高（elev_mean）、密度变量 [3]（density[3]）和 99% 点云高度百分位数（elev_99th）
3	固定变量	点云平均高（elev_mean）、覆盖度（CC）
4	Pearson 相关分析	10% 点云高度百分位数（elev_10th）、密度变量 [0]（density[0]）

8.6.2.2　建立模型

针对 4 种方案，分别以多元非线性回归法建立蓄积估测模型，得到的模型及其评价指标如表 8-50、表 8-51 所示。

表 8-50　多元非线性回归模型公式

模型方案	模型参数	模型公式
1	h_{10th}、d_3、h_{mad}	$\ln V=1.667\ln h_{10th}+0.313\ln d_3+0.29\ln h_{mad}+1.486$
2	h_{mean}、d_3、h_{99th}	$\ln V=2.928\ln h_{mean}+0.485\ln d_3-0.883\ln h_{99th}+1.129$
3	h_{mean}、CC	$\ln V=1.955\ln h_{mean}+0.096\ln CC-0.202$
4	h_{10th}、d_0	$\ln V=1.923\ln h_{10th}+0.012\ln d_0+0.562$

表 8-51　非线性回归模型评价指标

模型方案	R^2	修正 R^2	残差标准差
1	0.863	0.855	0.448
2	0.860	0.851	0.453
3	0.823	0.816	0.546
4	0.832	0.825	0.532

8.6.3　模型精度评价

表 8-52、表 8-53 分别为十折交叉验证和留一法验证结果。

表 8-52　基于十折交叉验证的模型总体精度

模 型	决定系数 R^2	总相对误差 TRE（%）	均方根误差 RMSE（m³/hm²）	平均绝对误差 MAE（m³/hm²）	平均绝对百分比误差 MAPE（%）
线性方案 1 和 2	0.665	−0.037	58.129	45.273	0.575
线性方案 3	0.591	0.022	63.691	53.906	0.877
线性方案 4	0.608	−0.028	63.410	51.945	1.516
非线性方案 1	0.566	0.099	63.646	52.623	0.424

续表

模　型	决定系数 R^2	总相对误差 TRE（%）	均方根误差 RMSE（m³/hm²）	平均绝对误差 MAE（m³/hm²）	平均绝对百分比误差 MAPE（%）
非线性方案 2	0.627	0.111	59.086	47.989	0.437
非线性方案 3	0.577	0.141	64.703	53.146	0.560
非线性方案 4	0.476	0.073	68.054	54.095	0.572

表 8-53　基于留一法的模型总体精度

模　型	决定系数 R^2	总相对误差 TRE（%）	均方根误差 RMSE（m³/hm²）	平均绝对误差 MAE（m³/hm²）	平均绝对百分比误差 MAPE（%）
线性方案 1 和 2	0.656	0.0979	233.849	233.849	2.848
线性方案 3	0.584	−0.579	271.361	271.361	4.715
线性方案 4	0.603	−0.640	257.323	257.323	7.640
非线性方案 1	0.547	0.098	50.557	50.557	0.406
非线性方案 2	0.594	0.148	47.131	47.131	0.425
非线性方案 3	0.565	0.133	51.047	51.047	0.547
非线性方案 4	0.496	0.124	52.199	52.199	0.561

8.6.4　林分航空蓄积表编制

根据建模精度以及十折交叉验证和留一法验证结果，线性回归模型方案 4 综合评价较优，选择作为二元林分航空蓄积表模型。

模型形式：$V=27.568h_{5th}-5.977d_1-52.856$。

模型变量：5% 点云高度百分位数和密度变量 [1]。

模型预测散点图（基于十折交叉验证法见图 8-6）：

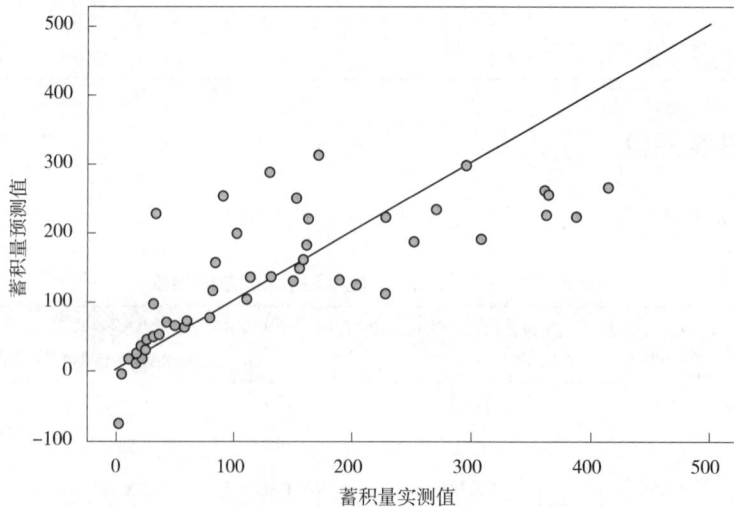

图 8-6　十折交叉验证模型预测结果（线性方案 4）

编制的林分航空蓄积表成果见表 8-54：

表 8-54　南方林区 – 樟楠林分航空蓄积表

5% 点云高度百分位数（m）	密度变量 [1]								
	0.04	0.08	0.12	0.16	0.20	0.24	0.28	0.32	0.36
2.0			7	18	29	40	51	62	73
2.5		5	16	27	38	49	60	71	82
3.0	4	15	26	37	48	58	69	80	91
3.5	13	24	35	46	57	68	79	90	101
4.0	23	33	44	55	66	77	88	99	110
4.5	32	43	54	65	76	87	98	108	119
5.0	41	52	63	74	85	96	107	118	129
5.5	51	62	72	83	94	105	116	127	138
6.0	60	71	82	93	104	115	126	137	147
6.5	69	80	91	102	113	124	135	146	157
7.0	79	90	101	112	122	133	144	155	166
7.5	88	99	110	121	132	143	154	165	176
8.0	97	108	119	130	141	152	163	174	185
8.5	107	118	129	140	151	161	172	183	194
9.0	116	127	138	149	160	171	182	193	204
9.5	126	136	147	158	169	180	191	202	213
10.0	135	146	157	168	179	190	201	211	222
10.5	144	155	166	177	188	199	210	221	232
11.0	154	165	176	186	197	208	219	230	241
11.5	163	174	185	196	207	218	229	240	250
12.0	172	183	194	205	216	227	238	249	260
12.5	182	193	204	215	225	236	247	258	269
13.0	191	202	213	224	235	246	257	268	279
13.5	200	211	222	233	244	255	266	277	288
14.0	210	221	232	243	254	264	275	286	297
14.5	219	230	241	252	263	274	285	296	307
15.0	229	239	250	261	272	283	294	305	316
15.5	238	249	260	271	282	293	304	314	325
16.0	247	258	269	280	291	302	313	324	335
16.5	257	268	279	289	300	311	322	333	344
17.0	266	277	288	299	310	321	332	343	353
17.5	275	286	297	308	319	330	341	352	363
18.0	285	296	307	318	328	339	350	361	372

续表

5% 点云高度百分位数（m）	密度变量 [1]								
	0.04	0.08	0.12	0.16	0.20	0.24	0.28	0.32	0.36
18.5	294	305	316	327	338	349	360	371	382
19.0	303	314	325	336	347	358	369	380	391
19.5	313	324	335	346	357	368	378	389	400
20.0	322	333	344	355	366	377	388	399	410
20.5	332	343	353	364	375	386	397	408	419
21.0	341	352	363	374	385	396	407	417	428
21.5	350	361	372	383	394	405	416	427	438
22.0	360	371	382	392	403	414	425	436	447
22.5	369	380	391	402	413	424	435	446	456
23.0	378	389	400	411	422	433	444	455	466
23.5	388	399	410	421	431	442	453	464	475
24.0	397	408	419	430	441	452	463	474	485

8.7 阔叶混林分蓄积量模型构建

8.7.1 多元线性模型

8.7.1.1 变量筛选

按照 3.3.3 节"4 种模型变量组合方案"，筛选 4 类多元线性模型的模型变量。经过逐步回归筛选（方案 1 和 2）或 Pearson 相关分析（方案 4）之后，可以确定 4 种模型的自变量，如表 8-55 所示。

表 8-55　变量筛选结果

方案编号	变量筛选方法	筛选后的变量
1	逐步回归	点云平均高（elev_mean）和 25% 点云高度百分位数（elev_25th）
2	逐步回归	点云平均高（elev_mean）、点云强度最小值（int_min）、25% 点云高度百分位数（elev_25th）和点云高度最大值（elev_max）
3	固定变量	点云平均高（elev_mean）、覆盖度（CC）
4	Pearson 相关分析	点云平均高（elev_mean）、密度变量 [1]（density[1]）

8.7.1.2 建立模型

针对 4 种方案，分别以多元线性回归法建立蓄积估测模型，得到的 4 种方案模型公式及评价指标分别如表 8-56、表 8-57 所示。

表 8-56　多元线性回归模型公式

模型方案	模型参数	模型公式
1	h_{mean}、h_{25th}	$V=31.493h_{mean}-17.443h_{25th}-61.416$
2	h_{mean}、i_{min}、h_{25th}、h_{max}	$V=23.948h_{mean}-0.006i_{min}-13.666h_{25th}+3.064h_{max}$
3	h_{mean}、CC	$V=-3.398h_{mean}-11.796CC+128.476$
4	h_{mean}、d_1	$V=14.932h_{mean}+67.417d_1-67.514$

表 8-57　多元线性回归模型评价指标

模型方案	R^2	修正 R^2	残差标准差
1	0.725	0.715	41.598
2	0.790	0.775	36.958
3	0.686	0.675	44.389
4	0.689	0.678	44.190

8.7.2　多元非线性模型

8.7.2.1　变量筛选

按照 3.3.3 节"4 种模型变量组合方案",筛选 4 类多元非线性模型的模型变量。经过逐步回归筛选(方案 1 和 2)或 Pearson 相关分析(方案 4)之后,可以确定 4 种模型的自变量,如表 8-58 所示。

表 8-58　变量筛选结果

方案编号	变量筛选方法	筛选后的变量
1	逐步回归	75% 点云高度百分位数(elev_75th)、密度变量 [4](density[4])
2	逐步回归	25% 点云强度百分位数(int_25th)
3	固定变量	点云平均高(elev_mean)、覆盖度(CC)
4	Pearson 相关分析	80% 点云高度百分位数(elev_80th)、密度变量 [1](density[1])

8.7.2.2　建立模型

针对 4 种方案,分别以多元非线性回归法建立蓄积估测模型,得到的模型及其评价指标如表 8-59、表 8-60 所示。

表 8-59　多元非线性回归模型公式

方案	模型变量	模型公式
1	h_{75th}、d_4	$\ln V=1.765\ln h_{75th}+0.355\ln d_4+0.244$
2	i_{25th}	$\ln V=-0.18\ln i_{25th}+4.061$
3	h_{mean}、CC	$\ln V=1.874\ln h_{mean}+0.017\ln CC-0.080$
4	h_{80th}、d_1	$\ln V=1.641\ln h_{80th}-0.216\ln d_1-0.830$

表 8-60 非线性回归模型评价指标

模型方案	R^2	修正 R^2	残差标准差
1	0.663	0.651	0.684
2	0.148	0.133	1.087
3	0.621	0.607	0.725
4	0.645	0.632	0.702

8.7.3 模型精度评价

表 8-61、表 8-62 分别为十折交叉验证和留一法验证结果。

表 8-61 基于十折交叉验证的模型总体精度

模型	决定系数 R^2	总相对误差 TRE （%）	均方根误差 RMSE （m³/hm²）	平均绝对误差 MAE（m³/hm²）	平均绝对百分比误差 MAPE（%）
线性方案 1	0.678	−0.100	38.456	30.782	1.288
线性方案 2	0.386	−0.149	48.856	36.373	2.600
线性方案 3	0.656	−0.100	37.766	30.041	1.332
线性方案 4	0.661	−0.102	38.119	30.109	1.321
非线性方案 1	0.486	0.116	63.430	51.231	0.773
非线性方案 2	−0.206	0.567	96.782	84.380	1.471
非线性方案 3	0.678	0.153	52.649	41.978	1.219
非线性方案 4	0.532	0.171	62.913	50.152	0.020

表 8-62 基于留一法的模型总体精度

模型	决定系数 R^2	总相对误差 TRE （%）	均方根误差 RMSE （m³/hm²）	平均绝对误差 MAE（m³/hm²）	平均绝对百分比误差 MAPE（%）
线性方案 1	0.694	0.179	173.586	173.586	7.685
线性方案 2	0.753	−3.766	154.060	154.060	4.189
线性方案 3	0.651	−0.501	173.826	173.826	8.025
线性方案 4	0.662	0.323	169.989	169.989	7.710
非线性方案 1	0.558	0.164	48.243	48.243	0.669
非线性方案 2	−0.129	4616.194	80.709	80.709	1.509
非线性方案 3	0.690	0.158	41.496	41.496	0.641
非线性方案 4	0.598	0.178	47.119	47.119	0.781

8.7.4 林分航空蓄积表编制

根据建模精度以及十折交叉验证和留一法验证结果，多元线性回归与非线性回归模型相比，多元非线性回归模型较优。尤以非线性回归模型方案 1 综合评价较优，故选择非线性回归模型方案 1 作为二元林分航空蓄积表模型。

模型形式：$\ln V=1.765\ln h_{75th}+0.355\ln d_4+0.244$。

模型变量：75% 点云高度百分位数和密度变量 [4]。

模型预测散点图（基于十折交叉验证法见图 8-7）：

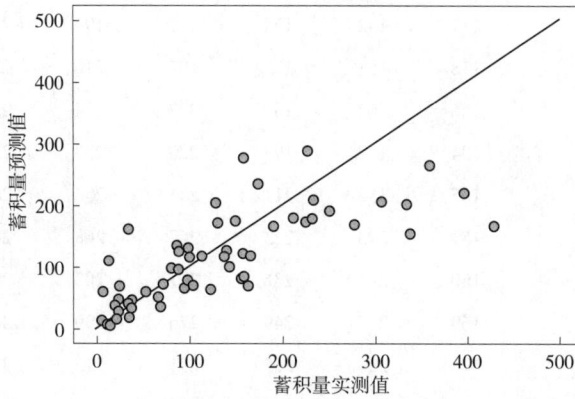

图 8-7　十折交叉验证模型预测结果（非线性方案 1）

编制的林分航空蓄积表成果见表 8-63：

表 8-63　湖南林区 – 阔叶混林分航空蓄积表

75% 点云高度百分位数（m）	密度变量 [4]							
	0.05	0.10	0.15	0.20	0.25	0.30	0.35	0.40
3.5	11	14	16	18	19	21	22	23
4.0	14	18	20	23	25	26	28	29
4.5	17	22	25	28	30	32	34	36
5.0	21	26	30	34	36	39	41	43
5.5	24	31	36	40	43	46	48	51
6.0	28	36	42	46	50	53	56	59
6.5	33	42	48	53	58	62	65	68
7.0	37	48	55	61	66	70	74	78
7.5	42	54	62	69	74	79	84	88
8.0	47	60	69	77	83	89	94	98
8.5	52	67	77	86	93	99	104	110
9.0	58	74	86	95	103	109	116	121
9.5	64	81	94	104	113	120	127	133
10.0	70	89	103	114	123	132	139	146
10.5	76	97	112	124	135	144	152	159
11.0	83	106	122	135	146	156	165	173
11.5	89	114	132	146	158	169	178	187
12.0	96	123	142	157	170	182	192	201

续表

75% 点云高度百分位数（m）	密度变量 [4]							
	0.05	0.10	0.15	0.20	0.25	0.30	0.35	0.40
12.5	103	132	153	169	183	195	206	216
13.0	111	142	164	181	196	209	221	232
13.5	118	151	175	194	210	224	236	248
14.0	126	162	187	207	224	239	252	264
14.5	134	172	198	220	238	254	268	281
15.0	143	182	211	233	253	269	285	298
15.5	151	193	223	247	268	285	302	316
16.0	160	204	236	261	283	302	319	334
16.5	169	216	249	276	299	319	337	353
17.0	178	228	263	291	315	336	355	372
17.5	187	239	277	306	332	354	374	392
18.0	197	252	291	322	348	372	393	412
18.5	207	264	305	338	366	390	412	432
19.0	216	277	320	354	383	409	432	453
19.5	227	290	335	371	401	428	452	474
20.0	237	303	350	388	420	448	473	496
20.5	248	317	366	405	438	468	494	518
21.0	258	330	381	423	457	488	515	540
21.5	269	344	398	440	477	509	537	563
22.0	280	359	414	459	496	530	559	587
22.5	292	373	431	477	517	551	582	610
23.0	303	388	448	496	537	573	605	635
23.5	315	403	465	515	558	595	629	659
24.0	327	418	483	535	579	618	652	684
24.5	339	434	501	555	600	640	677	709
25.0	351	449	519	575	622	664	701	735
25.5	364	465	537	595	644	687	726	761
26.0	377	482	556	616	667	711	751	788
26.5	389	498	575	637	690	736	777	815
27.0	402	515	594	658	713	760	803	842
27.5	416	532	614	680	736	785	830	870
28.0	429	549	634	702	760	811	856	898
28.5	443	566	654	724	784	836	884	926
29.0	457	584	674	747	808	863	911	955
29.5	471	602	695	770	833	889	939	985

8.8　针叶混林分蓄积量模型构建

8.8.1　多元线性模型

8.8.1.1　变量筛选

按照 3.3.3 节 "4 种模型变量组合方案"，筛选 4 类多元线性模型的模型变量。经过逐步回归筛选（方案 1 和 2）或 Pearson 相关分析（方案 4）之后，可以确定 4 种模型的自变量，如表 8-64 所示。

表 8-64　变量筛选结果

方案编号	变量筛选方法	筛选后的变量
1	逐步回归	覆盖度（CC）、点云高度最大值（elev_max）、密度变量 [5]（density[5]）
2	逐步回归	点云高度最大值（elev_max）、密度变量 [5]（density[5]）
3	固定变量	点云平均高（elev_mean）、覆盖度（CC）
4	Pearson 相关分析	点云高度最大值（elev_max）、密度变量 [2]（density[2]）

8.8.1.2　建立模型

针对 4 种方案，分别以多元线性回归法建立蓄积估测模型，得到的 4 种方案模型公式及评价指标分别如表 8-65、表 8-66 所示。

表 8-65　多元线性回归模型公式

模型方案	模型参数	模型公式
1	h_{max}、d_5、CC	$V=9.066h_{max}+316.127d_5+81.480CC-136.227$
2	h_{max}、d_5	$V=9.627h_{max}+452.845d_5-117.125$
3	h_{mean}、CC	$V=115.044CC+15.583h_{mean}-91.292$
4	h_{max}、d_2	$V=9.258h_{max}-233.821d_2-21.938$

表 8-66　多元线性回归模型评价指标

模型方案	R^2	修正 R^2	残差标准差
1	0.761	0.747	44.696
2	0.793	0.776	41.973
3	0.705	0.693	49.178
4	0.685	0.673	50.762

8.8.2 多元非线性模型

8.8.2.1 变量筛选

按照 3.3.3 节"4 种模型变量组合方案",筛选 4 类多元非线性模型的模型变量。经过逐步回归筛选(方案 1 和 2)或 Pearson 相关分析(方案 4)之后,可以确定 4 种模型的自变量,如表 8-67 所示。

表 8-67 变量筛选结果

方案编号	变量筛选方法	筛选后的变量
1 和 2	逐步回归	30% 点云高度百分位数(elev_30th)与覆盖度(CC)
3	固定变量	点云平均高(elev_mean)、覆盖度(CC)
4	Pearson 相关分析	25 % 点云高度百分位数(elev_25th)、密度变量 [1](density[1])

8.8.2.2 建立模型

针对 4 种方案,分别以多元非线性回归法建立蓄积估测模型,得到的模型及其评价指标如表 8-68、表 8-69 所示。

表 8-68 非线性回归模型公式

模型方案	模型参数	模型公式
1 和 2	CC、h_{30th}	$\ln V=0.771\ln CC+1.385\ln h_{30th}+1.969$
3	h_{mean}、CC	$\ln V=0.780\ln CC+1.555\ln h_{mean}+1.571$
4	h_{25th}、d_1	$\ln V=2.037\ln h_{25th}+0.313\ln d_1+0.974$

表 8-69 非线性回归模型评价指标

模型方案	R^2	修正 R^2	残差标准差
1 和 2	0.786	0.778	0.507
3	0.787	0.778	0.506
4	0.687	0.674	0.613

8.8.3 模型精度评价

表 8-70、表 8-71 分别为十折交叉验证和留一法验证结果。

表 8-70 基于十折交叉验证的模型总体精度

模型	决定系数 R^2	均方根误差 RMSE (m³/hm²)	平均绝对误差 MAE (m³/hm²)	平均绝对百分比误差 MAPE (%)	总相对误差 TRE (%)
线性方案 1	0.706	45.641	37.237	82.355	0.027
线性方案 2	0.690	47.097	38.038	92.220	−3.837
线性方案 3	0.649	46.914	37.113	63.907	−5.150
线性方案 4	0.641	50.256	43.944	79.171	−1.455

续表

模型	决定系数 R^2	均方根误差 RMSE（m³/hm²）	平均绝对误差 MAE（m³/hm²）	平均绝对百分比误差 MAPE（%）	总相对误差 TRE（%）
非线性方案 1 和 2	0.324	42.340	36.262	52.129	13.150
非线性方案 3	0.210	45.295	38.600	57.738	13.783
非线性方案 4	0.565	36.725	29.782	45.931	11.456

表 8-71 基于留一法的模型总体精度

模型	决定系数 R^2	均方根误差 RMSE（m³/hm²）	平均绝对误差 MAE（m³/hm²）	平均绝对百分比误差 MAPE（%）	总相对误差 TRE（%）
线性方案 1	0.724	34.541	34.541	81.521	919.521
线性方案 2	0.711	35.593	35.593	90.969	−41.131
线性方案 3	0.671	33.940	33.940	62.220	−21.441
线性方案 4	0.653	41.503	41.503	78.980	25.714
非线性方案 1 和 2	0.379	34.042	34.042	49.444	11.643
非线性方案 3	0.273	36.121	36.121	53.982	12.318
非线性方案 4	0.607	26.649	26.649	43.220	10.729

8.8.4 林分航空蓄积表编制

根据建模精度以及十折交叉验证和留一法验证结果，线性回归模型方案 2 综合评价较优，线性回归模型方案 1 变量个数较多，不利于生产应用，故选择线性回归模型方案 2 作为二元林分航空蓄积表模型。

模型形式：$V=9.627h_{max}+452.845d_5-117.125$。

模型变量：点云高度最大值、密度变量 [5]。

模型预测散点图（基于十折交叉验证法见图 8-8）：

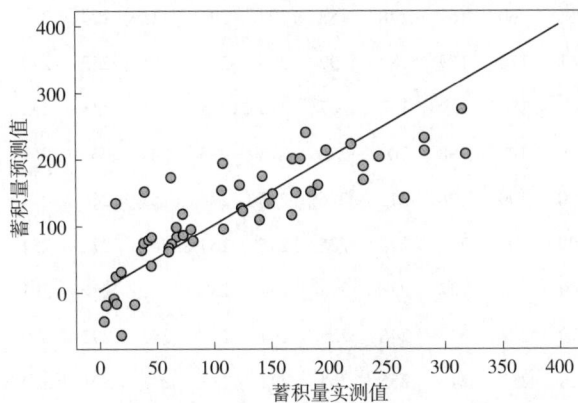

图 8-8 十折交叉验证模型预测结果（线性方案 2）

编制的林分航空蓄积表成果见表 8-72：

表 8-72　湖南林区 – 针叶混林分航空蓄积表

点云高度最大值（m）	密度变量 [5]														
	0.02	0.04	0.06	0.08	0.10	0.12	0.14	0.16	0.18	0.20	0.22	0.24	0.26	0.28	0.30
5								3	13	22	31	40	49	58	67
6							4	13	22	31	40	49	58	67	76
7						5	14	23	32	41	50	59	68	77	86
8					5	14	23	32	41	50	60	69	78	87	96
9				6	15	24	33	42	51	60	69	78	87	96	105
10			6	15	24	33	43	52	61	70	79	88	97	106	115
11		7	16	25	34	43	52	61	70	79	88	97	107	116	125
12	7	17	26	35	44	53	62	71	80	89	98	107	116	125	134
13	17	26	35	44	53	62	71	80	90	99	108	117	126	135	144
14	27	36	45	54	63	72	81	90	99	108	117	126	135	144	154
15	36	45	54	64	73	82	91	100	109	118	127	136	145	154	163
16	46	55	64	73	82	91	100	109	118	127	137	146	155	164	173
17	56	65	74	83	92	101	110	119	128	137	146	155	164	173	182
18	65	74	83	92	101	111	120	129	138	147	156	165	174	183	192
19	75	84	93	102	111	120	129	138	147	156	165	174	184	193	202
20	84	94	103	112	121	130	139	148	157	166	175	184	193	202	211
21	94	103	112	121	130	139	148	157	167	176	185	194	203	212	221
22	104	113	122	131	140	149	158	167	176	185	194	203	212	221	231
23	113	122	131	141	150	159	168	177	186	195	204	213	222	231	240
24	123	132	141	150	159	168	177	186	195	204	214	223	232	241	250
25	133	142	151	160	169	178	187	196	205	214	223	232	241	250	259
26	142	151	160	169	178	188	197	206	215	224	233	242	251	260	269
27	152	161	170	179	188	197	206	215	224	233	242	251	261	270	279
28	161	171	180	189	198	207	216	225	234	243	252	261	270	279	288
29	171	180	189	198	207	216	225	235	244	253	262	271	280	289	298
30	181	190	199	208	217	226	235	244	253	262	271	280	289	298	308
31	190	199	208	218	227	236	245	254	263	272	281	290	299	308	317
32	200	209	218	227	236	245	254	263	272	282	291	300	309	318	327
33	210	219	228	237	246	255	264	273	282	291	300	309	318	327	336
34	219	228	237	246	255	265	274	283	292	301	310	319	328	337	346
35	229	238	247	256	265	274	283	292	301	310	319	329	338	347	356

8.9 其他亮针叶林分蓄积量模型构建

8.9.1 多元线性模型

8.9.1.1 变量筛选

按照 3.3.3 节"4 种模型变量组合方案"，筛选 4 类多元线性模型的模型变量。经过逐步回归筛选（方案 1 和 2）或 Pearson 相关分析（方案 4）之后，可以确定 4 种模型的自变量，如表 8-73 所示。

表 8-73 变量筛选结果

方案编号	变量筛选方法	筛选后的变量
1 和 2	逐步回归	80% 点云高度百分位数（elev_80th）、覆盖度（CC）
3	固定变量	点云平均高（elev_mean）、覆盖度（CC）
4	Pearson 相关分析	80% 点云高度百分位数（elev_80th）、密度变量 [3]（density[3]）

8.9.1.2 建立模型

针对 4 种方案，分别以多元线性回归法建立蓄积估测模型，得到的 4 种方案模型公式及评价指标分别如表 8-74、表 8-75 所示。

表 8-74 多元线性回归模型公式

模型方案	模型参数	模型公式
1 和 2	h_{80th}、CC	$V=12.001h_{80th}+91.748CC-78.516$
3	h_{mean}、CC	$V=14.566h_{mean}+84.102CC-53.037$
4	h_{80th}、d_3	$V=14.147h_{80th}+4.087d_3-47.428$

表 8-75 多元线性回归模型评价指标

模型方案	R^2	修正 R^2	残差标准差
1 和 2	0.775	0.765	36.475
3	0.730	0.718	39.980
4	0.747	0.736	38.695

8.9.2 多元非线性模型

8.9.2.1 变量筛选

按照 3.3.3 节"4 种模型变量组合方案"，筛选 4 类多元非线性模型的模型变量。经过逐步回归筛选（方案 1 和 2）或 Pearson 相关分析（方案 4）之后，可以确定 4 种模型的自变量，如表 8-76 所示。

表 8-76　变量筛选结果

方案编号	变量筛选方法	筛选后的变量
1	逐步回归	80% 点云高度百分位数（elev_80th）和覆盖度（CC）
2	逐步回归	20% 点云高度百分位数（elev_20th）、覆盖度（CC）和点云强度中位数（int_mad）
3	固定变量	点云平均高（elev_mean）、覆盖度（CC）
4	Pearson 相关分析	99% 点云高度百分位数（elev_99th）、密度变量 [3]（density[3]）

8.9.2.2　建立模型

针对 4 种方案，分别以多元非线性回归法建立蓄积估测模型，得到的模型及其评价指标如表 8-77、表 8-78 所示。

表 8-77　多元非线性回归模型公式

模型方案	模型参数	模型公式
1	h_{80th}、CC	$\ln V = 1.21\ln h_{80th} + 0.663\ln CC + 2.039$
2	h_{20th}、CC、i_{mad}	$\ln V = 0.905\ln h_{20th} + 0.905\ln CC - 0.041\ln i_{mad} + 3.452$
3	h_{mean}、CC	$\ln V = 1.022\ln h_{mean} + 0.685\ln CC + 2.883$
4	h_{99th}、d_3	$\ln V = 1.204\ln h_{99th} - 0.236\ln d_3 + 0.772$

表 8-78　非线性回归模型评价指标

模型方案	R^2	修正 R^2	残差标准差
1	0.712	0.699	0.394
2	0.651	0.626	0.447
3	0.638	0.622	0.441
4	0.613	0.596	0.456

8.9.3　模型精度评价

表 8-79、表 8-80 分别为十折交叉验证和留一法验证结果。

表 8-79　基于十折交叉验证的模型总体精度

模型	决定系数 R^2	总相对误差 TRE（%）	均方根误差 RMSE（m³/hm²）	平均绝对误差 MAE（m³/hm²）	平均绝对百分比误差 MAPE（%）
线性方案 1 和 2	0.733	0.016	33.549	28.562	0.340
线性方案 3	0.667	0.021	38.503	34.480	0.435
线性方案 4	0.677	0.063	38.792	32.999	0.424
非线性方案 1	0.840	0.017	30.379	25.528	0.289

续表

模型	决定系数 R^2	总相对误差 TRE （%）	均方根误差 RMSE （m^3/hm^2）	平均绝对误差 MAE（m^3/hm^2）	平均绝对百分比误差 MAPE（%）
非线性方案 2	0.855	0.006	27.258	23.631	0.274
非线性方案 3	0.873	–0.004	26.092	21.523	0.261
非线性方案 4	0.674	0.066	44.794	37.24	0.464

表 8-80　基于留一法的模型总体精度

模型	决定系数 R^2	总相对误差 TRE （%）	均方根误差 RMSE （m^3/hm^2）	平均绝对误差 MAE（m^3/hm^2）	平均绝对百分比误差 MAPE（%）
线性方案 1 和 2	0.752	0.203	131.494	131.494	1.563
线性方案 3	0.699	0.142	152.260	152.260	1.905
线性方案 4	0.712	0.414	148.183	148.183	1.919
非线性方案 1	0.857	0.057	23.787	23.787	0.263
非线性方案 2	0.878	0.045	21.084	21.084	0.234
非线性方案 3	0.881	0.048	20.368	20.368	0.234
非线性方案 4	0.796	0.084	30.511	30.511	0.373

8.9.4　林分航空蓄积表编制

根据建模精度以及十折交叉验证和留一法验证结果，线性回归模型方案 1/2 综合评价较优，选择作为二元林分航空蓄积表模型。

模型形式：$V=12.001h_{80th}+91.748CC-78.516$。

模型变量：80% 点云高度百分位数和覆盖度。

模型预测散点图（基于十折交叉验证法见图 8-9）：

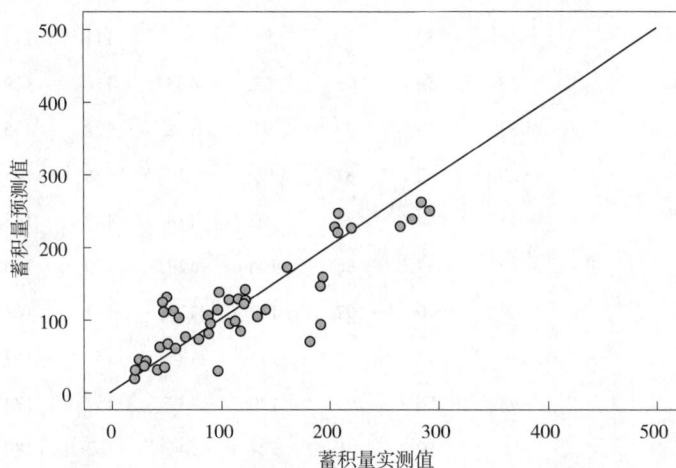

图 8-9　十折交叉验证模型预测结果（线性方案 1/2）

编制的林分航空蓄积表成果见表 8-81：

表 8-81 湖南省 – 其他亮针叶林分航空蓄积表

80% 点云高度百分位数（m）	覆盖度（%）								
	0.10	0.20	0.30	0.40	0.50	0.60	0.70	0.80	0.90
2.0	4	6	8	10	11	13	14	15	17
2.5	5	8	10	13	15	17	18	20	22
3.0	6	10	13	16	18	21	23	25	27
3.5	8	12	16	19	22	25	28	30	33
4.0	9	14	19	22	26	29	32	35	38
4.5	10	16	21	26	30	34	37	41	44
5.0	12	19	24	29	34	38	43	46	50
5.5	13	21	27	33	38	43	48	52	56
6.0	15	23	30	37	42	48	53	58	63
6.5	16	25	33	40	47	53	58	64	69
7.0	18	28	36	44	51	58	64	70	75
7.5	19	30	40	48	56	63	69	76	82
8.0	21	33	43	52	60	68	75	82	89
8.5	22	35	46	56	65	73	81	88	95
9.0	24	38	49	60	69	78	87	95	102
9.5	25	40	53	64	74	83	92	101	109
10.0	27	43	56	68	79	89	98	107	116
10.5	29	45	59	72	83	94	104	114	123
11.0	30	48	63	76	88	100	110	121	130
11.5	32	51	66	80	93	105	116	127	138
12.0	34	53	70	85	98	111	123	134	145
12.5	35	56	73	89	103	116	129	141	152
13.0	37	59	77	93	108	122	135	148	160
13.5	39	62	81	98	113	128	141	155	167
14.0	41	64	84	102	118	133	148	161	175
14.5	42	67	88	106	123	139	154	168	182
15.0	44	70	92	111	129	145	161	176	190
15.5	46	73	95	115	134	151	167	183	197
16.0	48	76	99	120	139	157	174	190	205
16.5	50	79	103	124	144	163	180	197	213
17.0	51	81	107	129	150	169	187	204	221

续表

80% 点云高度百分位数（m）	覆盖度（%）								
	0.10	0.20	0.30	0.40	0.50	0.60	0.70	0.80	0.90
17.5	53	84	110	134	155	175	194	212	229
18.0	55	87	114	138	160	181	200	219	237
18.5	57	90	118	143	166	187	207	226	245
19.0	59	93	122	148	171	193	214	234	253
19.5	61	96	126	152	177	199	221	241	261
20.0	63	99	130	157	182	205	228	249	269
20.5	65	102	134	162	188	212	234	256	277
21.0	66	105	138	167	193	218	241	264	285
21.5	68	108	142	171	199	224	248	271	293
22.0	70	111	146	176	204	231	255	279	302
22.5	72	114	150	181	210	237	262	287	310
23.0	74	117	154	186	216	243	269	294	318
23.5	76	121	158	191	221	250	277	302	327
24.0	78	124	162	196	227	256	284	310	335
24.5	80	127	166	201	233	263	291	318	344
25.0	82	130	170	206	238	269	298	326	352

8.10 针阔混林分蓄积量模型构建

8.10.1 多元线性模型

8.10.1.1 变量筛选

按照 3.3.3 节"4 种模型变量组合方案"，筛选 4 类多元线性模型的模型变量。经过逐步回归筛选（方案 1 和 2）或 Pearson 相关分析（方案 4）之后，可以确定 4 种模型的自变量，如表 8-82 所示。

表 8-82 变量筛选结果

方案编号	变量筛选方法	筛选后的变量
1 和 2	逐步回归	30% 点云高度百分位数（elev_30th）
3	固定变量	点云平均高（elev_mean）、覆盖度（CC）
4	Pearson 相关分析	30% 点云高度百分位数（elev_30th）、密度变量 [1]（density[1]）

8.10.1.2　建立模型

针对 4 种方案，分别以多元线性回归法建立蓄积估测模型，得到的模型及其评价指标如表 8-83、表 8-84 所示。

表 8-83　多元线性回归模型公式

模型方案	模型参数	模型公式
1 和 2	h_{30th}	$V=16.287h_{30th}-52.328$
3	h_{mean}、CC	$V=16.472h_{mean}+38.402CC-77.617$
4	h_{30th}、d_1	$V=16.488h_{30th}+20.601d_1-56.583$

表 8-84　多元线性回归模型评价指标

模型方案	R^2	修正 R^2	残差标准差
1 和 2	0.712	0.707	57.493
3	0.707	0.697	58.417
4	0.712	0.702	57.988

8.10.2　多元非线性模型

8.10.2.1　变量筛选

按照 3.3.3 节 "4 种模型变量组合方案"，筛选 4 类多元非线性模型的模型变量。经过逐步回归筛选（方案 1 和 2）或 Pearson 相关分析（方案 4）之后，可以确定 4 种模型的自变量，如表 8-85 所示。

表 8-85　变量筛选结果

方案编号	变量筛选方法	筛选后的变量
1 和 2	逐步回归	30% 点云高度百分位数（elev_30th）
3	固定变量	点云平均高（elev_mean）、覆盖度（CC）
4	Pearson 相关分析	30% 点云高度百分位数（elev_30th）、密度变量 [3]（density[3]）

8.10.2.2　建立模型

针对 4 种方案，分别以多元非线性回归法建立蓄积估测模型，得到的模型及其评价指标如表 8-86、表 8-87 所示。

表 8-86　多元非线性回归模型公式

模型方案	模型参数	模型公式
1 和 2	h_{30th}	$\ln V=1.636\ln h_{30th}-0.693$
3	h_{mean}、CC	$\ln V=1.692\ln h_{mean}+0.313\ln CC+0.721$
4	h_{30th}、d_3	$\ln V=1.615\ln h_{30th}-0.018\ln d_3+0.693$

表 8-87 非线性回归模型评价指标

模型方案	R^2	修正 R^2	残差标准差
1 和 2	0.726	0.716	0.588
3	0.713	0.703	0.602
4	0.704	0.693	0.612

8.10.3 模型精度评价

表 8-88、表 8-89 分别为十折交叉验证和留一法验证结果。

表 8-88 基于十折交叉验证的模型总体精度

模型	决定系数 R^2	总相对误差 TRE（%）	均方根误差 RMSE（m³/hm²）	平均绝对误差 MAE（m³/hm²）	平均绝对百分比误差 MAPE（%）
线性方案 1 和 2	0.673	0.001	54.996	44.426	0.830
线性方案 3	0.671	−0.003	53.795	44.927	0.917
线性方案 4	0.659	0.003	56.274	45.692	0.866
非线性方案 1 和 2	0.596	0.129	57.515	46.262	0.669
非线性方案 3	0.678	0.153	52.649	41.978	0.665
非线性方案 4	0.665	0.154	54.512	42.758	0.699

表 8-89 基于留一法的模型总体精度

模型	决定系数 R^2	总相对误差 TRE（%）	均方根误差 RMSE（m³/hm²）	平均绝对误差 MAE（m³/hm²）	平均绝对百分比误差 MAPE（%）
线性方案 1 和 2	0.690	−0.790	259.248	259.248	4.966
线性方案 3	0.678	−0.723	264.918	264.918	5.509
线性方案 4	0.678	−0.797	264.342	264.342	5.102
非线性方案 1 和 2	0.628	0.163	44.542	44.542	0.614
非线性方案 3	0.690	0.158	41.496	41.496	0.641
非线性方案 4	0.684	0.162	41.071	41.071	0.667

8.10.4 林分航空蓄积表编制

根据建模精度以及十折交叉验证和留一法验证结果，非线性回归模型方案 3 综合评价较优，选择作为二元林分航空蓄积表模型。

模型形式：$\ln V = 1.692\ln h_{mean} + 0.313\ln CC + 0.721$。

模型变量：点云平均高和覆盖度。

模型预测散点图（基于十折交叉验证法见图 8-10）：

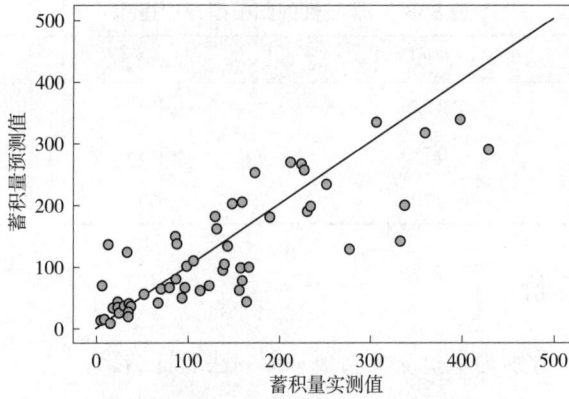

图 8-10　十折交叉验证模型预测结果（非线性方案 3）

编制的林分航空蓄积表成果见表 8-90：

表 8-90　湖南省 - 针阔混林分航空蓄积表

点云平均高（m）	覆盖度（%）								
	0.10	0.20	0.30	0.40	0.50	0.60	0.70	0.80	0.90
2.0	3	4	5	5	5	6	6	6	6
2.5	5	6	7	7	8	8	9	9	9
3.0	6	8	9	10	11	11	12	12	13
3.5	8	10	12	13	14	15	15	16	17
4.0	10	13	15	16	17	18	19	20	21
4.5	13	16	18	20	21	22	23	24	25
5.0	15	19	21	24	25	27	28	29	30
5.5	18	22	25	28	30	31	33	34	36
6.0	21	26	29	32	34	36	38	40	41
6.5	24	29	33	37	39	42	44	46	47
7.0	27	33	38	42	45	47	49	52	54
7.5	30	38	43	47	50	53	56	58	60
8.0	34	42	48	52	56	59	62	65	67
8.5	37	46	53	58	62	66	69	72	74
9.0	41	51	58	64	68	72	76	79	82
9.5	45	56	64	70	75	79	83	87	90
10.0	49	61	69	76	81	86	90	94	98
10.5	53	66	75	82	88	94	98	102	106
11.0	58	72	82	89	96	101	106	111	115
11.5	62	77	88	96	103	109	115	120	124
12.0	67	83	95	103	111	117	123	128	133

续表

点云平均高（m）	覆盖度（%）								
	0.10	0.20	0.30	0.40	0.50	0.60	0.70	0.80	0.90
12.5	72	89	101	111	119	126	132	138	143
13.0	77	95	108	118	127	134	141	147	153
13.5	82	102	115	126	135	143	150	157	163
14.0	87	108	123	134	144	152	160	167	173
14.5	92	115	130	142	153	162	170	177	184
15.0	98	121	138	151	162	171	180	187	194
15.5	103	128	146	159	171	181	190	198	206
16.0	109	135	154	168	180	191	200	209	217
16.5	115	143	162	177	190	201	211	220	228
17.0	121	150	170	186	200	212	222	232	240
17.5	127	158	179	196	210	222	233	243	252
18.0	133	165	188	205	220	233	245	255	265
18.5	139	173	197	215	231	244	256	267	277
19.0	146	181	206	225	241	255	268	280	290
19.5	152	189	215	235	252	267	280	292	303
20.0	159	198	224	245	263	279	292	305	316
20.5	166	206	234	256	274	291	305	318	330
21.0	173	215	244	267	286	303	318	331	344
21.5	180	223	253	277	297	315	330	345	358
22.0	187	232	264	288	309	327	344	358	372
22.5	194	241	274	300	321	340	357	372	386
23.0	201	250	284	311	333	353	370	386	401
23.5	209	260	295	322	346	366	384	401	416
24.0	216	269	305	334	358	379	398	415	431
24.5	224	278	316	346	371	393	412	430	446
25.0	232	288	327	358	384	406	427	445	461

9

福建林区分树种
林分蓄积量模型
构建

以福建省为建模总体，开展主要树种建模工作。

9.1　柏木林分蓄积量模型构建

9.1.1　多元线性模型

9.1.1.1　变量筛选

按照 3.3.3 节 "4 种模型变量组合方案"，筛选 4 类多元线性模型的模型变量。经过逐步回归筛选（方案 1 和 2）或 Pearson 相关分析（方案 4）之后，可以确定 4 种模型的自变量，如表 9-1 所示。

表 9-1　变量筛选结果

方案编号	变量筛选方法	筛选后的变量
1	逐步回归	90% 点云高度百分位数（elev_90th）
2	逐步回归	点云平均高（elev_mean）、点云强度中位数（int_mad）
3	固定变量	点云平均高（elev_mean）、覆盖度（CC）
4	Pearson 相关分析	点云强度中位数（int_mad）、密度变量 [4]（density[4]）

9.1.1.2　建立模型

针对 4 种方案，分别以多元线性回归法建立蓄积估测模型，得到的模型及其评价指标如表 9-2、表 9-3 所示。

表 9-2　多元线性回归模型公式

模型方案	模型参数	模型公式
1	h_{90th}	$V=14.023h_{90th}-26.628$
2	i_{mad}、h_{mean}	$V=0.012i_{mad}+10.792h_{mean}+28.080$
3	h_{mean}、CC	$V=251.684CC+18.725h_{mean}-230.252$
4	i_{mad}、d_4	$V=0.017i_{mad}-98.013d_4+148.676$

表 9-3　多元线性回归模型评价指标

模型方案	R^2	修正 R^2	残差标准差
1	0.649	0.627	41.146
2	0.790	0.761	32.919
3	0.617	0.566	44.408
4	0.668	0.624	41.316

9.1.2　多元非线性模型

9.1.2.1　变量筛选

按照 3.3.3 节 "4 种模型变量组合方案"，筛选 4 类多元非线性模型的模型变量。经过逐步回归筛选（方案 1 和 2）或 Pearson 相关分析（方案 4）之后，可以确定 4 种模型的自变量，如表 9-4 所示。

表 9-4　变量筛选结果

方案编号	变量筛选方法	筛选后的变量
1	逐步回归	90% 点云高度百分位数（elev_90th）、密度变量 [8]（density[8]）
2	逐步回归	90% 点云高度百分位数（elev_90th）、变量1% 点云强度百分位数（int_1st）、与覆盖度（CC）、点云强度最大值（int_max）、变量80% 点云强度百分位数（int_80th）、点云强度最小值（int_min）与变量60% 点云强度百分位数（int_60th）
3	固定变量	点云平均高（elev_mean）、覆盖度（CC）
4	Pearson 相关分析	90% 点云高度百分位数（elev_90th）、密度变量 [4]（density[4]）

9.1.2.2　建立模型

针对 4 种方案，分别以多元非线性回归法建立蓄积估测模型，得到的模型及其评价指标如表 9-5、表 9-6 所示。

表 9-5　非线性回归模型公式

模型方案	模型参数	模型公式
1	h_{90th}、d_8	$\ln V = 0.850 \ln h_{90th} + 0.179 \ln d_8 + 3.407$
2	CC、h_{90th}、i_{1st}、i_{80th}、i_{min}、i_{60th}、i_{max}	$\ln V = 1.249 \ln h_{90th} + 0.886 \ln i_{1st} + 1.809 \ln CC - 0.902 \ln i_{max} + 0.578 \ln i_{80th} - 0.430 \ln i_{min} - 0.268 \ln i_{60th} + 4.483$
3	h_{mean}、CC	$\ln V = 1.446 \ln CC + 0.993 \ln h_{mean} + 3.090$
4	h_{90th}、d_4	$\ln V = 0.924 \ln h_{90th} - 0.094 \ln d_4 + 2.470$

表 9-6　非线性回归模型评价指标

模型方案	R^2	修正 R^2	残差标准差
1	0.745	0.711	0.202
2	0.979	0.965	0.070
3	0.668	0.624	0.231
4	0.630	0.581	0.243

9.1.3　模型精度评价

基于不同模型精度评价指标分析，得出最佳建模方案，如表 9-7、表 9-8 所示。

表 9-7　基于十折交叉验证的模型总体精度

模型	决定系数 R^2	均方根误差 RMSE（ m^3/hm^2 ）	平均绝对误差 MAE（ m^3/hm^2 ）	平均绝对百分比误差 MAPE（ % ）	总相对误差 TRE（ % ）
线性方案 1	0.467	42.588	41.741	27.833	3.404
线性方案 2	0.589	36.239	33.620	20.076	3.546
线性方案 3	0.382	44.859	44.089	28.601	4.952
线性方案 4	0.391	38.570	35.560	19.794	2.879
非线性方案 1	0.597	32.491	31.130	17.260	1.390
非线性方案 2	0.901	16.177	14.752	8.931	2.272
非线性方案 3	0.395	41.892	40.841	24.530	1.700
非线性方案 4	0.358	39.919	39.062	24.408	3.638

表 9-8　基于留一法的模型总体精度

模型	决定系数 R^2	均方根误差 RMSE（ m^3/hm^2 ）	平均绝对误差 MAE（ m^3/hm^2 ）	平均绝对百分比误差 MAPE（ % ）	总相对误差 TRE（ % ）
线性方案 1	0.554	37.011	37.011	24.657	3.656
线性方案 2	0.668	29.541	29.541	17.594	2.516
线性方案 3	0.493	35.692	35.692	22.259	3.496
线性方案 4	0.519	33.813	33.813	19.550	1.877
非线性方案 1	0.691	27.271	27.271	14.744	2.268
非线性方案 2	0.921	14.200	14.200	8.637	3.445
非线性方案 3	0.474	34.970	34.970	20.128	3.041
非线性方案 4	0.483	34.271	34.271	21.053	4.091

9.1.4　林分航空蓄积表编制

根据十折交叉验证和留一法验证结果，所有线性回归模型和非线性回归模型中，多元非线性模型方案 2 最优，方案 1 较优，综合考虑变量个数和建模方便程度，选择多元非线性模型方案 1 建立二元林分航空蓄积表。

模型形式：$\ln V = 0.850 \ln h_{90th} + 0.179 \ln d_8 + 3.407$。

模型变量：90% 点云高度百分位数和密度变量 [8]。

模型预测散点图（基于十折交叉验证法见图 9-1）：

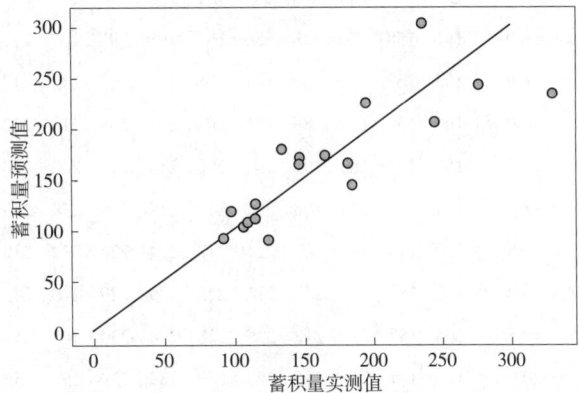

图 9-1　十折交叉验证模型预测结果（非线性方案 1）

编制的林分航空蓄积表成果见表 9-9：

表 9-9 福建省 – 柏木林分航空蓄积表

90% 点云 高度百分 位数（m）	密度变量 [8]																			
	0.01	0.02	0.03	0.04	0.05	0.06	0.07	0.08	0.09	0.10	0.11	0.12	0.13	0.14	0.15	0.16	0.17	0.18	0.19	0.20
5.0	52	59	63	67	69	72	74	75	77	78	80	81	82	83	84	85	86	87	88	89
5.5	56	64	69	72	75	78	80	80	84	85	87	88	89	90	92	93	94	95	95	96
6.0	61	69	74	78	81	84	86	86	90	92	93	95	96	97	99	100	101	102	103	104
6.5	65	74	79	83	87	90	92	92	96	98	100	101	103	104	105	107	108	109	110	111
7.0	69	78	84	89	92	95	98	98	103	104	106	108	109	111	112	114	115	116	117	118
7.5	73	83	89	94	98	101	104	104	109	111	113	114	116	118	119	120	122	123	124	125
8.0	77	88	94	99	103	107	110	110	115	117	119	121	123	124	126	127	129	130	131	132
8.5	82	92	99	105	109	112	116	116	121	123	125	127	129	131	132	134	135	137	138	139
9.0	86	97	104	110	114	118	121	121	127	129	132	134	136	137	139	141	142	144	145	146
9.5	90	102	109	115	120	124	127	127	133	135	138	140	142	144	146	147	149	150	152	153
10.0	94	106	114	120	125	129	133	133	139	141	144	146	148	150	152	154	156	157	159	160
10.5	98	111	119	125	130	135	138	138	145	147	150	152	155	157	159	160	162	164	165	167
11.0	102	115	124	130	136	140	144	144	151	153	156	158	161	163	165	167	169	170	172	174
11.5	105	119	128	135	141	145	149	149	156	159	162	165	167	169	171	173	175	177	179	180
12.0	109	124	133	140	146	151	155	155	162	165	168	171	173	175	178	180	182	184	185	187
12.5	113	128	138	145	151	156	160	160	168	171	174	177	179	182	184	186	188	190	192	194
13.0	117	133	143	150	156	161	166	166	174	177	180	183	185	188	190	192	194	196	198	200
13.5	121	137	147	155	161	167	171	171	179	183	186	189	191	194	196	199	201	203	205	207
14.0	125	141	152	160	166	172	177	177	185	188	192	195	197	200	202	205	207	209	211	213
14.5	128	145	156	165	171	177	182	182	190	194	197	200	203	206	209	211	213	216	218	220
15.0	132	150	161	169	176	182	187	187	196	200	203	206	209	212	215	217	220	222	224	226
15.5	136	154	166	174	181	187	193	193	201	205	209	212	215	218	221	223	226	228	230	232
16.0	140	158	170	179	186	193	198	198	207	211	215	218	221	224	227	229	232	234	237	239
16.5	143	162	175	184	191	198	203	203	212	217	220	224	227	230	233	236	238	241	243	245
17.0	147	166	179	188	196	203	208	208	218	222	226	229	233	236	239	242	244	247	249	251
17.5	151	171	183	193	201	208	214	214	223	228	232	235	239	242	245	248	250	253	255	258
18.0	154	175	188	198	206	213	219	219	229	233	237	241	244	248	251	254	256	259	262	264
18.5	158	179	192	203	211	218	224	224	234	239	243	247	250	253	257	260	262	265	268	270
19.0	162	183	197	207	216	223	229	229	240	244	248	252	256	259	262	266	268	271	274	276
19.5	165	187	201	212	220	228	234	234	245	250	254	258	262	265	268	271	274	277	280	283
20.0	169	191	206	216	225	233	239	239	250	255	259	263	267	271	274	277	280	283	286	289
20.5	172	195	210	221	230	238	244	244	256	260	265	269	273	277	280	283	286	289	292	295
21.0	176	199	214	226	235	243	249	249	261	266	270	275	279	282	286	289	292	295	298	301

续表

90% 点云	密度变量 [8]																			
高度百分位数（m）	0.01	0.02	0.03	0.04	0.05	0.06	0.07	0.08	0.09	0.10	0.11	0.12	0.13	0.14	0.15	0.16	0.17	0.18	0.19	0.20
21.5	180	203	219	230	240	247	254	254	266	271	276	280	284	288	292	295	298	301	304	307
22.0	183	207	223	235	244	252	259	259	271	277	281	286	290	294	297	301	304	307	310	313

9.2　杉木林分蓄积量模型构建

9.2.1　多元线性模型

9.2.1.1　变量筛选

按照 3.3.3 节"4 种模型变量组合方案"，筛选 4 类多元线性模型的模型变量。经过逐步回归筛选（方案 1 和 2）或 Pearson 相关分析（方案 4）之后，可以确定 4 种模型的自变量，如表 9-10 所示。

表 9-10　变量筛选结果

方案编号	变量筛选方法	筛选后的变量
1 和 2	逐步回归	覆盖度（CC）、点云平均高（elev_mean）、密度变量 [9]（density[9]）
3	固定变量	点云平均高（elev_mean）、覆盖度（CC）
4	Pearson 相关分析	点云平均高（elev_mean）、密度变量 [2]（density[2]）

9.2.1.2　建立模型

针对 4 种方案，分别以多元线性回归法建立蓄积估测模型，得到的模型及其评价指标如表 9-11、表 9-12 所示。

表 9-11　多元线性回归模型公式

模型方案	模型参数	模型公式
1 和 2	CC、h_{mean}、d_9	$V=10.933h_{mean}+242.635CC+1080.781d_9-108.0168$
3	h_{mean}、CC	$V=14.160h_{mean}+202.252CC-104.901$
4	h_{mean}、d_2	$V=18.917h_{mean}+121.430d_2-45.246$

表 9-12　多元线性回归模型评价指标

模型方案	R^2	修正 R^2	残差标准差
1 和 2	0.857	0.849	47.268
3	0.826	0.819	51.720
4	0.802	0.795	55.045

9.2.2　多元非线性模型

9.2.2.1　变量筛选

按照 3.3.3 节 "4 种模型变量组合方案",筛选 4 类多元非线性模型的模型变量。经过逐步回归筛选(方案 1 和 2)或 Pearson 相关分析(方案 4)之后,可以确定 4 种模型的自变量,如表 9-13 所示。

表 9-13　变量筛选结果

方案编号	变量筛选方法	筛选后的变量
1 和 2	逐步回归	70 点云高度百分位数(elev_70th)、覆盖度(CC)
3	固定变量	点云平均高(elev_mean)、覆盖度(CC)
4	Pearson 相关分析	覆盖度(CC)、密度变量[1](density[1])

9.2.2.2　建立模型

针对 4 种方案,分别以多元非线性回归法建立蓄积估测模型,得到的模型及其评价指标如表 9-14、表 9-15 所示。

表 9-14　非线性回归模型公式

模型方案	模型参数	模型公式
1 和 2	CC、h_{70th}	$\ln V = 1.581\ln CC + 0.820\ln h_{70th} + 3.685$
3	h_{mean}、CC	$\ln V = 1.626\ln CC + 0.781\ln h_{mean} + 3.959$
4	CC、d_1	$\ln V = 2.537\ln CC - 0.126\ln d_1 + 5.817$

表 9-15　非线性回归模型评价指标

模型方案	R^2	修正 R^2	残差标准差
1 和 2	0.923	0.920	0.258
3	0.917	0.914	0.267
4	0.849	0.843	0.361

9.2.3　模型精度评价

基于不同模型精度评价指标分析,得出最佳建模方案,如表 9-16、表 9-17 所示。

表 9-16　基于十折交叉验证的模型总体精度

模　型	决定系数 R^2	均方根误差 RMSE（m^3/hm^2）	平均绝对误差 MAE（m^3/hm^2）	平均绝对百分比误差 MAPE（%）	总相对误差 TRE（%）
线性方案 1 和 2	0.750	54.309	40.069	58.454	2.784
线性方案 3	0.789	51.185	37.806	52.918	1.842
线性方案 4	0.783	53.354	42.712	38.204	1.094

模　型	决定系数 R^2	均方根误差 RMSE（m^3/hm^2）	平均绝对误差 MAE（m^3/hm^2）	平均绝对百分比误差 MAPE（%）	总相对误差 TRE（%）
非线性方案 1 和 2	0.773	53.662	41.452	24.370	2.947
非线性方案 3	0.773	53.975	41.957	25.473	2.069
非线性方案 4	0.549	70.463	55.237	31.592	3.557

表 9-17　基于留一法的模型总体精度

模　型	决定系数 R^2	均方根误差 RMSE（m^3/hm^2）	平均绝对误差 MAE（m^3/hm^2）	平均绝对百分比误差 MAPE（%）	总相对误差 TRE（%）
线性方案 1 和 2	0.749	39.892	39.892	61.586	−1.568
线性方案 3	0.795	36.919	36.919	55.048	−1.558
线性方案 4	0.771	42.744	42.744	39.365	−2.656
非线性方案 1 和 2	0.790	39.696	39.696	24.108	3.052
非线性方案 3	0.788	39.792	39.792	24.934	3.258
非线性方案 4	0.558	53.641	53.641	29.657	6.708

9.2.4　林分航空蓄积表编制

根据建模精度以及十折交叉验证和留一法验证结果，所有线性回归模型和非线性回归模型中，多元非线性模型方案 1/2 建模精度较好，验证结果较优，参数变量为两位，选择建立二元林分航空蓄积表。

模型形式：$\ln V = 1.581\ln CC + 0.820\ln h_{70th} + 3.685$。

模型变量：70% 点云高度百分位数（m）和覆盖度。

模型预测散点图（基于十折交叉验证法见图 9-2）：

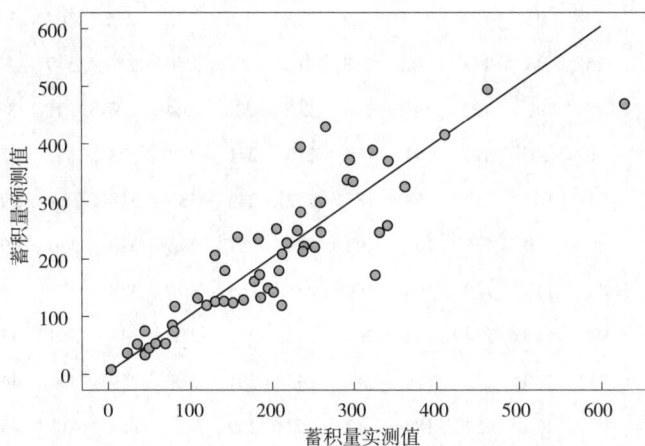

图 9-2　十折交叉验证模型预测结果（非线性方案 1/2）

编制的林分航空蓄积表成果见表 9-18：

表 9-18　福建省 – 杉木林分航空蓄积表

70% 点云高度百分位数（m）	覆盖度（%）															
	0.20	0.25	0.30	0.35	0.40	0.45	0.50	0.55	0.60	0.65	0.70	0.75	0.80	0.85	0.90	0.95
2	6	8	10	13	17	20	24	27	31	36	40	45	49	54	60	65
3	8	11	15	19	23	28	33	38	44	50	56	62	69	76	83	90
4	10	14	19	24	29	35	42	48	55	63	71	79	87	96	105	115
5	12	17	22	28	35	42	50	58	66	75	85	95	105	115	126	138
6	14	19	26	33	41	49	58	67	77	88	99	110	122	134	147	160
7	15	22	29	37	46	56	66	76	88	99	112	125	138	152	166	181
8	17	24	33	42	51	62	73	85	98	111	125	139	154	170	186	202
9	19	27	36	46	57	68	81	94	108	122	137	153	170	187	204	223
10	21	29	39	50	62	74	88	102	117	133	150	167	185	204	223	243
11	22	32	42	54	67	81	95	111	127	144	162	181	200	220	241	262
12	24	34	46	58	72	87	102	119	136	155	174	194	215	236	259	282
13	26	36	49	62	77	92	109	127	146	165	186	207	229	252	276	301
14	27	39	52	66	81	98	116	135	155	176	197	220	244	268	294	320
15	29	41	55	70	86	104	123	143	164	186	209	233	258	284	311	338
16	30	43	58	74	91	110	129	150	173	196	220	246	272	299	328	357
17	32	45	61	77	96	115	136	158	181	206	231	258	286	315	344	375
18	33	48	64	81	100	121	142	166	190	216	243	271	300	330	361	393
19	35	50	66	85	105	126	149	173	199	226	254	283	313	345	377	411
20	36	52	69	88	109	132	155	181	207	235	264	295	327	359	393	429
21	38	54	72	92	114	137	162	188	216	245	275	307	340	374	409	446
22	39	56	75	96	118	142	168	195	224	254	286	319	353	389	425	463
23	41	58	78	99	122	147	174	203	232	264	297	331	366	403	441	481
24	42	60	80	103	127	153	180	210	241	273	307	342	379	417	457	498
25	44	62	83	106	131	158	187	217	249	282	318	354	392	432	472	515
26	45	64	86	110	135	163	193	224	257	292	328	366	405	446	488	531
27	47	66	89	113	140	168	199	231	265	301	338	377	418	460	503	548
28	48	68	91	116	144	173	205	238	273	310	348	389	430	474	518	565
29	49	70	94	120	148	178	211	245	281	319	359	400	443	487	534	581
30	51	72	97	123	152	183	217	252	289	328	369	411	455	501	549	598
31	52	74	99	127	156	188	223	259	297	337	379	422	468	515	564	614

续表

70% 点云 高度百分 位数（m）	覆盖度（%）															
	0.20	0.25	0.30	0.35	0.40	0.45	0.50	0.55	0.60	0.65	0.70	0.75	0.80	0.85	0.90	0.95
32	54	76	102	130	160	193	228	266	305	346	389	434	480	528	578	630
33	55	78	104	133	165	198	234	272	312	355	399	445	492	542	593	646
34	56	80	107	137	169	203	240	279	320	363	409	456	505	555	608	662
35	58	82	110	140	173	208	246	286	328	372	418	467	517	569	623	678
36	59	84	112	143	177	213	252	292	336	381	428	478	529	582	637	694

9.3 马尾松林分蓄积量模型构建

9.3.1 多元线性模型

9.3.1.1 变量筛选

按照 3.3.3 节"4 种模型变量组合方案"，筛选 4 类多元线性模型的模型变量。经过逐步回归筛选（方案 1 和 2）或 Pearson 相关分析（方案 4）之后，可以确定 4 种模型的自变量，如表 9–19 所示。

表 9–19　变量筛选结果

方案编号	变量筛选方法	筛选后的变量
1 和 2	逐步回归	70% 点云高度百分位数（elev_70th）、覆盖度（CC）、1% 点云高度百分位数（elev_1st）和密度变量 [8]（density[8]）
3	固定变量	点云平均高（elev_mean）、覆盖度（CC）
4	Pearson 相关分析	70% 点云高度百分位数（elev_70th）、密度变量 [2]（density[2]）

9.3.1.2 建立模型

针对 4 种方案，分别以多元线性回归法建立蓄积估测模型，得到的模型及其评价指标如表 9–20、表 9–21 所示。

表 9–20　多元线性回归模型公式

模型方案	模型参数	模型公式
1 和 2	h_{70th}、CC、h_{1st}、d_8	$V=6.123h_{70th}+269.034CC+6.351h_{1st}+83.334d_8-117.308$
3	h_{mean}、CC	$V=10.733h_{mean}+257.273CC-107.772$
4	h_{70th}、d_2	$V=12.213h_{70th}-210.261d_2+1.339$

表 9-21　多元线性回归模型评价指标

模型方案	R^2	修正 R^2	残差标准差
1 和 2	0.882	0.871	37.047
3	0.849	0.842	40.999
4	0.773	0.763	50.294

9.3.2　多元非线性模型

9.3.2.1　变量筛选

按照 3.3.3 节"4 种模型变量组合方案"，筛选 4 类多元非线性模型的模型变量。经过逐步回归筛选（方案 1 和 2）或 Pearson 相关分析（方案 4）之后，可以确定 4 种模型的自变量，如表 9-22 所示。

表 9-22　变量筛选结果

方案编号	变量筛选方法	筛选后的变量
1	逐步回归	点云平均高（elev_mean）、覆盖度（CC）和密度变量 [3]（density[3]）
2	逐步回归	点云平均高（elev_mean）、覆盖度（CC）和点云强度中位数（int_mad）
3	固定变量	点云平均高（elev_mean）、覆盖度（CC）
4	Pearson 相关分析	50% 点云高度百分位数（elev_50th）、密度变量 [3]（density[3]）

9.3.2.2　建立模型

针对 4 种方案，分别以多元非线性回归法建立蓄积估测模型，得到的模型及其评价指标如表 9-23、表 9-24 所示。

表 9-23　多元非线性回归模型公式

模型方案	模型参数	模型公式
1	h_{mean}、CC、d_3	$\ln V = 1.371\ln h_{mean} + 0.576\ln CC + 0.079d_3 + 2.182$
2	h_{mean}、CC、i_{mad}	$\ln V = 0.858\ln h_{mean} + 1.468\ln CC + 0.041\ln i_{mad} + 3.380$
3	h_{mean}、CC	$\ln V = 1.254\ln h_{mean} + 0.634\ln CC + 2.277$
4	h_{50th}、d_3	$\ln V = 1.590\ln h_{50th} + 0.139\ln d_3 + 1.292$

表 9-24　非线性回归模型评价指标

模型方案	R^2	修正 R^2	残差标准差
1	0.915	0.909	0.265
2	0.957	0.954	0.190
3	0.912	0.909	0.265
4	0.864	0.858	0.331

9.3.3　模型精度评价

基于不同模型精度评价指标分析，得出最佳建模方案，如表 9-25、表 9-26 所示。

表 9-25　基于十折交叉验证的模型总体精度

模型	决定系数 R^2	总相对误差 TRE（%）	均方根误差 RMSE（m³/hm²）	平均绝对误差 MAE（m³/hm²）	平均绝对百分比误差 MAPE（%）
线性方案 1 和 2	0.852	0.603	34.981	29.119	0.290
线性方案 3	0.820	0.170	37.441	30.606	0.284
线性方案 4	0.739	−0.031	45.453	38.656	0.303
非线性方案 1	0.695	−0.026	47.222	39.800	0.259
非线性方案 2	0.645	0.031	49.993	41.617	0.267
非线性方案 3	0.664	−0.024	48.855	40.567	0.261
非线性方案 4	0.642	−0.008	53.936	43.173	0.329

表 9-26　基于留一法的模型总体精度

模型	决定系数 R^2	总相对误差 TRE（%）	均方根误差 RMSE（m³/hm²）	平均绝对误差 MAE（m³/hm²）	平均绝对百分比误差 MAPE（%）
线性方案 1 和 2	0.842	−0.439	143.398	143.398	1.253
线性方案 3	0.827	−2.227	146.846	146.846	1.238
线性方案 4	0.731	0.064	189.526	189.526	1.418
非线性方案 1	0.725	0.198	37.558	37.558	0.229
非线性方案 2	0.661	0.281	40.271	40.271	0.238
非线性方案 3	0.709	0.194	38.215	38.215	0.230
非线性方案 4	0.645	0.052	42.189	42.189	0.288

9.3.4　林分航空蓄积表编制

根据建模精度以及十折交叉验证和留一法验证结果，所有线性回归模型和非线性回归模型中，多元线性模型方案 3 建模精度较好，验证结果较优，参数变量为两位，选择建立二元林分航空蓄积表。

模型形式：$V=10.733h_{mean}+257.273CC-107.772$。

模型变量：点云平均高和覆盖度。

模型预测散点图（基于十折交叉验证法见图 9-3）：

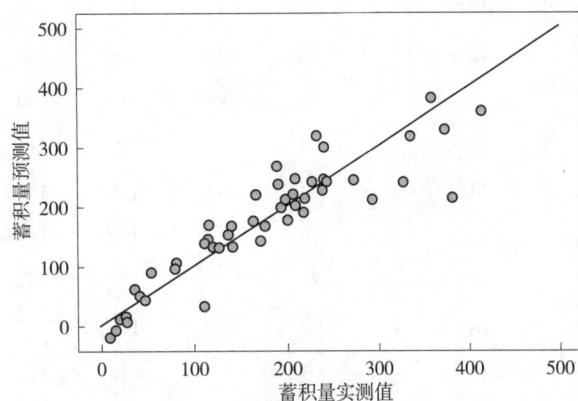

图 9-3　十折交叉验证模型预测结果（线性方案 3）

编制的林分航空蓄积表成果见表 9-27：

表 9-27　福建省 – 马尾松林分航空蓄积表

点云平均高（m）	覆盖度（%）								
	0.1	0.2	0.3	0.4	0.5	0.6	0.7	0.8	0.9
3.0			2	27	53	79	105	130	156
3.5			7	33	58	84	110	136	161
4.0			12	38	64	90	115	141	167
4.5			18	43	69	95	121	146	172
5.0			23	49	75	100	126	152	177
5.5		3	28	54	80	106	131	157	183
6.0		8	34	60	85	111	137	162	188
6.5		13	39	65	91	116	142	168	194
7.0		19	45	70	96	122	147	173	199
7.5		24	50	76	101	127	153	179	204
8.0	4	30	55	81	107	132	158	184	210
8.5	9	35	61	86	112	138	164	189	215
9.0	15	40	66	92	117	143	169	195	220
9.5	20	46	71	97	123	149	174	200	226
10.0	25	51	77	102	128	154	180	205	231
10.5	31	56	82	108	134	159	185	211	236
11.0	36	62	87	113	139	165	190	216	242
11.5	41	67	93	119	144	170	196	221	247
12.0	47	72	98	124	150	175	201	227	253
12.5	52	78	104	129	155	181	206	232	258
13.0	57	83	109	135	160	186	212	238	263
13.5	63	89	114	140	166	191	217	243	269
14.0	68	94	120	145	171	197	223	248	274
14.5	74	99	125	151	176	202	228	254	279
15.0	79	105	130	156	182	208	233	259	285
15.5	84	110	136	161	187	213	239	264	290
16.0	90	115	141	167	193	218	244	270	296
16.5	95	121	147	172	198	224	249	275	301
17.0	100	126	152	178	203	229	255	281	306
17.5	106	132	157	183	209	234	260	286	312
18.0	111	137	163	188	214	240	266	291	317

续表

点云平均高（m）	覆盖度（%）								
	0.1	0.2	0.3	0.4	0.5	0.6	0.7	0.8	0.9
18.5	117	142	168	194	219	245	271	297	322
19.0	122	148	173	199	225	251	276	302	328
19.5	127	153	179	204	230	256	282	307	333
20.0	133	158	184	210	236	261	287	313	338
20.5	138	164	189	215	241	267	292	318	344
21.0	143	169	195	221	246	272	298	323	349
21.5	149	174	200	226	252	277	303	329	355
22.0	154	180	206	231	257	283	308	334	360
22.5	159	185	211	237	262	288	314	340	365
23.0	165	191	216	242	268	293	319	345	371
23.5	170	196	222	247	273	299	325	350	376
24.0	176	201	227	253	278	304	330	356	381
24.5	181	207	232	258	284	310	335	361	387

9.4　樟楠林分蓄积量模型构建

9.4.1　多元线性模型

9.4.1.1　变量筛选

按照 3.3.3 节 "4 种模型变量组合方案"，筛选 4 类多元线性模型的模型变量。经过逐步回归筛选（方案 1 和 2）或 Pearson 相关分析（方案 4）之后，可以确定 4 种模型的自变量，如表 9-28 所示。

表 9-28　变量筛选结果

方案编号	变量筛选方法	筛选后的变量
1 和 2	逐步回归	10% 点云高度百分位数（elev_10th）
3	固定变量	点云平均高（elev_mean）、覆盖度（CC）
4	Pearson 相关分析	50% 点云高度百分位数（elev_50th）、密度变量 [5]（density[5]）

9.4.1.2　建立模型

针对 4 种方案，分别以多元线性回归法建立蓄积估测模型，得到的模型及其评价指标如表 9-29、表 9-30 所示。

表 9-29 多元线性回归模型公式

模型方案	模型参数	模型公式
1 和 2	h_{10th}	$V=16.124h_{10th}-0.428$
3	CC、h_{mean}	$V=41.133CC+13.856h_{mean}-35.028$
4	h_{50th}、d_5	$V=9.231h_{50th}-647.441d_5+91.069$

表 9-30 多元线性回归模型评价指标

模型方案	R^2	修正 R^2	残差标准差
1 和 2	0.697	0.677	67.591
3	0.688	0.643	71.051
4	0.703	0.661	69.273

9.4.2 多元非线性模型

9.4.2.1 变量筛选

按照 3.3.3 节 "4 种模型变量组合方案"，筛选 4 类多元非线性模型的模型变量。经过逐步回归筛选（方案 1 和 2）或 Pearson 相关分析（方案 4）之后，可以确定 4 种模型的自变量，如表 9-31 所示。

表 9-31 变量筛选结果

方案编号	变量筛选方法	筛选后的变量
1 和 2	逐步回归	10% 点云高度百分位数（elev_10th）
3	固定变量	点云平均高（elev_mean）、覆盖度（CC）
4	Pearson 相关分析	10% 点云高度百分位数（elev_10th）和密度变量 [3]（density[3]）

9.4.2.2 建立模型

针对 4 种方案，分别以多元非线性回归法建立蓄积估测模型，得到的模型及其评价指标如表 9-32、表 9-33 所示。

表 9-32 多元非线性回归模型公式

模型方案	模型参数	模型公式
1 和 2	h_{10th}	$\ln V=1.222\ln h_{10th}+2.141$
3	h_{mean}、CC	$\ln V=1.202\ln h_{mean}+0.448\ln CC+2.145$
4	h_{10th}、d_3	$\ln V=1.082\ln h_{10th}-0.087\ln d_3+2.146$

表 9-33 非线性回归模型评价指标

模型方案	R^2	修正 R^2	残差标准差
1 和 2	0.900	0.894	0.257
3	0.898	0.884	0.269
4	0.914	0.902	0.246

9.4.3 模型精度评价

基于不同模型精度评价指标分析，得出最佳建模方案，如表 9-34、表 9-35 所示。

表 9-34 基于十折交叉验证的模型总体精度

模型	决定系数 R^2	总相对误差 TRE（%）	均方根误差 RMSE（m^3/hm^2）	平均绝对误差 MAE（m^3/hm^2）	平均绝对百分比误差 MAPE（%）
线性方案 1 和 2	0.642	−0.011	53.096	44.645	0.251
线性方案 3	0.484	−0.054	68.941	60.321	0.505
线性方案 4	0.650	−0.008	53.894	45.480	0.227
非线性方案 1 和 2	0.606	0.038	56.947	49.739	0.248
非线性方案 3	0.454	0.014	69.863	59.785	0.362
非线性方案 4	0.624	0.057	55.539	47.175	0.246

表 9-35 基于留一法的模型总体精度

模型	决定系数 R^2	总相对误差 TRE（%）	均方根误差 RMSE（m^3/hm^2）	平均绝对误差 MAE（m^3/hm^2）	平均绝对百分比误差 MAPE（%）
线性方案 1 和 2	0.606	−0.054	79.504	79.504	0.452
线性方案 3	0.569	−0.049	92.973	92.973	0.494
线性方案 4	0.649	0.102	78.279	78.279	0.327
非线性方案 1 和 2	0.609	0.033	50.933	50.933	0.250
非线性方案 3	0.555	0.019	55.563	55.563	0.295
非线性方案 4	0.618	0.045	51.537	51.537	0.260

9.4.4 林分航空蓄积表编制

根据建模精度以及十折交叉验证和留一法验证结果，所有线性回归模型和非线性回归模型中，多元线性模型方案 4 建模精度较好，验证结果较优，选择建立二元林分航空蓄积表。

模型形式：$V=9.231h_{50th}-647.441d_5+91.069$。

模型变量：50% 点云高度百分位数、密度变量 [5]。

模型预测散点图（基于十折交叉验证法见图 9-4）：

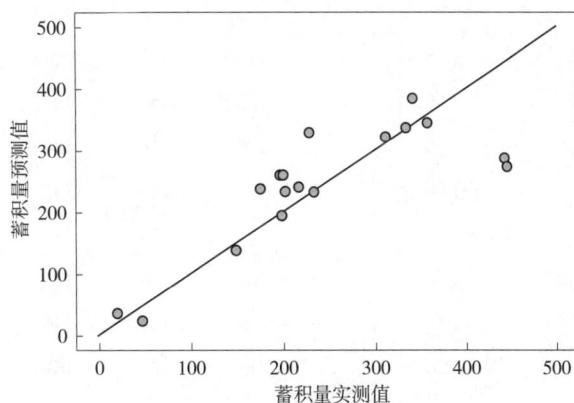

图 9-4 十折交叉验证模型预测结果（线性方案 4）

编制的林分航空蓄积表成果见表 9-36：

表 9-36　福建省 – 樟楠林分航空蓄积表

50% 点云高度百分位数（m）	密度变量 [5]							
	0.04	0.08	0.12	0.16	0.20	0.24	0.28	0.32
2.0	84	58	32	6				
2.5	88	62	36	11				
3.0	93	67	41	15				
3.5	97	72	46	20				
4.0	102	76	50	24				
4.5	107	81	55	29	3			
5.0	111	85	60	34	8			
5.5	116	90	64	38	12			
6.0	121	95	69	43	17			
6.5	125	99	73	47	22			
7.0	130	104	78	52	26			
7.5	134	109	83	57	31	5		
8.0	139	113	87	61	35	10		
8.5	144	118	92	66	40	14		
9.0	148	122	96	71	45	19		
9.5	153	127	101	75	49	23		
10.0	157	132	106	80	54	28	2	
10.5	162	136	110	84	59	33	7	
11.0	167	141	115	89	63	37	11	
11.5	171	145	120	94	68	42	16	
12.0	176	150	124	98	72	46	21	
12.5	181	155	129	103	77	51	25	
13.0	185	159	133	107	82	56	30	4
13.5	190	164	138	112	86	60	34	9
14.0	194	169	143	117	91	65	39	13
14.5	199	173	147	121	95	70	44	18
15.0	204	178	152	126	100	74	48	22
15.5	208	182	156	131	105	79	53	27
16.0	213	187	161	135	109	83	57	32
16.5	217	192	166	140	114	88	62	36
17.0	222	196	170	144	119	93	67	41
17.5	227	201	175	149	123	97	71	45

续表

50% 点云高度百分位数（m）	密度变量 [5]							
	0.04	0.08	0.12	0.16	0.20	0.24	0.28	0.32
18.0	231	205	180	154	128	102	76	50
18.5	236	210	184	158	132	106	81	55
19.0	241	215	189	163	137	111	85	59
19.5	245	219	193	167	142	116	90	64
20.0	250	224	198	172	146	120	94	69
20.5	254	229	203	177	151	125	99	73
21.0	259	233	207	181	155	130	104	78
21.5	264	238	212	186	160	134	108	82
22.0	268	242	216	191	165	139	113	87
22.5	273	247	221	195	169	143	117	92
23.0	277	252	226	200	174	148	122	96
23.5	282	256	230	204	179	153	127	101
24.0	287	261	235	209	183	157	131	105

9.5　木荷林分蓄积量模型构建

9.5.1　多元线性模型

9.5.1.1　变量筛选

按照 3.3.3 节"4 种模型变量组合方案"，筛选 4 类多元线性模型的模型变量。经过逐步回归筛选（方案 1 和 2）或 Pearson 相关分析（方案 4）之后，可以确定 4 种模型的自变量，如表 9-37 所示。

表 9-37　变量筛选结果

方案编号	变量筛选方法	筛选后的变量
1 和 2	逐步回归	覆盖度（CC）、99% 点云高度百分位数（elev_99th）
3	固定变量	点云平均高（elev_mean）、覆盖度（CC）
4	Pearson 相关分析	覆盖度（CC）、点云强度中位数（int_mad）

9.5.1.2　建立模型

针对 4 种方案，分别以多元线性回归法建立蓄积估测模型，得到的模型及其评价指标如表 9-38、表 9-39 所示。

表 9-38　多元线性回归模型公式

模型方案	模型参数	模型公式
1 和 2	CC、h_{99th}	$V=365.366CC+6.868h_{99th}-210.525$
3	h_{mean}、CC	$V=371.172CC+7.209h_{mean}-175.846$
4	CC、i_{mad}	$V=387.726CC-0.009i_{mad}-26.987$

表 9-39　多元线性回归模型评价指标

模型方案	R^2	修正 R^2	残差标准差
1 和 2	0.677	0.634	44.237
3	0.669	0.625	44.742
4	0.615	0.563	48.294

9.5.2　多元非线性模型

9.5.2.1　变量筛选

按照 3.3.3 节"4 种模型变量组合方案",筛选 4 类多元非线性模型的模型变量。经过逐步回归筛选(方案 1 和 2)或 Pearson 相关分析(方案 4)之后,可以确定 4 种模型的自变量,如表 9-40 所示。

表 9-40　变量筛选结果

方案编号	变量筛选方法	筛选后的变量
1 和 2	逐步回归	覆盖度(CC)
3	固定变量	点云平均高(elev_mean)、覆盖度(CC)
4	Pearson 相关分析	覆盖度(CC)、密度变量 [2](density[2])

9.5.2.2　建立模型

针对 4 种方案,分别以多元非线性回归法建立蓄积估测模型,得到的模型及其评价指标如表 9-41、表 9-42 所示。

表 9-41　非线性回归模型公式

模型方案	模型参数	模型公式
1 和 2	CC	$\ln V=1.855\ln CC+5.863$
3	h_{mean}、CC	$\ln V=1.672\ln CC+0.398\ln h_{mean}+4.736$
4	CC、d_2	$\ln V=1.653\ln CC-0.071\ln d_2+5.509$

表 9-42　非线性回归模型评价指标

模型方案	R^2	修正 R^2	残差标准差
1 和 2	0.643	0.621	0.262
3	0.688	0.646	0.253
4	0.681	0.638	0.256

9.5.3 模型精度评价

表 9–43、表 9–44 分别为十折交叉验证和留一法验证结果。

表 9–43 基于十折交叉验证的模型总体精度

模型	决定系数 R^2	均方根误差 RMSE（m^3/hm^2）	平均绝对误差 MAE（m^3/hm^2）	平均绝对百分比误差 MAPE（%）	总相对误差 TRE（%）
线性方案 1 和 2	0.587	37.358	33.314	22.475	0.936
线性方案 3	0.563	39.979	36.903	25.547	0.431
线性方案 4	0.404	49.491	43.689	25.395	−0.024
非线性方案 1 和 2	0.489	41.386	36.291	21.216	3.108
非线性方案 3	0.583	37.698	34.054	22.006	2.638
非线性方案 4	0.547	38.183	33.459	20.751	3.461

表 9–44 基于留一法的模型总体精度

模型	决定系数 R^2	均方根误差 RMSE（m^3/hm^2）	平均绝对误差 MAE（m^3/hm^2）	平均绝对百分比误差 MAPE（%）	总相对误差 TRE（%）
线性方案 1 和 2	0.589	35.789	35.789	23.156	0.342
线性方案 3	0.553	39.731	39.731	26.795	0.065
线性方案 4	0.407	42.117	42.117	0.238	1.447
非线性方案 1 和 2	0.477	39.566	39.566	22.581	3.566
非线性方案 3	0.563	38.556	38.556	24.530	2.374
非线性方案 4	0.545	36.909	36.909	22.826	2.749

9.5.4 林分航空蓄积表编制

根据建模结果非线性回归模型方案 3 精度较高，在十折交叉验证和留一法验证中效果较好，故选择非线性回归模型中方案 3 模型建立二元林分航空蓄积表。

模型形式：$\ln V = 1.672 \ln CC + 0.398 \ln h_{mean} + 4.736$。

模型变量：点云平均高和覆盖度。

模型预测散点图（基于十折交叉验证法见图 9–5）：

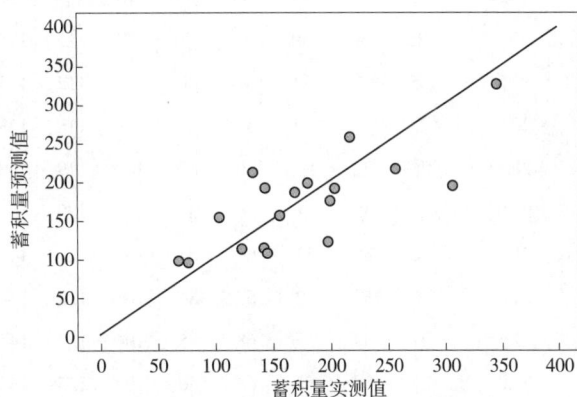

图 9–5 十折交叉验证模型预测结果（非线性方案 3）

编制的林分航空蓄积表成果见表 9-45：

表 9-45   南方林区 - 木荷林分航空蓄积表

点云平均高（m）	覆盖度（%）															
	0.20	0.25	0.30	0.35	0.40	0.45	0.50	0.55	0.60	0.65	0.70	0.75	0.80	0.85	0.90	0.95
8.0	18	26	35	45	56	69	82	96	111	127	144	161	180	199	219	239
8.5	18	26	36	46	58	70	84	98	114	130	147	165	184	204	224	245
9.0	19	27	37	47	59	72	86	101	116	133	151	169	188	208	229	251
9.5	19	27	37	48	60	73	88	103	119	136	154	173	192	213	234	256
10.0	19	28	38	49	62	75	89	105	121	139	157	176	196	217	239	262
10.5	20	29	39	50	63	76	91	107	124	141	160	180	200	221	244	267
11.0	20	29	40	51	64	78	93	109	126	144	163	183	204	226	248	272
11.5	20	30	40	52	65	79	95	111	128	147	166	186	207	230	253	277
12.0	21	30	41	53	66	81	96	113	130	149	169	189	211	234	257	281
12.5	21	31	42	54	67	82	98	115	133	152	172	193	214	237	261	286
13.0	21	31	42	55	68	83	99	116	135	154	174	196	218	241	265	290
13.5	22	32	43	56	69	85	101	118	137	156	177	199	221	245	269	295
14.0	22	32	44	56	70	86	102	120	139	159	179	201	224	248	273	299
14.5	22	33	44	57	71	87	104	122	141	161	182	204	228	252	277	303
15.0	23	33	45	58	72	88	105	123	143	163	184	207	231	255	281	307
15.5	23	33	45	59	73	89	106	125	144	165	187	210	234	259	284	311
16.0	23	34	46	59	74	90	108	126	146	167	189	212	237	262	288	315
16.5	24	34	46	60	75	92	109	128	148	169	192	215	240	265	292	319
17.0	24	35	47	61	76	93	110	130	150	171	194	218	242	268	295	323
17.5	24	35	48	62	77	94	112	131	152	173	196	220	245	271	299	327
18.0	24	35	48	62	78	95	113	133	153	175	198	223	248	274	302	330
18.5	25	36	49	63	79	96	114	134	155	177	201	225	251	277	305	334
19.0	25	36	49	64	80	97	115	135	157	179	203	227	253	280	309	338
19.5	25	37	50	64	80	98	117	137	158	181	205	230	256	283	312	341
20.0	25	37	50	65	81	99	118	138	160	183	207	232	259	286	315	345
20.5	26	37	51	66	82	100	119	140	161	185	209	234	261	289	318	348
21.0	26	38	51	66	83	101	120	141	163	186	211	237	264	292	321	351
21.5	26	38	52	67	84	102	121	142	165	188	213	239	266	295	324	355
22.0	26	38	52	67	84	103	122	144	166	190	215	241	269	297	327	358
22.5	27	39	53	68	85	104	123	145	168	192	217	243	271	300	330	361
23.0	27	39	53	69	86	104	125	146	169	193	219	245	273	303	333	364
23.5	27	39	53	69	87	105	126	147	170	195	221	248	276	305	336	368
24.0	27	40	54	70	87	106	127	149	172	196	222	250	278	308	339	371

续表

点云平均高 （m）	覆盖度（%）															
	0.20	0.25	0.30	0.35	0.40	0.45	0.50	0.55	0.60	0.65	0.70	0.75	0.80	0.85	0.90	0.95
24.5	28	40	54	70	88	107	128	150	173	198	224	252	280	310	341	374
25.0	28	40	55	71	89	108	129	151	175	200	226	254	283	313	344	377
25.5	28	41	55	71	89	109	130	152	176	201	228	256	285	315	347	380
26.0	28	41	56	72	90	110	131	153	177	203	230	258	287	318	350	383
26.5	28	41	56	73	91	111	132	155	179	204	231	260	289	320	352	386
27.0	29	42	57	73	91	111	133	156	180	206	233	262	291	322	355	388

9.6　阔叶混林分蓄积量模型构建

9.6.1　多元线性模型

9.6.1.1　变量筛选

按照 3.3.3 节"4 种模型变量组合方案"，筛选 4 类多元线性模型的模型变量。经过逐步回归筛选（方案 1 和 2）或 Pearson 相关分析（方案 4）之后，可以确定 4 种模型的自变量，如表 9-46 所示。

表 9-46　变量筛选结果

方案编号	变量筛选方法	筛选后的变量
1	逐步回归	1% 点云高度百分位数（elev_1st）和点云高度最小值（elev_min）
2	逐步回归	1% 点云高度百分位数（elev_1st）、点云高度最小值（elev_min）、点云强度中位数（int_mad）、95% 点云高度百分位数（elev_95th）
3	固定变量	点云平均高（elev_mean）、覆盖度（CC）
4	Pearson 相关分析	1% 点云高度百分位数（elev_1st）、密度变量 [1]（density[1]）

9.6.1.2　建立模型

针对 4 种方案，分别以多元线性回归法建立蓄积估测模型，得到的模型及其评价指标如表 9-47、表 9-48 所示。

表 9-47　多元线性回归模型公式

模型方案	模型参数	模型公式
1	h_{1st}、h_{min}	$V=67.171h_{1st}-134.499h_{min}+112.878$
2	h_{1st}、h_{min}、i_{mad}、h_{95th}	$V=49.444h_{1st}-116.625h_{min}+0.017i_{mad}+6.401h_{95th}-35.039$
3	h_{mean}、CC	$V=5.941h_{mean}+449.533CC-176.242$
4	h_{1st}、d_1	$V=50.175h_{1st}+50.673d_1-99.195$

表 9-48　多元线性回归模型评价指标

模型方案	R^2	修正 R^2	残差标准差
1	0.771	0.747	67.681
2	0.883	0.856	51.104
3	0.604	0.563	88.927
4	0.620	0.580	87.181

9.6.2　多元非线性模型

9.6.2.1　变量筛选

按照 3.3.3 节 "4 种模型变量组合方案"，筛选 4 类多元非线性模型的模型变量。经过逐步回归筛选（方案 1 和 2）或 Pearson 相关分析（方案 4）之后，可以确定 4 种模型的自变量，如表 9-49 所示。

表 9-49　变量筛选结果

方案编号	变量筛选方法	筛选后的变量
1	逐步回归	覆盖度（CC）、1% 点云高度百分位数（elev_1st）和密度变量 [9]（density[9]）
2	逐步回归	覆盖度（CC）、密度变量 [9]（density[9]）
3	固定变量	点云平均高（elev_mean）、覆盖度（CC）
4	Pearson 相关分析	覆盖度（CC）、密度变量 [2]（density[2]）

9.6.2.2　建立模型

针对 4 种方案，分别以多元非线性回归法建立蓄积估测模型，得到的模型及其评价指标如表 9-50、表 9-51 所示。

表 9-50　多元非线性回归模型公式

模型方案	模型参数	模型公式
1	CC、h_{1st}、d_9	$\ln V = 1.294\ln CC + 0.734\ln h_{1st} + 0.177\ln d_9 + 5.158$
2	CC、d_9	$\ln V = 1.791\ln CC + 0.271\ln d_9 + 6.987$
3	h_{mean}、CC	$\ln V = 0.758\ln h_{mean} + 1.529\ln CC + 3.760$
4	CC、d_2	$\ln V = 2.396\ln CC - 0.157\ln d_2 + 5.738$

表 9-51　非线性回归模型评价指标

模型方案	R^2	修正 R^2	残差标准差
1	0.915	0.901	0.304
2	0.873	0.860	0.361
3	0.865	0.851	0.372
4	0.834	0.816	0.407

9.6.3 模型精度评价

基于不同模型精度评价指标分析,得出最佳建模方案,如表 9–52、表 9–53 所示。

表 9–52　基于不同回波次数点云的模型总体精度

模型	决定系数 R^2	总相对误差 TRE（%）	均方根误差 RMSE（m³/hm²）	平均绝对误差 MAE（m³/hm²）	平均绝对百分比误差 MAPE（%）
线性方案 1	0.209	−0.912	87.897	79.325	0.617
线性方案 2	0.013	0.009	94.212	76.232	0.656
线性方案 3	0.341	−0.165	83.390	76.823	0.841
线性方案 4	0.193	0.087	86.599	76.302	0.538
非线性方案 1	0.774	0.099	51.506	40.787	0.295
非线性方案 2	0.702	0.142	55.827	48.053	0.348
非线性方案 3	0.599	0.135	62.161	53.380	0.332
非线性方案 4	0.555	0.164	64.467	55.572	0.379

表 9–53　基于留一法的模型总体精度

模型	决定系数 R^2	总相对误差 TRE（%）	均方根误差 RMSE（m³/hm²）	平均绝对误差 MAE（m³/hm²）	平均绝对百分比误差 MAPE（%）
线性方案 1	0.351	1.631	142.664	142.664	1.176
线性方案 2	−0.007	0.009	165.201	165.201	1.683
线性方案 3	0.431	−1.583	153.303	153.303	1.689
线性方案 4	0.307	0.170	142.987	142.987	1.149
非线性方案 1	0.778	0.059	37.849	37.849	0.304
非线性方案 2	0.698	0.093	44.350	44.350	0.361
非线性方案 3	0.592	0.095	49.734	49.734	0.349
非线性方案 4	0.512	0.169	54.642	54.642	0.422

9.6.4 林分航空蓄积表编制

根据建模精度以及十折交叉验证和留一法验证结果,所有线性回归模型和非线性回归模型中,多元非线性模型方案 2 具有建模精度较好、验证结果较优、参数变量适中的特点,故选择建立二元林分航空蓄积表。

模型形式: $\ln V = 1.791 \ln CC + 0.271 \ln d_9 + 6.987$。

模型变量: 覆盖度、密度变量 [9]。

模型预测散点图(基于十折交叉验证法见图 9–6):

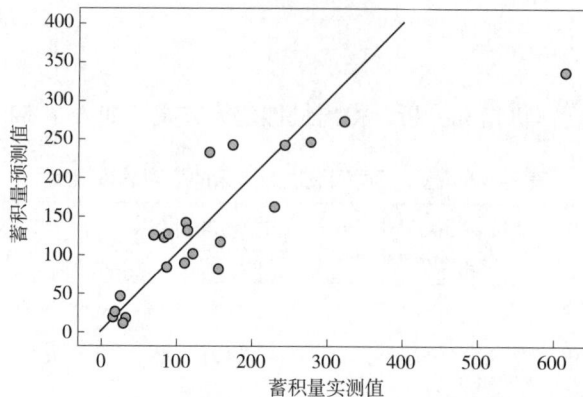

图 9-6　十折交叉验证模型预测结果（非线性方案 2）

编制的林分航空蓄积表成果见表 9-54：

表 9-54　福建省 – 阔叶混林分航空蓄积表

密度变量 [9]	覆盖度（%）							
	0.20	0.30	0.40	0.50	0.60	0.70	0.80	0.90
0.01	17	36	60	90	124	164	208	257
0.02	21	43	73	108	150	198	251	310
0.03	23	48	81	121	168	221	281	347
0.04	25	52	88	131	181	239	303	375
0.05	27	56	93	139	193	254	322	398
0.06	28	58	98	146	202	267	339	418
0.07	29	61	102	152	211	278	353	436
0.08	31	63	106	158	219	288	366	452
0.09	32	65	109	163	226	298	378	467
0.10	32	67	112	168	232	306	389	480

9.7　针叶混林分蓄积量模型构建

9.7.1　多元线性模型

9.7.1.1　变量筛选

按照 3.3.3 节 "4 种模型变量组合方案"，筛选 4 类多元线性模型的模型变量。经过逐步回归筛选（方案 1 和 2）或 Pearson 相关分析（方案 4）之后，可以确定 4 种模型的自变量，如表 9-55 所示。

表 9-55　变量筛选结果

方案编号	变量筛选方法	筛选后的变量
1	逐步回归	覆盖度（CC）与点云高度最大值（elev_max）
2	逐步回归	覆盖度（CC）与点云高度最大值（elev_max）、70% 点云强度百分位数（int_70th）
3	固定变量	点云平均高（elev_mean）、覆盖度（CC）
4	Pearson 相关分析	90% 点云高度百分位数（elev_90th）、密度变量 [2]（density[2]）

9.7.1.2　建立模型

针对 4 种方案，分别以多元线性回归法建立蓄积估测模型，得到的模型及其评价指标如表 9-56、表 9-57 所示。

表 9-56　多元线性回归模型公式

模型方案	模型参数	模型公式
1	h_{max}、CC	$V=10.430h_{max}+309.400CC-198.794$
2	h_{max}、CC、i_{70th}	$V=6.034h_{max}+585.232CC+0.005i_{70th}-410.171$
3	h_{mean}、CC	$V=314.064CC+13.746h_{mean}-160.770$
4	h_{90th}、d_2	$V=14.520h_{90th}-125.758d_2-16.831$

表 9-57　多元线性回归模型评价指标

模型方案	R^2	修正 R^2	残差标准差
1	0.668	0.638	72.092
2	0.815	0.788	55.121
3	0.637	0.604	75.402
4	0.535	0.493	85.312

9.7.2　多元非线性模型

9.7.2.1　变量筛选

按照 3.3.3 节 "4 种模型变量组合方案"，筛选 4 类多元非线性模型的模型变量。经过逐步回归筛选（方案 1 和 2）或 Pearson 相关分析（方案 4）之后，可以确定 4 种模型的自变量，如表 9-58 所示。

表 9-58　变量筛选结果

方案编号	变量筛选方法	筛选后的变量
1	逐步回归	99% 点云高度百分位数（elev_99th）、覆盖度（CC）
2	逐步回归	10% 点云高度百分位数（elev_10th）、覆盖度（CC）、20% 点云强度百分位数（int_20th）
3	固定变量	点云平均高（elev_mean）、覆盖度（CC）
4	Pearson 相关分析	覆盖度（CC）、密度变量 [2]（density[2]）

9.7.2.2 建立模型

针对 4 种方案，分别以多元非线性回归法建立蓄积估测模型，得到的模型及其评价指标如表 9-59、表 9-60 所示。

表 9-59　非线性回归模型公式

模型方案	模型参数	模型公式
1	CC、h_{99th}	$\ln V=1.360\ln CC+0.894\ln h_{99th}+3.225$
2	CC、i_{20th}、h_{10th}	$\ln V=1.967\ln CC+0.079\ln i_{20th}+0.438\ln h_{10th}+4.463$
3	h_{mean}、CC	$\ln V=1.266\ln CC+0.772\ln h_{mean}+3.880$
4	CC、d_2	$\ln V=1.893\ln CC-0.039\ln d_2+5.903$

表 9-60　非线性回归模型评价指标

模型方案	R^2	修正 R^2	残差标准差
1	0.810	0.793	0.283
2	0.901	0.886	0.209
3	0.792	0.773	0.296
4	0.643	0.610	0.388

9.7.3　模型精度评价

基于不同模型精度评价指标分析，得出最佳建模方案，如表 9-61、表 9-62 所示。

表 9-61　基于十折交叉验证的模型总体精度

模型	决定系数 R^2	均方根误差 RMSE（m^3/hm^2）	平均绝对误差 MAE（m^3/hm^2）	平均绝对百分比误差 MAPE（%）	总相对误差 TRE（%）
线性方案 1	0.497	77.476	66.977	29.698	0.995
线性方案 2	0.711	62.787	55.321	31.363	4.335
线性方案 3	0.455	78.282	66.804	30.686	3.214
线性方案 4	0.357	86.981	71.820	40.389	2.354
非线性方案 1	0.586	70.374	59.358	27.952	3.646
非线性方案 2	0.772	52.463	44.110	21.538	3.481
非线性方案 3	0.514	73.722	61.761	27.672	5.703
非线性方案 4	0.142	96.799	83.733	38.506	12.574

表 9–62　基于留一法的模型总体精度

模型	决定系数 R^2	均方根误差 RMSE（m^3/hm^2）	平均绝对误差 MAE（m^3/hm^2）	平均绝对百分比误差 MAPE（%）	总相对误差 TRE（%）
线性方案 1	0.553	61.419	61.419	29.549	1.336
线性方案 2	0.730	49.817	49.817	27.602	−28.249
线性方案 3	0.527	61.560	61.56	31.087	16.345
线性方案 4	0.385	67.257	67.257	39.882	1.203
非线性方案 1	0.622	54.744	54.744	25.818	3.440
非线性方案 2	0.770	42.627	42.627	22.616	4.137
非线性方案 3	0.573	56.459	56.459	25.713	4.472
非线性方案 4	0.291	74.853	74.853	36.245	7.764

9.7.4　林分航空蓄积表编制

根据建模精度以及十折交叉验证和留一法验证结果，所有线性回归模型和非线性回归模型中，多元线性模型方案 2 和多元非线性模型方案 2 建模精度较好，但变量较多；多元非线性模型方案 1 建模精度和验证精度较优，参数变量适中，选择建立二元林分航空蓄积表。

模型形式：$\ln V = 1.360 \ln CC + 0.894 \ln h_{99th} + 3.225$。

模型变量：99 点云高度百分位数、覆盖度。

模型预测散点图（基于十折交叉验证法见图 9–7）：

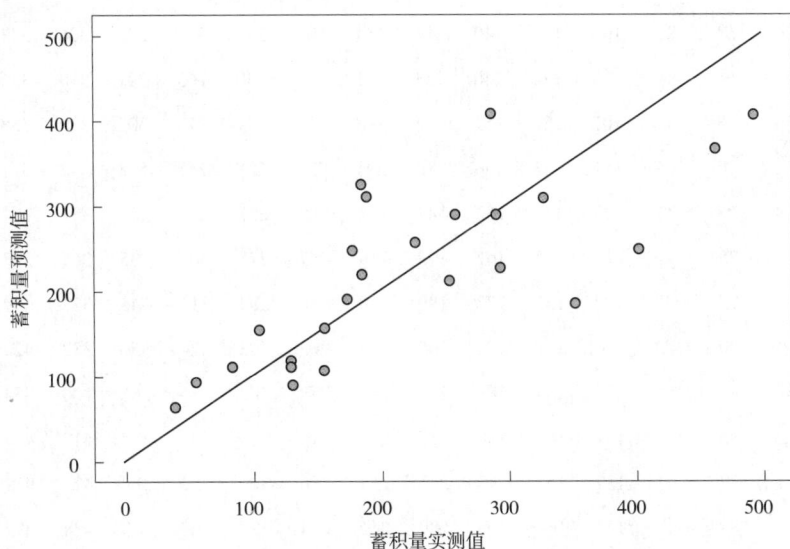

图 9–7　十折交叉验证模型预测结果（非线性方案 1）

编制的林分航空蓄积表成果见表 9-63 :

表 9-63　福建省 – 针叶混林分航空蓄积表

99% 点云高度百分位数（m）	覆盖度（%）															
	0.20	0.25	0.30	0.35	0.40	0.45	0.50	0.55	0.60	0.65	0.70	0.75	0.80	0.85	0.90	0.95
5	12	16	21	25	30	36	41	47	53	59	65	72	78	85	92	99
6	14	19	24	30	36	42	49	55	62	69	77	84	92	100	108	116
7	16	22	28	34	41	48	56	64	72	80	88	97	106	115	124	134
8	18	24	31	39	46	54	63	72	81	90	99	109	119	129	140	151
9	20	27	35	43	52	61	70	80	90	100	110	121	132	144	155	167
10	22	30	38	47	57	67	77	87	98	110	121	133	145	158	171	184
11	24	33	42	51	62	72	84	95	107	119	132	145	158	172	186	200
12	26	35	45	56	67	78	90	103	116	129	143	157	171	186	201	216
13	28	38	48	60	72	84	97	110	124	139	153	168	184	200	216	232
14	30	40	52	64	77	90	104	118	133	148	164	180	197	213	231	248
15	32	43	55	68	81	96	110	126	141	158	174	191	209	227	245	264
16	34	46	58	72	86	101	117	133	150	167	185	203	221	240	260	280
17	35	48	62	76	91	107	123	140	158	176	195	214	234	254	274	295
18	37	51	65	80	96	113	130	148	166	186	205	225	246	267	289	311
19	39	53	68	84	101	118	136	155	175	195	215	237	258	280	303	326
20	41	56	71	88	105	124	143	162	183	204	225	248	270	294	317	342
21	43	58	74	92	110	129	149	170	191	213	236	259	282	307	331	357
22	45	61	78	96	115	135	155	177	199	222	246	270	294	320	346	372
23	46	63	81	100	119	140	162	184	207	231	255	281	306	333	360	387
24	48	65	84	103	124	146	168	191	215	240	265	291	318	346	373	402
25	50	68	87	107	129	151	174	198	223	249	275	302	330	358	387	417
26	52	70	90	111	133	156	180	205	231	258	285	313	342	371	401	432
27	54	73	93	115	138	162	187	212	239	267	295	324	354	384	415	447
28	55	75	96	119	142	167	193	219	247	275	305	335	365	397	429	461
29	57	77	99	122	147	172	199	226	255	284	314	345	377	409	442	476
30	59	80	102	126	151	178	205	233	263	293	324	356	388	422	456	491
31	61	82	105	130	156	183	211	240	270	302	334	366	400	434	470	505
32	62	85	108	134	160	188	217	247	278	310	343	377	412	447	483	520
33	64	87	111	137	165	193	223	254	286	319	353	387	423	459	497	534
34	66	89	114	141	169	199	229	261	294	328	362	398	434	472	510	549
35	68	92	117	145	174	204	235	268	301	336	372	408	446	484	523	563

9.8　其他亮针叶林分蓄积量模型构建

9.8.1　多元线性模型

9.8.1.1　变量筛选

按照 3.3.3 节 "4 种模型变量组合方案"，筛选 4 类多元线性模型的模型变量。经过逐步回归筛选（方案 1 和 2）或 Pearson 相关分析（方案 4）之后，可以确定 4 种模型的自变量，如表 9-64 所示。

表 9-64　变量筛选结果

方案编号	变量筛选方法	筛选后的变量
1 和 2	逐步回归	点云平均高（elev_mean）、密度变量 [5]（density[5]）和点云高度最小值（elev_min）
3	固定变量	点云平均高（elev_mean）、覆盖度（CC）
4	Pearson 相关分析	20% 点云高度百分位数（elev_20th）、密度变量 [3]（density[3]）

9.8.1.2　建立模型

针对 4 种方案，分别以多元线性回归法建立蓄积估测模型，得到的模型及其评价指标如表 9-65、表 9-66 所示。

表 9-65　多元线性回归模型公式

模型方案	模型参数	模型公式
1 和 2	h_{mean}、d_5、h_{min}	$V=15.455h_{mean}+117.754d_5-72.881h_{min}+128.11$
3	h_{mean}、CC	$V=13.656h_{mean}+56.358CC-19.132$
4	h_{20th}、d_3	$V=13.007h_{20th}-106.159d_3+48.161$

表 9-66　多元线性回归模型评价指标

模型方案	R^2	修正 R^2	残差标准差
1 和 2	0.967	0.960	12.658
3	0.936	0.928	17.052
4	0.908	0.896	20.447

9.8.2　多元非线性模型

9.8.2.1　变量筛选

按照 3.3.3 节 "4 种模型变量组合方案"，筛选 4 类多元非线性模型的模型变量。经过逐步回归筛选（方案 1 和 2）或 Pearson 相关分析（方案 4）之后，可以确定 4 种模型的自变量，如表 9-67 所示。

表 9-67　变量筛选结果

方案编号	变量筛选方法	筛选后的变量
1 和 2	逐步回归	20% 点云高度百分位数（elev_20th）和密度变量 [5]（density[5]）
3	固定变量	点云平均高（elev_mean）、覆盖度（CC）
4	Pearson 相关分析	20% 点云高度百分位数（elev_20th）、密度变量 [3]（density[3]）

9.8.2.2　建立模型

针对 4 种方案，分别以多元非线性回归法建立蓄积估测模型，得到的模型及其评价指标如表 9-68、表 9-69 所示。

表 9-68　多元非线性回归模型公式

模型方案	模型参数	模型公式
1 和 2	h_{20th}、d_5	$\ln V = 0.904\ln h_{20th} + 0.119\ln d_5 + 3.297$
3	h_{mean}、CC	$\ln V = 0.95\ln h_{mean} + 0.33\ln CC + 2.998$
4	h_{20th}、d_3	$\ln V = 1.026\ln h_{20th} - 0.104\ln d_3 + 3.068$

表 9-69　非线性回归模型评价指标

模型方案	R^2	修正 R^2	残差标准差
1 和 2	0.965	0.960	0.101
3	0.951	0.944	0.120
4	0.933	0.924	0.140

9.8.3　模型精度评价

基于不同模型精度评价指标分析，得出最佳建模方案，如表 9-70、表 9-71 所示。

表 9-70　基于十折交叉验证的模型总体精度

模型	决定系数 R^2	总相对误差 TRE（%）	均方根误差 RMSE（m³/hm²）	平均绝对误差 MAE（m³/hm²）	平均绝对百分比误差 MAPE（%）
线性方案 1 和 2	0.932	0.033	15.253	14.337	0.116
线性方案 3	0.896	−0.004	17.992	17.645	0.129
线性方案 4	0.847	−0.035	22.181	20.995	0.178
非线性方案 1 和 2	0.940	0.014	14.705	14.151	0.002
非线性方案 3	0.909	0.002	17.313	16.745	0.115
非线性方案 4	0.861	−0.016	21.783	20.835	0.143

表 9-71　基于留一法的模型总体精度

模型	决定系数 R^2	总相对误差 TRE（%）	均方根误差 RMSE（m³/hm²）	平均绝对误差 MAE（m³/hm²）	平均绝对百分比误差 MAPE（%）
线性方案 1 和 2	0.942	0.032	23.291	23.291	0.186
线性方案 3	0.911	−0.018	28.951	28.951	0.221
线性方案 4	0.860	−0.039	33.976	33.976	0.307
非线性方案 1 和 2	0.947	0.010	12.988	12.988	0.098
非线性方案 3	0.917	0.001	14.930	14.930	0.111
非线性方案 4	0.858	−0.001	19.891	19.891	0.008

9.8.4　林分航空蓄积表编制

根据建模精度以及十折交叉验证和留一法验证结果，所有线性回归模型和非线性回归模型中，多元非线性模型方案 1/2 建模精度较好，选择建立二元林分航空蓄积表。

模型形式：$\ln V = 0.904\ln h_{20th} + 0.119\ln d_5 + 3.297$。

模型变量：20% 点云高度百分位数和密度变量 [5]。

模型预测散点图（基于十折交叉验证法见图 9-8）：

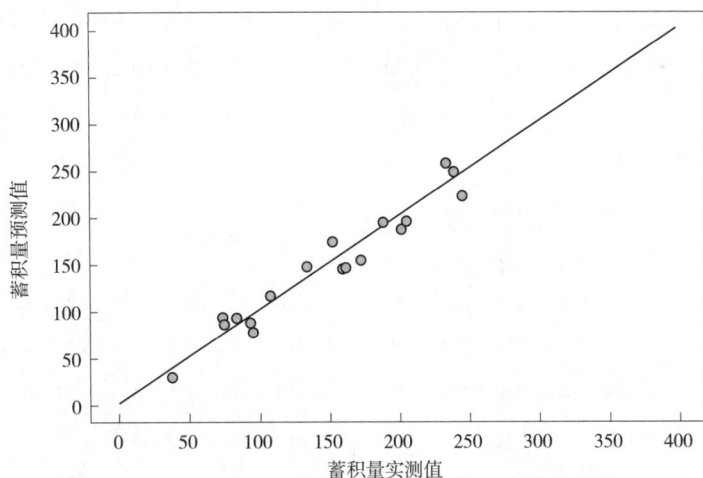

图 9-8　十折交叉验证模型预测结果（非线性方案 1/2）

编制的林分航空蓄积表成果见表 9-72：

表 9-72　福建省 – 其他亮针叶林分航空蓄积表

密度变量 [5]（%）	20% 点云高度百分位数（m）														
	4	5	6	7	8	9	10	11	12	13	14	15	16	17	18
1	95	116	137	157	177	197	217	236	256	275	294	313	331	350	369
2	103	126	148	170	192	214	235	257	278	298	319	340	360	380	400

续表

密度变量 [5] (%)	20% 点云高度百分位数 (m)														
	4	5	6	7	8	9	10	11	12	13	14	15	16	17	18
3	108	132	156	179	202	225	247	269	291	313	335	356	378	399	420
4	112	137	161	185	209	232	256	279	301	324	346	369	391	413	435
5	115	140	165	190	215	239	262	286	309	333	356	379	401	424	446
6	117	143	169	194	219	244	268	292	316	340	364	387	410	433	456
7	119	146	172	198	223	248	273	298	322	346	370	394	418	441	465
8	121	148	175	201	227	252	278	303	327	352	376	400	424	448	472
9	123	150	177	204	230	256	281	307	332	357	382	406	430	455	479
10	124	152	180	206	233	259	285	311	336	361	386	411	436	460	485
11	126	154	182	209	236	262	288	314	340	365	391	416	441	466	490
12	127	156	184	211	238	265	291	317	343	369	395	420	445	471	496
13	128	157	185	213	240	267	294	321	347	373	399	424	450	475	500
14	130	159	187	215	242	270	297	323	350	376	402	428	454	479	505
15	131	160	188	217	244	272	299	326	353	379	405	432	457	483	509
16	132	161	190	218	246	274	301	329	355	382	409	435	461	487	513
17	133	162	191	220	248	276	304	331	358	385	412	438	464	490	516
18	134	163	193	221	250	278	306	333	360	387	414	441	467	494	520
19	134	164	194	223	251	280	308	335	363	390	417	444	471	497	523
20	135	165	195	224	253	281	310	337	365	392	420	447	473	500	527
21	136	166	196	226	254	283	311	339	367	395	422	449	476	503	530
22	137	167	197	227	256	285	313	341	369	397	424	452	479	506	533
23	137	168	198	228	257	286	315	343	371	399	427	454	481	508	535
24	138	169	199	229	259	288	316	345	373	401	429	456	484	511	538
25	139	170	200	230	260	289	318	346	375	403	431	459	486	514	541
26	139	171	201	231	261	290	319	348	377	405	433	461	488	516	543
27	140	171	202	232	262	292	321	350	378	407	435	463	491	518	546
28	141	172	203	233	263	293	322	351	380	408	437	465	493	520	548
29	141	173	204	234	264	294	324	353	381	410	439	467	495	523	550
30	142	174	205	235	265	295	325	354	383	412	440	469	497	525	553
31	142	174	205	236	267	296	326	355	385	413	442	470	499	527	555
32	143	175	206	237	268	298	327	357	386	415	444	472	501	529	557
33	143	176	207	238	269	299	329	358	387	416	445	474	502	531	559
34	144	176	208	239	269	300	330	359	389	418	447	476	504	533	561

9.9　针阔混林分蓄积量模型构建

9.9.1　多元线性模型

9.9.1.1　变量筛选

按照 3.3.3 节"4 种模型变量组合方案"，筛选 4 类多元线性模型的模型变量。经过逐步回归筛选（方案 1 和 2）或 Pearson 相关分析（方案 4）之后，可以确定 4 种模型的自变量，如表 9-73 所示。

表 9-73　变量筛选结果

方案编号	变量筛选方法	筛选后的变量
1 和 2	逐步回归	99% 点云高度百分位数（elev_99th）、覆盖度（CC）和密度变量 [5]（density[5]）
3	固定变量	点云平均高（elev_mean）、覆盖度（CC）
4	Pearson 相关分析	99% 点云高度百分位数（elev_99th）、密度变量 [3]（density[3]）

9.9.1.2　建立模型（表 9-74、表 9-75）

表 9-74　多元线性回归模型公式

模型方案	模型参数	模型公式
1 和 2	h_{99th}、CC、d_5	$V=9.49h_{99th}+342.018CC+322.0071d_5-284.716$
3	h_{mean}、CC	$V=11.414h_{mean}+375.025CC-201.311$
4	h_{99th}、d_3	$V=12.114h_{99th}-355.926d_3-8.404$

表 9-75　多元线性回归模型评价指标

模型方案	R^2	修正 R^2	残差标准差
1 和 2	0.820	0.799	55.009
3	0.745	0.725	64.259
4	0.724	0.702	66.858

9.9.2　多元非线性模型

9.9.2.1　变量筛选

按照 3.3.3 节"4 种模型变量组合方案"，筛选 4 类多元非线性模型的模型变量。经过逐步回归筛选（方案 1 和 2）或 Pearson 相关分析（方案 4）之后，可以确定 4 种模型的自变量，如表 9-76 所示。

表 9-76　变量筛选结果

方案编号	变量筛选方法	筛选后的变量
1 和 2	逐步回归	25% 点云高度百分位数（elev_25th）、点云高度最小值（elev_min）
3	固定变量	点云平均高（elev_mean）、覆盖度（CC）
4	Pearson 相关分析	25% 点云高度百分位数（elev_25th）、密度变量 [1]（density[1]）

9.9.2.2　建立模型

针对 4 种方案，分别以多元非线性回归法建立蓄积估测模型，得到的模型及其评价指标如表 9-77、表 9-78 所示。

表 9-77　多元非线性回归模型公式

模型方案	模型参数	模型公式
1 和 2	h_{25th}、h_{min}	$\ln V = 1.290\ln h_{25th} - 0.684\ln h_{min} + 2.581$
3	h_{mean}、CC	$\ln V = 0.990\ln h_{mean} + 0.961\ln CC + 0.410$
4	h_{25th}、d_1	$\ln V = 1.370\ln h_{25th} + 0.063\ln d_1 - 0.545$

表 9-78　非线性回归模型评价指标

模型方案	R^2	修正 R^2	残差标准差
1 和 2	0.927	0.918	0.187
3	0.862	0.852	0.252
4	0.853	0.842	0.261

9.9.3　模型精度评价

基于不同模型精度评价指标分析，得出最佳建模方案，如表 9-79、表 9-80 所示。

表 9-79　基于十折交叉验证的模型总体精度

模型	决定系数 R^2	总相对误差 TRE（%）	均方根误差 RMSE（m³/hm²）	平均绝对误差 MAE（m³/hm²）	平均绝对百分比误差 MAPE（%）
线性方案 1 和 2	0.730	0.262	50.413	43.157	0.265
线性方案 3	0.613	−0.023	57.924	51.906	0.283
线性方案 4	0.651	0.091	55.581	47.032	0.306
非线性方案 1 和 2	0.796	0.012	46.396	38.635	0.174
非线性方案 3	0.650	0.020	58.567	49.301	0.214
非线性方案 4	0.638	0.031	61.242	51.102	0.286

表 9-80　基于留一法的模型总体精度

模型	决定系数 R^2	总相对误差 TRE（%）	均方根误差 RMSE（m³/hm²）	平均绝对误差 MAE（m³/hm²）	平均绝对百分比误差 MAPE（%）
线性方案 1 和 2	0.760	−0.452	120.623	120.623	0.712

模型	决定系数 R^2	总相对误差 TRE（%）	均方根误差 RMSE（m³/hm²）	平均绝对误差 MAE（m³/hm²）	平均绝对百分比误差 MAPE（%）
线性方案 3	0.676	0.121	137.156	137.156	0.775
线性方案 4	0.668	0.232	135.572	135.572	0.865
非线性方案 1 和 2	0.774	0.016	38.641	38.641	0.175
非线性方案 3	0.647	0.029	48.030	48.030	0.217
非线性方案 4	0.632	0.050	48.451	48.451	0.281

9.9.4 林分航空蓄积表编制

根据建模精度以及十折交叉验证和留一法验证结果，所有线性回归模型和非线性回归模型中，多元非线性模型方案 1 和 2 建模精度较好，选择建立二元林分航空蓄积表。

模型形式：$\ln V = 1.290\ln h_{25th} - 0.684\ln h_{min} + 2.581$。

模型变量：25% 点云高度百分位数、点云高度最小值。

模型预测散点图（基于十折交叉验证法见图 9-9）：

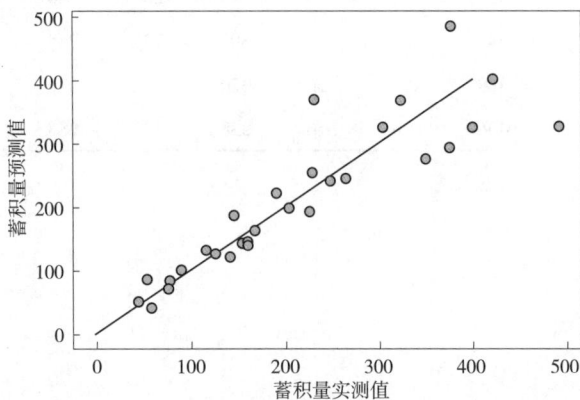

图 9-9 十折交叉验证模型预测结果（非线性方案 1 和 2）

编制的林分航空蓄积表成果见表 9-81：

表 9-81 福建省 - 针阔混林分航空蓄积表

25% 点云高度百分位数（m）	点云高度最小值（m）								
	2.0	2.5	3.0	3.5	4.0	4.5	5.0	5.5	6.0
3	34	29	26	23	21	19	18	17	16
4	49	42	37	34	31	28	26	25	23
5	66	56	50	45	41	38	35	33	31
6	83	71	63	57	52	48	44	42	39
7	101	87	77	69	63	58	54	51	48

续表

25% 点云高度百分位数（m）	点云高度最小值（m）								
	2.0	2.5	3.0	3.5	4.0	4.5	5.0	5.5	6.0
8	120	103	91	82	75	69	64	60	57
9	140	120	106	95	87	80	75	70	66
10	160	138	121	109	100	92	86	80	76
11	181	156	137	124	113	104	97	91	86
12	203	174	154	138	126	116	108	102	96
13	225	193	170	153	140	129	120	113	106
14	247	212	188	169	154	142	132	124	117
15	270	232	205	184	168	155	145	135	128
16	294	252	223	200	183	169	157	147	139
17	318	273	241	217	198	183	170	159	150
18	342	294	259	233	213	197	183	171	161
19	367	315	278	250	228	211	196	184	173
20	392	337	297	267	244	225	209	196	185
21	418	358	316	285	260	240	223	209	197
22	443	381	336	302	276	255	237	222	209
23	469	403	356	320	292	270	251	235	221
24	496	426	376	338	309	285	265	248	234

10

广西林区分树种
林分蓄积量模型
构建

以广西为建模总体，开展主要树种建模工作。

10.1 杉木林分蓄积量模型构建

10.1.1 多元线性模型

10.1.1.1 变量筛选

按照 3.3.3 节"4 种模型变量组合方案"，筛选 4 类多元线性模型的模型变量。经过逐步回归筛选（方案 1 和 2）或 Pearson 相关分析（方案 4）之后，可以确定 4 种模型的自变量，如表 10-1 所示。

表 10-1　变量筛选结果

方案编号	变量筛选方法	筛选后的变量
1	逐步回归	5% 点云高度百分位数（elev_5th）
2	逐步回归	5% 点云高度百分位数（elev_5th）、点云强度最小值（int_min）
3	固定变量	点云平均高（elev_mean）、覆盖度（CC）
4	Pearson 相关分析	5% 点云高度百分位数（elev_5th）、密度变量 [2]（density[2]）

10.1.1.2 建立模型（表 10-2、表 10-3）

表 10-2　多元线性回归模型公式

模型方案	模型参数	模型公式
1	h_{5th}	$V=31.662h_{5th}-19.382$
2	h_{5th}、i_{min}	$V=31.725h_{5th}-0.002i_{min}-11.620$
3	h_{mean}、CC	$V=48.019CC+23.295h_{mean}-69.089$
4	h_{5th}、d_2	$V=32.586h_{5th}+52.453d_2-29.716$

表 10-3　多元线性回归模型评价指标

模型方案	R^2	修正 R^2	残差标准差
1	0.782	0.778	48.360
2	0.806	0.798	46.157
3	0.722	0.711	55.187
4	0.783	0.774	48.803

10.1.2　多元非线性模型

10.1.2.1　变量筛选

　　按照 3.3.3 节"4 种模型变量组合方案",筛选 4 类多元非线性模型的模型变量。经过逐步回归筛选(方案 1 和 2)或 Pearson 相关分析(方案 4)之后,可以确定 4 种模型的自变量,如表 10-4 所示。

表 10-4　变量筛选结果

方案编号	变量筛选方法	筛选后的变量
1 和 2	逐步回归	10% 点云高度百分位数(elev_10th)
3	固定变量	点云平均高(elev_mean)、覆盖度(CC)
4	Pearson 相关分析	10% 点云高度百分位数(elev_10th)、密度变量 [0](density[0])

10.1.2.2　建立模型(表 10-5、表 10-6)

表 10-5　非线性回归模型公式

模型方案	模型参数	模型公式
1 和 2	h_{10th}	$\ln V = 1.241 \ln h_{10th} + 2.683$
3	h_{mean}、CC	$\ln V = 0.104 \ln CC + 1.337 \ln h_{mean} + 2.173$
4	h_{10th}、d_0	$\ln V = 1.375 \ln h_{10th} + 0.064 \ln d_0 + 2.695$

表 10-6　非线性回归模型评价指标

模型方案	R^2	修正 R^2	残差标准差
1 和 2	0.721	0.716	0.375
3	0.710	0.698	0.387
4	0.731	0.720	0.373

10.1.3　模型精度评价

　　基于不同模型精度评价指标分析,得出最佳建模方案,如表 10-7、表 10-8 所示。

表 10-7　基于十折交叉验证的模型总体精度

模型	决定系数 R^2	均方根误差 RMSE(m³/hm²)	平均绝对误差 MAE(m³/hm²)	平均绝对百分比误差 MAPE(%)	总相对误差 TRE(%)
非线性方案 1	0.760	47.404	39.610	34.656	2.766
非线性方案 2	0.775	47.142	39.332	33.777	1.819
非线性方案 3	0.672	56.802	45.721	38.357	3.323
非线性方案 4	0.750	48.641	40.864	36.480	2.504
非线性方案 1 和 2	0.759	46.952	38.613	32.214	7.459

续表

模型	决定系数 R^2	均方根误差 RMSE （ m³/hm² ）	平均绝对误差 MAE（ m³/hm² ）	平均绝对百分比 误差 MAPE（ % ）	总相对误差 TRE （ % ）
非线性方案 3	0.676	56.016	44.476	34.774	8.781
非线性方案 4	0.739	49.694	39.675	31.931	7.374

表 10–8　基于留一法的模型总体精度

模型	决定系数 R^2	均方根误差 RMSE （ m³/hm² ）	平均绝对误差 MAE（ m³/hm² ）	平均绝对百分比 误差 MAPE（ % ）	总相对误差 TRE （ % ）
线性方案 1	0.766	39.014	39.014	34.214	0.686
线性方案 2	0.779	38.719	38.719	33.216	3.027
线性方案 3	0.686	44.350	44.350	36.287	3.146
线性方案 4	0.759	39.871	39.871	35.401	0.488
非线性方案 1 和 2	0.762	38.665	38.665	32.224	6.438
非线性方案 3	0.682	44.577	44.577	34.682	6.870
非线性方案 4	0.748	38.909	38.909	32.016	6.380

10.1.4　林分航空蓄积表编制

根据建模精度以及十折交叉验证和留一法验证结果，所有线性回归模型和非线性回归模型中，多元非线性模型方案 4 建模精度较好，故选择建立二元林分航空蓄积表。

模型形式：$\ln V = 1.375 \ln h_{10th} + 0.064 \ln d_0 + 2.695$。

模型变量：10% 点云高度百分位数和密度变量 [0]。

模型预测散点图（基于十折交叉验证法见图 10–1）：

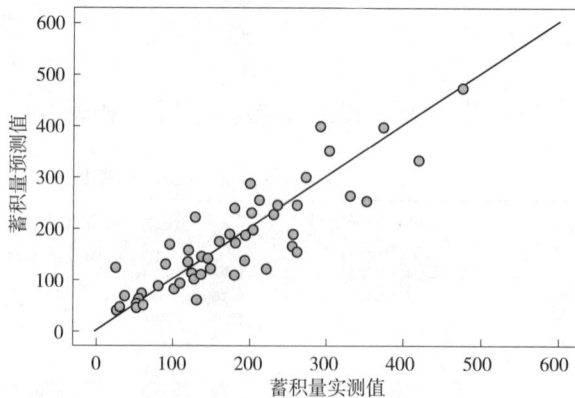

图 10–1　十折交叉验证模型预测结果（非线性方案 4）

编制的林分航空蓄积表成果见表 10–9：

表10-9 广西-杉木林分航空蓄积表

10%点云高度百分位数（m）	密度变量 [0]																	
分位数（m）	0.0005	0.020	0.0395	0.0590	0.0785	0.0980	0.1175	0.1370	0.1565	0.1760	0.1955	0.2150	0.2345	0.2540	0.2735	0.2930	0.3125	0.3320
2.0	24	30	31	32	33	33	33	34	34	34	35	35	35	35	35	35	36	36
2.5	32	41	42	44	44	45	46	46	46	47	47	47	48	48	48	48	48	49
3.0	41	52	55	56	57	58	58	59	60	60	60	61	61	61	62	62	62	62
3.5	51	65	67	69	70	71	72	73	74	74	75	75	76	76	76	77	77	77
4.0	61	78	81	83	85	86	87	88	88	89	90	90	91	91	92	92	92	93
4.5	72	91	95	98	100	101	102	103	104	105	105	106	107	107	108	108	109	109
5.0	83	105	110	113	115	117	118	119	120	121	122	123	123	124	125	125	126	126
5.5	95	120	125	129	131	133	135	136	137	138	139	140	141	141	142	143	143	144
6.0	107	135	141	145	148	150	152	153	154	156	157	158	159	159	160	161	161	162
6.5	119	151	158	162	165	167	169	171	172	174	175	176	177	178	179	179	180	181
7.0	132	167	175	179	183	185	187	189	191	192	194	195	196	197	198	199	200	200
7.5	145	184	192	197	201	204	206	208	210	212	213	214	215	217	218	219	219	220
8.0	159	201	210	216	220	223	225	227	229	231	233	234	235	237	238	239	240	241
8.5	173	219	228	234	239	242	245	247	249	251	253	254	256	257	258	260	261	262
9.0	187	236	247	253	258	262	265	267	270	272	274	275	277	278	280	281	282	283
9.5	201	255	266	273	278	282	285	288	291	293	295	297	298	300	301	302	304	305
10.0	216	273	285	293	298	303	306	309	312	314	316	318	320	322	323	325	326	327
10.5	231	292	305	313	319	324	327	331	333	336	338	340	342	344	346	347	349	350
11.0	246	312	325	334	340	345	349	352	355	358	361	363	365	367	368	370	372	373
11.5	262	331	346	355	362	367	371	375	378	381	383	386	388	390	392	393	395	396
12.0	277	351	367	376	383	389	393	397	401	404	406	409	411	413	415	417	419	420

续表

10%点云高度百分位数(m)	密度变量 [0]																	
	0.0005	0.020	0.0395	0.0590	0.0785	0.0980	0.1175	0.1370	0.1565	0.1760	0.1955	0.2150	0.2345	0.2540	0.2735	0.2930	0.3125	0.3320
12.5	293	371	388	398	405	411	416	420	424	427	430	432	435	437	439	441	443	445
13.0	310	392	410	420	428	434	439	443	447	451	454	456	459	461	464	466	467	469
13.5	326	413	431	443	451	457	463	467	471	475	478	481	483	486	488	490	492	494
14.0	343	434	453	465	474	481	486	491	495	499	502	505	508	511	513	516	518	520
14.5	360	456	476	488	497	504	510	515	520	524	527	530	533	536	539	541	543	545
15.0	377	477	499	512	521	528	535	540	545	549	552	556	559	562	564	567	569	571
15.5	394	499	522	535	545	553	559	565	570	574	578	581	585	588	590	593	595	598
16.0	412	522	545	559	569	577	584	590	595	600	604	607	611	614	617	619	622	624
16.5	430	544	568	583	594	602	609	615	621	625	630	633	637	640	643	646	649	651
17.0	448	567	592	608	619	628	635	641	647	652	656	660	664	667	670	673	676	679

10.2　马尾松林分蓄积量模型构建

10.2.1　多元线性模型

10.2.1.1　变量筛选

按照 3.3.3 节"4 种模型变量组合方案"，筛选 4 类多元线性模型的模型变量。经过逐步回归筛选（方案 1 和 2）或 Pearson 相关分析（方案 4）之后，可以确定 4 种模型的自变量，如表 10-10 所示。

表 10-10　变量筛选结果

方案编号	变量筛选方法	筛选后的变量
1 和 2	逐步回归	点云平均高（elev_mean）、密度变量 [6]（density[6]）和点云高度中位数（elev_mad）
3	固定变量	点云平均高（elev_mean）、覆盖度（CC）
4	Pearson 相关分析	99% 点云高度百分位数（elev_99th）、密度变量 [3]（density[3]）

10.2.1.2　建立模型（表 10-11、表 10-12）

表 10-11　多元线性回归模型公式

模型方案	模型参数	模型公式
1 和 2	h_{mean}、d_6、h_{mad}	$V=25.651h_{mean}-271.691d_6-12.335_{mad}-33.146$
3	h_{mean}、CC	$V=23.360h_{mean}-2.650CC-77.225$
4	h_{mean}、d_2	$V=24.343h_{mean}+159.288d_2-98.896$

表 10-12　多元线性回归模型评价指标

模型方案	R^2	修正 R^2	残差标准差
1 和 2	0.865	0.849	45.571
3	0.820	0.814	50.598
4	0.823	0.818	50.103

10.2.2　多元非线性模型

10.2.2.1　变量筛选

按照 3.3.3 节"4 种模型变量组合方案"，筛选 4 类多元非线性模型的模型变量。经过逐步回归筛选（方案 1 和 2）或 Pearson 相关分析（方案 4）之后，可以确定 4 种模型的自变量，如表 10–13 所示。

表 10–13 变量筛选结果

方案编号	变量筛选方法	筛选后的变量
1 和 2	逐步回归	点云平均高（elev_mean）、覆盖度（CC）
3	固定变量	点云平均高（elev_mean）、覆盖度（CC）
4	Pearson 相关分析	20% 点云高度百分位数（elev_20th）、密度变量 [3]（density[3]）

10.2.2.2 建立模型（表 10–14、表 10–15）

表 10–14 多元非线性回归模型公式

模型方案	模型参数	模型公式
1/2/3	h_{mean}、CC	$\ln V = 1.668 \ln h_{mean} - 0.253 \ln CC + 0.967$
4	h_{30th}、d_3	$\ln V = 1.662 \ln h_{20th} + 0.069 \ln d_3 + 1.452$

表 10–15 非线性回归模型评价指标

模型方案	R^2	修正 R^2	残差标准差
1/2/3	0.782	0.775	0.394
4	0.867	0.863	0.311

10.2.3 模型精度评价

基于不同模型精度评价指标分析，得出最佳建模方案，如表 10–16、表 10–17 所示。

表 10–16 基于十折交叉验证的模型总体精度

模　型	决定系数 R^2	总相对误差 TRE（%）	均方根误差 RMSE（m³/hm²）	平均绝对误差 MAE（m³/hm²）	平均绝对百分比误差 MAPE（%）
线性方案 1 和 2	0.811	−0.021	48.137	38.011	0.382
线性方案 3	0.790	−0.004	50.365	37.499	0.286
线性方案 4	0.804	−0.011	48.721	37.344	0.289
非线性方案 1/2/3	0.714	−0.031	44.762	33.980	0.298
非线性方案 4	0.408	−0.007	60.363	46.293	0.480

表 10–17 基于留一法的模型总体精度

模　型	决定系数 R^2	总相对误差 TRE（%）	均方根误差 RMSE（m³/hm²）	平均绝对误差 MAE（m³/hm²）	平均绝对百分比误差 MAPE（%）
线性方案 1 和 2	0.818	−0.539	244.106	244.106	2.314
线性方案 3	0.790	0.855	246.539	246.539	1.849
线性方案 4	0.798	−1.113	247.757	247.757	1.856
非线性方案 1/2/3	0.710	0.181	34.546	34.546	0.246
非线性方案 4	0.437	0.088	46.306	46.306	0.395

10.2.4　林分航空蓄积表编制

根据建模精度以及十折交叉验证和留一法验证结果，所有线性回归模型和非线性回归模型中，多元线性模型方案 4 建模精度较好，选择建立二元林分航空蓄积表。

模型形式：$V=24.343h_{mean}+159.288d_2-98.896$。

模型变量：点云平均高和密度变量 [2]。

模型预测散点图（基于十折交叉验证法见图 10-2）：

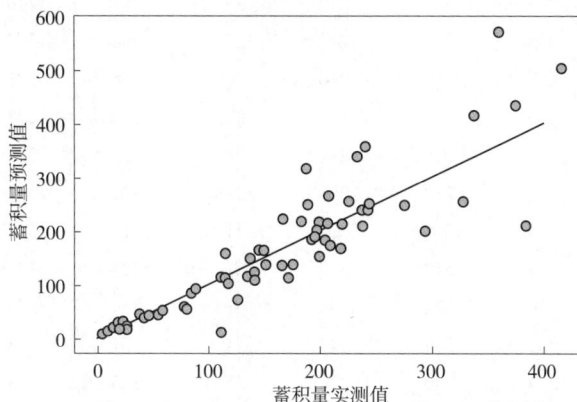

图 10-2　十折交叉验证模型预测结果（线性方案 4）

编制的林分航空蓄积表成果见表 10-18：

表 10-18　广西 - 马尾松林分航空蓄积表

点云平均高（m）	密度变量 [2]							
	0.03	0.06	0.09	0.12	0.15	0.18	0.21	0.24
3.0						3	8	12
3.5			1	5	10	15	20	25
4.0	3	8	13	18	22	27	32	37
4.5	15	20	25	30	35	39	44	49
5.0	28	32	37	42	47	51	56	61
5.5	40	45	49	54	59	64	68	73
6.0	52	57	61	66	71	76	81	85
6.5	64	69	74	78	83	88	93	98
7.0	76	81	86	91	95	100	105	110
7.5	88	93	98	103	108	112	117	122
8.0	101	105	110	115	120	125	129	134
8.5	113	118	122	127	132	137	141	146
9.0	125	130	135	139	144	149	154	158
9.5	137	142	147	151	156	161	166	171

点云平均高（m）	密度变量 [2]							
	0.03	0.06	0.09	0.12	0.15	0.18	0.21	0.24
10.0	149	154	159	164	168	173	178	183
10.5	161	166	171	176	181	185	190	195
11.0	174	178	183	188	193	198	202	207
11.5	186	191	195	200	205	210	214	219
12.0	198	203	208	212	217	222	227	231
12.5	210	215	220	225	229	234	239	244
13.0	222	227	232	237	241	246	251	256
13.5	235	239	244	249	254	258	263	268
14.0	247	251	256	261	266	271	275	280
14.5	259	264	268	273	278	283	288	292
15.0	271	276	281	285	290	295	300	304
15.5	283	288	293	298	302	307	312	317
16.0	295	300	305	310	314	319	324	329
16.5	308	312	317	322	327	331	336	341
17.0	320	324	329	334	339	344	348	353
17.5	332	337	341	346	351	356	361	365
18.0	344	349	354	358	363	368	373	378
18.5	356	361	366	371	375	380	385	390
19.0	368	373	378	383	388	392	397	402
19.5	381	385	390	395	400	404	409	414
20.0	393	398	402	407	412	417	421	426
20.5	405	410	414	419	424	429	434	438
21.0	417	422	427	431	436	441	446	451
21.5	429	434	439	444	448	453	458	463
22.0	441	446	451	456	461	465	470	475

10.3 桉树林分蓄积量模型构建

10.3.1 多元线性模型

10.3.1.1 变量筛选

按照 3.3.3 节"4 种模型变量组合方案"，筛选 4 类多元线性模型的模型变量。经过逐步回归筛选（方案 1 和 2）或 Pearson 相关分析（方案 4）之后，可以确定 4 种模型的自变量，如表 10-19 所示。

表 10-19　变量筛选结果

方案编号	变量筛选方法	筛选后的变量
1 和 2	逐步回归	密度变量 [1]（density[1]）、点云平均高（elev_mean）、点云高度中位数（elev_mad）和密度变量 [8]（density[8]）
3	固定变量	点云平均高（elev_mean）、覆盖度（CC）
4	Pearson 相关分析	30% 点云高度百分位数（elev_30th）、密度变量 [5]（density[5]）

10.3.1.2　建立模型（表 10-20、表 10-21）

表 10-20　多元线性回归模型公式

模型方案	模型参数	模型公式
1 和 2	d_1、d_8、h_{mean}、h_{mad}	$V=768.556d_1+17.692h_{mean}-22.744h_{mad}-103.939d_8-89.263$
3	h_{mean}、CC	$V=10.988h_{mean}+25.055CC-42.269$
4	h_{30th}、d_5	$V=9.362h_{30th}-132.386d_5+1.251$

表 10-21　多元线性回归模型评价指标

模型方案	R^2	修正 R^2	残差标准差
1 和 2	0.780	0.767	2.550
3	0.600	0.589	3.385
4	0.639	0.629	3.217

10.3.2　多元非线性模型

10.3.2.1　变量筛选

按照 3.3.3 节"4 种模型变量组合方案"，筛选 4 类线性模型的模型变量。经过逐步回归筛选（方案 1 和 2）或 Pearson 相关分析（方案 4）之后，可以确定 4 种模型的自变量，如表 10-22 所示。

表 10-22　变量筛选结果

方案编号	变量筛选方法	筛选后的变量
1	逐步回归	20% 点云高度百分位（elev_20th）、密度变量 [5]（density[5]）、密度变量 [8]（density[8]）
2	逐步回归	20% 点云高度百分位（elev_20th）
3	固定变量	点云平均高（elev_mean）、覆盖度（CC）
4	Pearson 相关分析	25% 点云高度百分位（elev_25th）、密度变量 [4]（density[4]）

10.3.2.2　建立模型（表 10-23、表 10-24）

表 10-23　多元非线性回归模型公式

模型方案	模型参数	模型公式
1	h_{20th}、d_5、d_8	$\ln V=1.171\ln h_{20th}-0.216\ln d_5-0.162\ln d_8+0.674$
2	h_{20th}	$\ln V=1.133\ln h_{20th}+1.672$

续表

模型方案	模型参数	模型公式
3	h_{mean}、CC	$\ln V=1.491\ln h_{20th}+0.485\ln CC+0.412$
4	h_{25th}、d_4	$\ln V=0.958\ln h_{25th}-0.146\ln d_4+1.562$

表 10-24　非线性回归模型评价指标

模型方案	R^2	修正 R^2	残差标准差
1	0.414	0.387	0.786
2	0.379	0.370	0.796
3	0.382	0.364	0.799
4	0.407	0.390	0.783

10.3.3　模型精度评价

基于不同模型精度评价指标分析，得出最佳建模方案，如表 10-25、表 10-26 所示。

表 10-25　基于十折交叉验证的模型总体精度

模 型	决定系数 R^2	总相对误差 TRE （%）	均方根误差 RMSE （m³/hm²）	平均绝对误差 MAE（m³/hm²）	平均绝对百分比误差 MAPE（%）
线性方案 1 和 2	0.690	0.037	44.166	34.356	0.994
线性方案 3	0.491	0.086	53.508	45.572	0.930
线性方案 4	0.534	0.060	51.161	40.939	0.946
非线性方案 1	0.327	0.201	73.144	54.771	0.957
非线性方案 2	0.436	0.206	68.055	54.407	0.934
非线性方案 3	0.438	0.211	69.718	55.386	0.898
非线性方案 4	0.366	0.215	69.842	55.218	0.897

表 10-26　基于留一法的模型总体精度

模 型	决定系数 R^2	均方根误差 RMSE （m³/hm²）	均方根误差 RMSE （m³/hm²）	平均绝对误差 MAE（m³/hm²）	平均绝对百分比误差 MAPE（%）
线性方案 1 和 2	0.723	−0.292	238.048	238.048	7.003
线性方案 3	0.517	−4.035	324.224	324.224	6.990
线性方案 4	0.585	−1.529	283.688	283.688	6.385
非线性方案 1	0.336	0.352	53.149	53.149	0.970
非线性方案 2	0.481	0.417	51.780	51.780	0.893
非线性方案 3	0.477	0.859	52.925	52.925	0.880
非线性方案 4	0.436	0.423	52.957	52.957	0.860

10.3.4 林分航空蓄积表编制

根据建模精度以及十折交叉验证和留一法验证结果，所有线性回归模型和非线性回归模型中，多元线性模型方案 4 建模精度较好，选择建立二元林分航空蓄积表。

模型形式：$V=9.362h_{30th}-132.386d_5+1.251$。

模型变量：30% 点云高度百分位数和密度变量 [5]。

模型预测散点图（基于十折交叉验证法见图 10-3）：

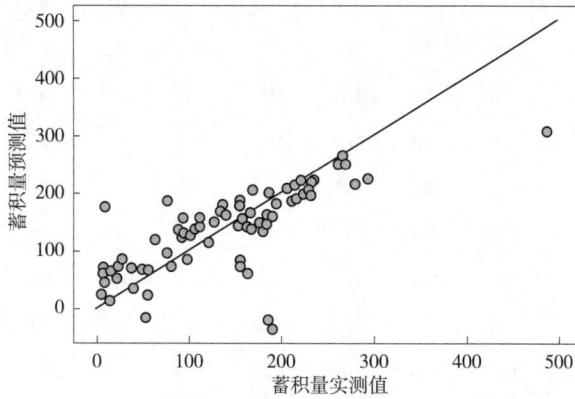

图 10-3　十折交叉验证模型预测结果（线性方案 4）

编制的林分航空蓄积表成果见表 10-27：

表 10-27　广西 – 桉树林分航空蓄积表

30% 点云高度百分位数（m）	密度变量 [5]									
	0.04	0.08	0.12	0.16	0.20	0.24	0.28	0.32	0.36	0.40
3.0	24	19	13	8	3					
3.5	29	23	18	13	8	2				
4.0	33	28	23	18	12	7	2			
4.5	38	33	27	22	17	12	6	1		
5.0	43	37	32	27	22	16	11	6		
5.5	47	42	37	32	26	21	16	10	5	
6.0	52	47	42	36	31	26	20	15	10	4
6.5	57	52	46	41	36	30	25	20	14	9
7.0	61	56	51	46	40	35	30	24	19	14
7.5	66	61	56	50	45	40	34	29	24	19
8.0	71	66	60	55	50	44	39	34	28	23
8.5	76	70	65	60	54	49	44	38	33	28

续表

30% 点云高度百分位数（m）	密度变量 [5]									
	0.04	0.08	0.12	0.16	0.20	0.24	0.28	0.32	0.36	0.40
9.0	80	75	70	64	59	54	48	43	38	33
9.5	85	80	74	69	64	58	53	48	43	37
10.0	90	84	79	74	68	63	58	53	47	42
10.5	94	89	84	78	73	68	62	57	52	47
11.0	99	94	88	83	78	72	67	62	57	51
11.5	104	98	93	88	82	77	72	67	61	56
12.0	108	103	98	92	87	82	77	71	66	61
12.5	113	108	102	97	92	87	81	76	71	65
13.0	118	112	107	102	96	91	86	81	75	70
13.5	122	117	112	106	101	96	91	85	80	75
14.0	127	122	116	111	106	101	95	90	85	79
14.5	132	126	121	116	111	105	100	95	89	84
15.0	136	131	126	120	115	110	105	99	94	89
15.5	141	136	130	125	120	115	109	104	99	93
16.0	146	140	135	130	125	119	114	109	103	98
16.5	150	145	140	135	129	124	119	113	108	103
17.0	155	150	145	139	134	129	123	118	113	107
17.5	160	154	149	144	139	133	128	123	117	112
18.0	164	159	154	149	143	138	133	127	122	117
18.5	169	164	159	153	148	143	137	132	127	121
19.0	174	169	163	158	153	147	142	137	131	126
19.5	179	173	168	163	157	152	147	141	136	131
20.0	183	178	173	167	162	157	151	146	141	136
20.5	188	183	177	172	167	161	156	151	146	140
21.0	193	187	182	177	171	166	161	155	150	145
21.5	197	192	187	181	176	171	165	160	155	150
22.0	202	197	191	186	181	175	170	165	160	154
22.5	207	201	196	191	185	180	175	170	164	159
23.0	211	206	201	195	190	185	180	174	169	164
23.5	216	211	205	200	195	189	184	179	174	168
24.0	221	215	210	205	199	194	189	184	178	173
24.5	225	220	215	209	204	199	194	188	183	178

30% 点云高度百分位数（m）	密度变量 [5]									
	0.04	0.08	0.12	0.16	0.20	0.24	0.28	0.32	0.36	0.40
25.0	230	225	219	214	209	204	198	193	188	182
25.5	235	229	224	219	214	208	203	198	192	187
26.0	239	234	229	223	218	213	208	202	197	192
26.5	244	239	233	228	223	218	212	207	202	196
27.0	249	243	238	233	228	222	217	212	206	201
27.5	253	248	243	238	232	227	222	216	211	206
28.0	258	253	248	242	237	232	226	221	216	210
28.5	263	257	252	247	242	236	231	226	220	215
29.0	267	262	257	252	246	241	236	230	225	220
29.5	272	267	262	256	251	246	240	235	230	224
30.0	277	272	266	261	256	250	245	240	234	229
30.5	281	276	271	266	260	255	250	244	239	234
31.0	286	281	276	270	265	260	254	249	244	239
31.5	291	286	280	275	270	264	259	254	248	243
32.0	296	290	285	280	274	269	264	258	253	248
32.5	300	295	290	284	279	274	268	263	258	253
33.0	305	300	294	289	284	278	273	268	263	257
33.5	310	304	299	294	288	283	278	273	267	262
34.0	314	309	304	298	293	288	282	277	272	267
34.5	319	314	308	303	298	292	287	282	277	271
35.0	324	318	313	308	302	297	292	287	281	276
35.5	328	323	318	312	307	302	297	291	286	281

10.4 阔叶混林分蓄积量模型构建

10.4.1 多元线性模型

10.4.1.1 变量筛选

按照 3.3.3 节 "4 种模型变量组合方案"，筛选 4 类多元线性模型的模型变量。经过逐步回归筛选（方案 1 和 2）或 Pearson 相关分析（方案 4）之后，可以确定 4 种模型的自变量，如表 10–28 所示。

表 10-28 变量筛选结果

方案编号	变量筛选方法	筛选后的变量
1	逐步回归	40% 点云高度百分位数（elev_40th）、60% 点云高度百分位数（elev_60th）、10% 点云高度百分位数（elev_10th）、1% 点云高度百分位数（elev_1st）
2	逐步回归	50% 点云高度百分位数（elev_50th）、点云强度中位数（int_mad）、20% 点云强度百分位数（int_20th）和 50% 点云强度百分位数（int_50th）
3	固定变量	点云平均高（elev_mean）、覆盖度（CC）
4	Pearson 相关分析	40% 点云高度百分位数（elev_40th）、密度变量 [2]（density[2]）

10.4.1.2 建立模型（表 10-29、表 10-30）

表 10-29 多元线性回归模型公式

模型方案	模型参数	模型公式
1	h_{40th}、h_{10th}、h_{60th}、h_{1st}	$V=67.395h_{40th}-27.893h_{10th}-35.341h_{60th}+11.276h_{1st}-19.677$
2	h_{50th}、i_{mad}、i_{50th}、i_{20th}	$V=12.519h_{50th}+0.019i_{mad}-0.001i_{50th}+0.001i_{20th}-49.221$
3	h_{mean}、CC	$V=13.068h_{mean}+15.221CC-34.878$
4	h_{40th}、d_2	$V=12.221h_{40th}-24.927d_2-20.535$

表 10-30 多元线性回归模型评价指标

模型方案	R^2	修正 R^2	残差标准差
1	0.651	0.629	46.492
2	0.673	0.663	44.970
3	0.544	0.530	52.334
4	0.572	0.559	50.673

10.4.2 多元非线性模型

10.4.2.1 变量筛选

按照 3.3.3 节 "4 种模型变量组合方案"，筛选 4 类多元非线性模型的模型变量。经过逐步回归筛选（方案 1 和 2）或 Pearson 相关分析（方案 4）之后，可以确定 4 种模型的自变量，如表 10-31 所示。

表 10-31 变量筛选结果

方案编号	变量筛选方法	筛选后的变量
1 和 2	逐步回归	50% 点云高度百分位数（elev_50th）
3	固定变量	点云平均高（elev_mean）、覆盖度（CC）
4	Pearson 相关分析	50% 点云高度百分位数（elev_50th）、密度变量 [0]（density[0]）

10.4.2.2 建立模型（表 10–32、表 10–33）

表 10–32 多元非线性回归模型公式

模型方案	模型参数	模型公式
1 和 2	h_{50th}	$\ln V=1.535\ln h_{50th}+0.787$
3	h_{mean}、CC	$\ln V=1.521\ln h_{mean}+0.069\ln CC+1.033$
4	h_{50th}、d_0	$\ln V=1.413\ln h_{50th}-0.070\ln d_0+0.853$

表 10–33 非线性回归模型评价指标

模型方案	R^2	修正 R^2	残差标准差
1 和 2	0.628	0.622	0.506
3	0.625	0.614	0.511
4	0.647	0.637	0.495

10.4.3 模型精度评价

基于不同模型精度评价指标分析，得出最佳建模方案，如表 10–34、表 10–35 所示。

表 10–34 基于十折交叉验证的模型总体精度

模型	决定系数 R^2	总相对误差 TRE（%）	均方根误差 RMSE（m³/hm²）	平均绝对误差 MAE（m³/hm²）	平均绝对百分比误差 MAPE（%）
线性方案 1	0.509	0.035	50.980	41.320	0.540
线性方案 2	0.615	0.042	45.155	36.450	0.565
线性方案 3	0.502	0.036	51.216	41.320	0.527
线性方案 4	0.520	0.042	50.230	39.957	0.505
非线性方案 1 和 2	0.509	0.150	50.897	39.138	0.447
非线性方案 3	0.468	0.152	52.882	40.520	0.464
非线性方案 4	0.485	0.149	52.135	40.097	0.449

表 10–35 基于留一法的模型总体精度

模型	决定系数 R^2	总相对误差 TRE（%）	均方根误差 RMSE（m³/hm²）	平均绝对误差 MAE（m³/hm²）	平均绝对百分比误差 MAPE（%）
线性方案 1	0.521	0.230	283.569	283.569	3.780
线性方案 2	0.630	−1.358	245.888	245.888	3.694
线性方案 3	0.504	0.031	285.475	285.475	3.624
线性方案 4	0.534	0.035	273.151	273.151	3.489
非线性方案 1 和 2	0.517	0.128	38.710	38.710	0.439
非线性方案 3	0.471	0.146	40.313	40.313	0.453
非线性方案 4	0.490	0.131	39.901	39.901	0.445

10.4.4 林分航空蓄积表编制

根据建模精度以及十折交叉验证和留一法验证结果，所有线性回归模型和非线性回归模型中，多元线性模型方案 4 建模精度较好，选择建立二元林分航空蓄积表。

模型形式：$V=12.221h_{40th}-24.927d_2-20.535$。

模型变量：40% 点云高度百分位数和密度变量 [2]。

模型预测散点图（基于十折交叉验证法见图 10-4）：

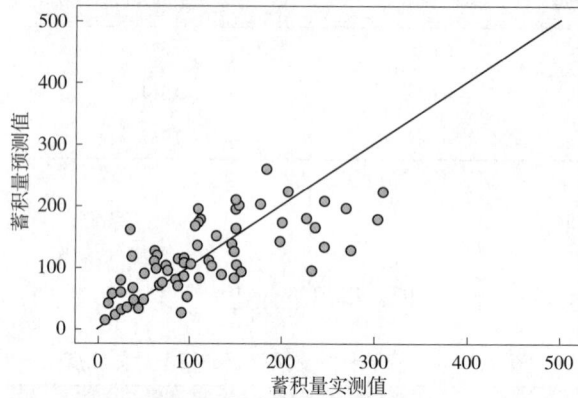

图 10-4　十折交叉验证模型预测结果（线性方案 4）

编制的林分航空蓄积表成果见表 10-36：

表 10-36　广西 - 阔叶混林分航空蓄积表

40% 点云高度百分位数（m）	密度变量 [2]										
	0.04	0.08	0.12	0.16	0.20	0.24	0.28	0.32	0.36	0.40	0.44
2.0	3	2	1								
3.0	15	14	13	12	11	10	9	8	7	6	5
4.0	27	26	25	24	23	22	21	20	19	18	17
4.5	33	32	31	30	29	28	27	26	25	24	23
5.0	40	39	38	37	36	35	34	33	32	31	30
5.5	46	45	44	43	42	41	40	39	38	37	36
6.0	52	51	50	49	48	47	46	45	44	43	42
6.5	58	57	56	55	54	53	52	51	50	49	48
7.0	64	63	62	61	60	59	58	57	56	55	54
7.5	70	69	68	67	66	65	64	63	62	61	60
8.0	76	75	74	73	72	71	70	69	68	67	66
8.5	82	81	80	79	78	77	76	75	74	73	72
9.0	88	87	86	85	84	83	82	81	80	79	78

续表

40% 点云高度百分位数（m）	密度变量 [2]										
	0.04	0.08	0.12	0.16	0.20	0.24	0.28	0.32	0.36	0.40	0.44
9.5	95	94	93	92	91	90	89	88	87	86	85
10.0	101	100	99	98	97	96	95	94	93	92	91
10.5	107	106	105	104	103	102	101	100	99	98	97
11.0	113	112	111	110	109	108	107	106	105	104	103
11.5	119	118	117	116	115	114	113	112	111	110	109
12.0	125	124	123	122	121	120	119	118	117	116	115
12.5	131	130	129	128	127	126	125	124	123	122	121
13.0	137	136	135	134	133	132	131	130	129	128	127
13.5	143	142	141	140	139	138	137	136	135	134	133
14.0	150	149	148	147	146	145	144	143	142	141	140
14.5	156	155	154	153	152	151	150	149	148	147	146
15.0	162	161	160	159	158	157	156	155	154	153	152
15.5	168	167	166	165	164	163	162	161	160	159	158
16.0	174	173	172	171	170	169	168	167	166	165	164
16.5	180	179	178	177	176	175	174	173	172	171	170
17.0	186	185	184	183	182	181	180	179	178	177	176
17.5	192	191	190	189	188	187	186	185	184	183	182
18.0	198	197	196	195	194	193	192	191	190	189	188
18.5	205	204	203	202	201	200	199	198	197	196	195
19.0	211	210	209	208	207	206	205	204	203	202	201
19.5	217	216	215	214	213	212	211	210	209	208	207
20.0	223	222	221	220	219	218	217	216	215	214	213
20.5	229	228	227	226	225	224	223	222	221	220	219
21.0	235	234	233	232	231	230	229	228	227	226	225
21.5	241	240	239	238	237	236	235	234	233	232	231
22.0	247	246	245	244	243	242	241	240	239	238	237
22.5	253	252	251	250	249	248	247	246	245	244	243
23.0	260	259	258	257	256	255	254	253	252	251	250

11

海南林区分树种
林分蓄积量模型
构建

以海南为建模总体，开展主要树种建模工作。

11.1 橡胶林分蓄积量模型构建

11.1.1 多元线性模型

11.1.1.1 变量筛选

按照 3.3.3 节"4 种模型变量组合方案"，筛选 4 类多元线性模型的模型变量。经过逐步回归筛选（方案 1 和 2）或 Pearson 相关分析（方案 4）之后，可以确定 4 种模型的自变量，如表 11–1 所示。

表 11–1　变量筛选结果

方案编号	变量筛选方法	筛选后的变量
1	逐步回归	60% 点云高度百分位数（elev_60th）、70% 点云高度百分位数（elev_70th）与点云平均高（elev_mean）
2	逐步回归	60% 点云高度百分位数（elev_60th）、1% 点云强度百分位数（int_1st）
3	固定变量	点云平均高（elev_mean）、覆盖度（CC）
4	Pearson 相关分析	60% 点云高度百分位数（elev_60th）、密度变量[3]（density[3]）

11.1.1.2 建立模型

针对 4 种方案，分别以多元线性回归法建立蓄积估测模型，得到的模型及其评价指标如表 11–2、表 11–3 所示。

表 11–2　多元线性回归模型公式

模型方案	模型参数	模型公式
1	h_{60th}、h_{mean}、h_{70th}	$V=36.790h_{60th}-11.893h_{mean}-14.031h_{70th}-41.293$
2	h_{60th}、i_{1st}	$V=12.733h_{60th}+0.002i_{1st}-90.639$
3	h_{mean}、CC	$V=14.990h_{mean}-69.129CC-17.040$
4	h_{60th}、d_3	$V=11.830h_{60th}-83.336d_3-27.884$

表 11–3　多元线性回归模型评价指标

模型方案	R^2	修正 R^2	残差标准差
1	0.922	0.916	20.727
2	0.948	0.943	17.104
3	0.776	0.766	34.661
4	0.884	0.879	24.925

11.1.2　多元非线性模型

11.1.2.1　变量筛选

按照 3.3.3 节 "4 种模型变量组合方案"，筛选 4 类多元非线性模型的模型变量。经过逐步回归筛选（方案 1 和 2）或 Pearson 相关分析（方案 4）之后，可以确定 4 种模型的自变量，如表 11-4 所示。

表 11-4　变量筛选结果

方案编号	变量筛选方法	筛选后的变量
1	逐步回归	75% 点云高度百分位数（elev_75th）、覆盖度（CC）
2	逐步回归	75% 点云高度百分位数（elev_75th）、密度变量 [5]（density[5]）与点云强度中位数（int_mad）
3	固定变量	点云平均高（elev_mean）、覆盖度（CC）
4	Pearson 相关分析	75% 点云高度百分位数（elev_75th）、密度变量 [2]（density[2]）

11.1.2.2　建立模型

针对 4 种方案，分别以多元非线性回归法建立蓄积估测模型，得到的模型及其评价指标如表 11-5、表 11-6 所示。

表 11-5　非线性回归模型公式

模型方案	模型参数	模型公式
1	CC、h_{75th}	$\ln V = 2.151\ln h_{75th} - 0.187\ln CC - 1.300$
2	h_{75th}、i_{mad}、d_5	$\ln V = 2.115\ln h_{75th} - 0.540\ln i_{mad} - 0.253\ln d_5 + 2.834$
3	h_{mean}、CC	$\ln V = 2.045\ln h_{mean} - 0.248\ln CC - 0.526$
4	h_{75th}、d_2	$\ln V = 2.132\ln h_{75th} + 0.14\ln d_2 - 0.969$

表 11-6　非线性回归模型评价指标

模型方案	R^2	修正 R^2	残差标准差
1	0.916	0.911	0.318
2	0.937	0.933	0.293
3	0.828	0.821	0.479
4	0.899	0.894	0.368

11.1.3　模型精度评价

表 11-7、表 11-8 分别为十折交叉验证和留一法验证结果。

表 11-7 基于十折交叉验证的模型总体精度

模 型	决定系数 R^2	均方根误差 RMSE （m^3/hm^2）	平均绝对误差 MAE（m^3/hm^2）	平均绝对百分比误差 MAPE（%）	总相对误差 TRE （%）
线性方案 1	0.846	24.004	19.288	37.125	−4.990
线性方案 2	0.919	19.718	15.441	34.224	−5.650
线性方案 3	0.726	33.051	26.574	60.321	−8.960
线性方案 4	0.856	24.676	21.419	42.223	−6.987
非线性方案 1	0.672	31.322	25.278	29.698	−1.393
非线性方案 2	0.723	29.268	24.286	27.664	−1.466
非线性方案 3	0.549	40.359	32.506	39.868	3.065
非线性方案 4	0.570	34.497	28.293	36.716	−0.225

表 11-8 基于留一法的模型总体精度

模 型	决定系数 R^2	均方根误差 RMSE （m^3/hm^2）	平均绝对误差 MAE（m^3/hm^2）	平均绝对百分比误差 MAPE（%）	总相对误差 TRE （%）
线性方案 1	0.849	18.709	18.709	35.475	−24.261
线性方案 2	0.931	14.378	14.378	33.652	−5.439
线性方案 3	0.752	24.686	24.686	53.800	−3.987
线性方案 4	0.868	20.136	20.136	37.989	11.681
非线性方案 1	0.713	23.761	23.761	26.943	5.044
非线性方案 2	0.759	23.465	23.465	25.853	3.964
非线性方案 3	0.596	30.186	30.186	35.553	14.150
非线性方案 4	0.583	26.808	26.808	33.719	6.425

11.1.4 林分航空蓄积表编制

根据建模精度以及十折交叉验证和留一法验证结果，线性回归模型方案 2 综合评价均较优，故选择线性回归模型方案 2 作为二元林分航空蓄积表模型。

模型形式：$V=12.733h_{60th}+0.002i_{1st}−90.639$。

模型变量：60% 点云高度百分位数、1% 点云强度百分位数。

模型预测散点图（基于十折交叉验证法见图 11-1）：

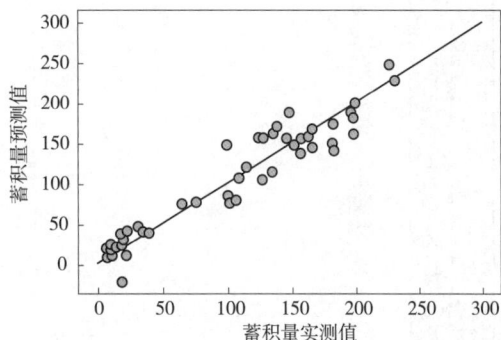

图 11-1 十折交叉验证模型预测结果（线性方案 2）

编制的林分航空蓄积表见表 11-9：

表 11-9　海南省 - 橡胶林分航空蓄积表

60% 点云高度百分位数（m）	1% 点云强度百分位数														
	4000	6000	8000	10000	12000	14000	16000	18000	20000	22000	24000	26000	28000	30000	32000
4.0										4	8	12	16	20	24
4.5								3	7	11	15	19	23	27	31
5.0						1	5	9	13	17	21	25	29	33	37
5.5					3	7	11	15	19	23	27	31	35	39	43
6.0			2	6	10	14	18	22	26	30	34	38	42	46	50
6.5		4	8	12	16	20	24	28	32	36	40	44	48	52	56
7.0	6	10	14	18	22	26	30	34	38	42	46	50	54	58	62
7.5	13	17	21	25	29	33	37	41	45	49	53	57	61	65	69
8.0	19	23	27	31	35	39	43	47	51	55	59	63	67	71	75
8.5	26	30	34	38	42	46	50	54	58	62	66	70	74	78	82
9.0	32	36	40	44	48	52	56	60	64	68	72	76	80	84	88
9.5	38	42	46	50	54	58	62	66	70	74	78	82	86	90	94
10.0	45	49	53	57	61	65	69	73	77	81	85	89	93	97	101
10.5	51	55	59	63	67	71	75	79	83	87	91	95	99	103	107
11.0	57	61	65	69	73	77	81	85	89	93	97	101	105	109	113
11.5	64	68	72	76	80	84	88	92	96	100	104	108	112	116	120
12.0	70	74	78	82	86	90	94	98	102	106	110	114	118	122	126
12.5	77	81	85	89	93	97	101	105	109	113	117	121	125	129	133
13.0	83	87	91	95	99	103	107	111	115	119	123	127	131	135	139
13.5	89	93	97	101	105	109	113	117	121	125	129	133	137	141	145
14.0	96	100	104	108	112	116	120	124	128	132	136	140	144	148	152

续表

60%点云高度 百分位数（m）	1%点云强度百分位数														
	4000	6000	8000	10000	12000	14000	16000	18000	20000	22000	24000	26000	28000	30000	32000
14.5	102	106	110	114	118	122	126	130	134	138	142	146	150	154	158
15.0	108	112	116	120	124	128	132	136	140	144	148	152	156	160	164
15.5	115	119	123	127	131	135	139	143	147	151	155	159	163	167	171
16.0	121	125	129	133	137	141	145	149	153	157	161	165	169	173	177
16.5	127	131	135	139	143	147	151	155	159	163	167	171	175	179	183
17.0	134	138	142	146	150	154	158	162	166	170	174	178	182	186	190
17.5	140	144	148	152	156	160	164	168	172	176	180	184	188	192	196
18.0	147	151	155	159	163	167	171	175	179	183	187	191	195	199	203
18.5	153	157	161	165	169	173	177	181	185	189	193	197	201	205	209
19.0	159	163	167	171	175	179	183	187	191	195	199	203	207	211	215
19.5	166	170	174	178	182	186	190	194	198	202	206	210	214	218	222
20.0	172	176	180	184	188	192	196	200	204	208	212	216	220	224	228
20.5	178	182	186	190	194	198	202	206	210	214	218	222	226	230	234
21.0	185	189	193	197	201	205	209	213	217	221	225	229	233	237	241

11.2 相思林分蓄积量模型构建

11.2.1 多元线性模型

11.2.1.1 变量筛选

按照 3.3.3 节"4 种模型变量组合方案",筛选 4 类多元线性模型的模型变量。经过逐步回归筛选(方案 1 和 2)或 Pearson 相关分析(方案 4)之后,可以确定 4 种模型的自变量,如表 11-10 所示。

表 11-10　变量筛选结果

方案编号	变量筛选方法	筛选后的变量
1	逐步回归	75% 点云高度百分位数(elev_75th)和密度变量 [6](density[6])
2	逐步回归	75% 点云高度百分位数(elev_75th)、点云强度中位数(int_mad)和 1% 点云高度百分位数(elev_1st)
3	固定变量	点云平均高(elev_mean)、覆盖度(CC)
4	Pearson 相关分析	70% 点云高度百分位数(elev_70th)、75% 点云高度百分位数(elev_75th)、40% 点云强度百分位数(int_40th)

11.2.1.2 建立模型

针对 4 种方案,分别以多元线性回归法建立蓄积估测模型,得到的模型及其评价指标如表 11-11、表 11-12 所示。

表 11-11　多元线性回归模型公式

模型方案	模型参数	模型公式
1	h_{75th}、d_6	$V=17.292h_{75th}-546.362d_6-75.802$
2	h_{75th}、i_{mad}、h_{1st}	$V=16.453h_{75th}+0.027i_{mad}-21.513h_{1st}-144.319$
3	h_{mean}、CC	$V=11.359h_{mean}+262.84CC-146.063$
4	h_{75th}、i_{40th}	$V=12.956h_{75th}-0.004i_{40th}+64.422$

表 11-12　多元线性回归模型评价指标

模型方案	R^2	修正 R^2	残差标准差
1	0.718	0.697	3.894
2	0.797	0.773	3.368
3	0.622	0.594	4.507
4	0.717	0.696	3.901

11.2.2　多元非线性模型

11.2.2.1　变量筛选

按照 3.3.3 节"4 种模型变量组合方案"，筛选 4 类多元非线性模型的模型变量。经过逐步回归筛选（方案 1 和 2）或 Pearson 相关分析（方案 4）之后，可以确定 4 种模型的自变量，如表 11–13 所示。

表 11–13　变量筛选结果

方案编号	变量筛选方法	筛选后的变量
1	逐步回归	变量 70% 点云高度百分位数（elev_70th）和覆盖度（CC）
2	逐步回归	70% 点云高度百分位数（elev_70th）、覆盖度（CC）和点云强度最小值（int_min）
3	固定变量	点云平均高（elev_mean）、覆盖度（CC）
4	Pearson 相关分析	70% 点云高度百分位数（elev_70th）、密度变量 [2]（density[2]）

11.2.2.2　建立模型

针对 4 种方案，分别以多元非线性回归法建立蓄积估测模型，得到的模型及其评价指标如表 11–14、表 11–15 所示。

表 11–14　多元非线性回归模型公式

模型方案	模型参数	模型公式
1	h_{70th}、CC	$\ln V = 1.758\ln h_{70th} + 0.840\ln CC + 0.286$
2	h_{70th}、CC、i_{min}	$\ln V = 1.728\ln h_{70th} + 0.797\ln CC - 0.111\ln i_{min} + 1.424$
3	h_{mean}、CC	$\ln V = 1.105\ln h_{mean} + 1.593\ln CC + 1.295$
4	h_{70th}、d_2	$\ln V = 2.288\ln h_{70th} + 0.015\ln d_2 - 1.649$

表 11–15　非线性回归模型评价指标

模型方案	R^2	修正 R^2	残差标准差
1	0.941	0.937	0.244
2	0.954	0.948	0.221
3	0.921	0.915	0.283
4	0.914	0.907	0.296

11.2.3　模型精度评价

表 11–16、表 11–17 分别为十折交叉验证和留一法验证结果。

表 11-16　基于十折交叉验证的模型总体精度

模　型	决定系数 R^2	总相对误差 TRE（%）	均方根误差 RMSE（m^3/hm^2）	平均绝对误差 MAE（m^3/hm^2）	平均绝对百分比误差 MAPE（%）
线性方案 1	0.674	−0.030	54.018	45.846	0.347
线性方案 2	0.726	0.003	48.755	42.851	0.597
线性方案 3	0.485	−0.631	67.718	59.211	1.432
线性方案 4	0.642	0.049	54.914	58.606	0.917
非线性方案 1	0.701	0.034	49.760	44.151	0.232
非线性方案 2	0.795	0.034	41.384	34.692	0.189
非线性方案 3	0.601	0.060	56.062	47.656	0.259
非线性方案 4	0.616	0.006	54.101	47.615	0.286

表 11-17　基于留一法的模型总体精度

模　型	决定系数 R^2	总相对误差 TRE（%）	均方根误差 RMSE（m^3/hm^2）	平均绝对误差 MAE（m^3/hm^2）	平均绝对百分比误差 MAPE（%）
线性方案 1	0.676	6.522	135.119	135.119	1.019
线性方案 2	0.730	−0.466	127.301	127.301	1.899
线性方案 3	0.536	−0.216	162.654	162.654	3.516
线性方案 4	0.644	−0.302	141.098	141.098	2.727
非线性方案 1	0.707	0.028	43.607	43.607	0.230
非线性方案 2	0.795	0.022	35.234	35.234	0.201
非线性方案 3	0.601	0.036	47.882	47.882	0.253
非线性方案 4	0.707	0.028	43.607	43.607	0.230

11.2.4　林分航空蓄积表编制

根据建模精度以及十折交叉验证和留一法验证结果，非线性回归模型方案 2 最优（3 个变量），非线性回归模型方案 1 次优（2 个变量），故选择非线性回归模型方案 1 建立二元林分航空蓄积表模型。

模型形式：$\ln V = 1.758 \ln h_{70th} + 0.840 \ln CC + 0.286$。

模型变量：70% 点云高度百分位数和覆盖度。

模型预测散点图（基于十折交叉验证法见图 11-2）：

编制的航空蓄积表成果见表 11-18：

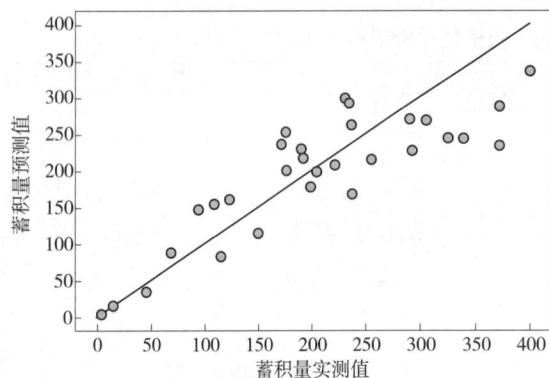

图 11-2　十折交叉验证模型预测结果（非线性方案 1）

表 11-18 海南省 - 相思林分航空蓄积表

70% 点云高度百分位数（m）	覆盖度（%）								
	0.10	0.20	0.30	0.40	0.50	0.60	0.70	0.80	0.90
4.5	3	5	7	9	10	12	14	16	17
5.0	3	6	8	10	13	15	17	19	21
5.5	4	7	10	12	15	17	20	22	24
6.0	4	8	11	14	17	20	23	26	28
6.5	5	9	13	17	20	23	26	30	33
7.0	6	11	15	19	23	27	30	34	37
7.5	7	12	17	21	26	30	34	38	42
8.0	7	13	19	24	29	34	38	43	47
8.5	8	15	21	27	32	37	42	48	52
9.0	9	16	23	29	35	41	47	53	58
9.5	10	18	25	32	39	45	52	58	64
10.0	11	20	28	35	43	50	57	63	70
10.5	12	21	30	38	46	54	62	69	76
11.0	13	23	33	42	50	59	67	75	83
11.5	14	25	35	45	54	63	72	81	89
12.0	15	27	38	49	59	68	78	87	96
12.5	16	29	41	52	63	73	84	94	103
13.0	17	31	44	56	68	79	90	100	111
13.5	19	33	47	60	72	84	96	107	118
14.0	20	36	50	64	77	90	102	114	126
14.5	21	38	53	68	82	95	109	121	134
15.0	22	40	57	72	87	101	115	129	142
15.5	24	43	60	76	92	107	122	137	151
16.0	25	45	63	81	97	113	129	144	159
16.5	27	48	67	85	103	120	136	152	168
17.0	28	50	70	90	108	126	144	161	177
17.5	29	53	74	94	114	133	151	169	187
18.0	31	55	78	99	120	140	159	178	196
18.5	33	58	82	104	126	146	167	186	206
19.0	34	61	86	109	132	153	175	195	216
19.5	36	64	90	114	138	161	183	204	226
20.0	37	67	94	119	144	168	191	214	236
20.5	39	70	98	125	150	175	200	223	247
21.0	41	73	102	130	157	183	208	233	257

续表

70% 点云高度百分位数（m）	覆盖度（%）								
	0.10	0.20	0.30	0.40	0.50	0.60	0.70	0.80	0.90
21.5	42	76	107	136	164	191	217	243	268
22.0	44	79	111	141	170	199	226	253	279
22.5	46	82	115	147	177	207	235	263	290
23.0	48	85	120	153	184	215	244	273	302
23.5	49	89	125	159	191	223	254	284	313
24.0	51	92	129	165	198	231	263	295	325
24.5	53	95	134	171	206	240	273	305	337
25.0	55	99	139	177	213	249	283	317	349
25.5	57	102	144	183	221	257	293	328	362
26.0	59	106	149	189	228	266	303	339	374

11.3 桉树林分蓄积量模型构建

11.3.1 多元线性模型

11.3.1.1 变量筛选

按照 3.3.3 节 "4 种模型变量组合方案"，筛选 4 类多元线性模型的模型变量。经过逐步回归筛选（方案 1 和 2）或 Pearson 相关分析（方案 4）之后，可以确定 4 种模型的自变量，如表 11-19 所示。

表 11-19　变量筛选结果

方案编号	变量筛选方法	筛选后的变量
1 和 2	逐步回归	70% 点云高度百分位数（elev_70th）、覆盖度（CC）
3	固定变量	点云平均高（elev_mean）、覆盖度（CC）
4	Pearson 相关分析	70% 点云高度百分位数（elev_70th）、密度变量 [0]（density[0]）

11.3.1.2 建立模型（表 11-20、表 11-21）

表 11-20　多元线性回归模型公式

模型方案	模型参数	模型公式
1 和 2	CC、h_{70th}	$V=310.262CC+11.299h_{70th}-206.475$
3	h_{mean}、CC	$V=14.704h_{mean}+396.791CC-237.515$
4	h_{70th}、d_0	$V=16.805h_{70th}-240.977d_0-142.675$

表 11-21　多元线性回归模型评价指标

模型方案	R^2	修正 R^2	残差标准差
1 和 2	0.800	0.791	67.064
3	0.813	0.804	64.929
4	0.763	0.753	73.035

11.3.2　多元非线性模型

11.3.2.1　变量筛选

按照 3.3.3 节 "4 种模型变量组合方案"，筛选 4 类多元非线性模型的模型变量。经过逐步回归筛选（方案 1 和 2）或 Pearson 相关分析（方案 4）之后，可以确定 4 种模型的自变量，如表 11-22 所示。

表 11-22　变量筛选结果

方案编号	变量筛选方法	筛选后的变量
1	逐步回归	70% 点云高度百分位（elev_70th）、高度最小值（elev_min）、密度变量 [0]（density[0]）
2	逐步回归	70% 点云高度百分位（elev_70th）、高度最小值（elev_min）、密度变量 [0]（density[0]）、点云强度最大值（int_max）、99% 点云强度百分位（int_99th）
3	固定变量	点云平均高（elev_mean）、覆盖度（CC）
4	Pearson 相关分析	50% 点云高度百分位（elev_50th）、密度变量 [4]（density[4]）

11.3.2.2　建立模型（表 11-23、表 11-24）

表 11-23　多元线性回归模型公式

模型方案	模型参数	模型公式
1	h_{70th}、h_{min}、d_0	$\ln V = 2.456 \ln h_{70th} - 25.367 \ln h_{min} - 0.158 \ln d_0 + 14.752$
2	h_{70th}、h_{min}、d_0、i_{max}、i_{99th}	$\ln V = 2.405 \ln h_{70th} - 19.025 \ln h_{min} - 0.208 \ln d_0 + 4.420 \ln i_{max} - 2.545 \ln i_{99th} - 10.191$
3	h_{mean}、CC	$\ln V = 2.117 \ln h_{mean} + 0.860 \ln CC - 0.181$
4	h_{50th}、d_4	$\ln V = 2.514 \ln h_{50th} + 0.298 \ln d_4 - 1.597$

表 11-24　非线性回归模型评价指标

模型方案	R^2	修正 R^2	残差标准差
1	0.954	0.951	0.263
2	0.965	0.961	0.234
3	0.949	0.946	0.275
4	0.950	0.948	0.272

11.3.3　模型精度评价

基于不同模型精度评价指标分析，得出最佳建模方案，如表 11-25、表 11-26 所示。

表 11-25   基于十折交叉验证的模型总体精度

模　型	决定系数 R^2	总相对误差 TRE（%）	均方根误差 RMSE（m³/hm²）	平均绝对误差 MAE（m³/hm²）	平均绝对百分比误差 MAPE（%）
线性方案 1 和 2	0.742	−0.124	67.876	57.744	1.639
线性方案 3	0.746	−0.177	68.711	59.254	1.879
线性方案 4	0.663	−0.091	78.163	67.81	1.998
非线性方案 1	0.820	0.038	53.048	41.465	0.236
非线性方案 2	0.861	0.024	45.313	38.093	0.214
非线性方案 3	0.885	0.085	43.298	36.476	0.231
非线性方案 4	0.843	0.056	47.966	41.397	0.242

表 11-26   基于留一法的模型总体精度

模　型	决定系数 R^2	总相对误差 TRE（%）	均方根误差 RMSE（m³/hm²）	平均绝对误差 MAE（m³/hm²）	平均绝对百分比误差 MAPE（%）
线性方案 1 和 2	0.773	−0.980	261.414	261.414	6.098
线性方案 3	0.783	−0.834	264.681	264.681	6.865
线性方案 4	0.729	−1.031	294.931	294.931	6.982
非线性方案 1	0.832	0.057	39.989	39.989	0.226
非线性方案 2	0.868	0.036	37.147	37.147	0.210
非线性方案 3	0.889	0.049	35.578	35.578	0.224
非线性方案 4	0.854	0.037	39.790	39.790	0.234

11.3.4   林分航空蓄积表编制

根据建模精度以及十折交叉验证和留一法验证结果，4 个非线性回归模型方案均较优，综合考虑变量个数，故选择非线性回归模型方案 3 建立二元林分航空蓄积表模型。

模型形式：$\ln V = 2.117 \ln h_{\text{mean}} + 0.860 \ln CC - 0.181$。

模型变量：点云高度平均值和覆盖度。

模型预测散点图（基于十折交叉验证法见图 11-3）：

编制的航空蓄积表成果见表 11-27：

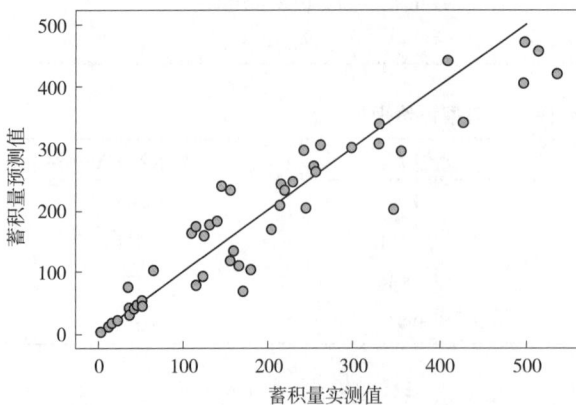

图 11-3   十折交叉验证模型预测结果（非线性方案 3）

表 11-27　海南省 – 桉树林分航空蓄积表

点云平均高（m）	覆盖度（%）								
	0.10	0.20	0.30	0.40	0.50	0.60	0.70	0.80	0.90
2.0	0	1	1	2	2	2	3	3	3
2.5	1	1	2	3	3	4	4	5	5
3.0	1	2	3	4	5	6	6	7	8
3.5	2	3	4	5	7	8	9	10	11
4.0	2	4	6	7	9	10	12	13	14
4.5	3	5	7	9	11	13	15	17	18
5.0	3	6	9	11	14	16	19	21	23
5.5	4	8	11	14	17	20	23	25	28
6.0	5	9	13	17	20	24	27	31	34
6.5	6	11	16	20	24	28	32	36	40
7.0	7	13	18	23	28	33	38	42	47
7.5	8	15	21	27	33	38	44	49	54
8.0	9	17	24	31	38	44	50	56	62
8.5	11	19	27	35	43	50	57	64	71
9.0	12	22	31	40	48	56	64	72	80
9.5	14	25	35	45	54	63	72	81	90
10.0	15	27	39	50	60	70	80	90	100
10.5	17	30	43	55	67	78	89	100	111
11.0	18	33	47	61	74	86	98	110	122
11.5	20	37	52	67	81	95	108	121	134
12.0	22	40	57	73	89	104	118	133	147
12.5	24	44	62	80	97	113	129	145	160
13.0	26	48	68	87	105	123	140	157	174
13.5	28	52	73	94	114	133	152	170	188
14.0	31	56	79	101	123	144	164	184	203
14.5	33	60	85	109	132	155	177	198	219
15.0	36	65	92	117	142	166	190	213	235
15.5	38	69	98	126	152	178	203	228	252
16.0	41	74	105	134	163	190	217	244	270
16.5	44	79	112	143	174	203	232	260	288
17.0	46	84	119	153	185	217	247	277	307
17.5	49	89	127	162	197	230	263	295	326
18.0	52	95	135	172	209	244	279	313	346
18.5	55	101	143	183	221	259	296	332	367
19.0	59	107	151	193	234	274	313	351	388

点云平均高（m）	覆盖度（%）								
	0.10	0.20	0.30	0.40	0.50	0.60	0.70	0.80	0.90
19.5	62	113	159	204	247	289	331	371	410
20.0	65	119	168	215	261	305	349	391	433
20.5	69	125	177	227	275	322	367	412	456
21.0	73	132	187	239	289	339	387	434	480
21.5	76	138	196	251	304	356	406	456	504
22.0	80	145	206	264	319	374	427	479	530
22.5	84	152	216	277	335	392	447	502	555
23.0	88	160	226	290	351	411	469	526	582
23.5	92	167	237	303	367	430	491	550	609
24.0	96	175	248	317	384	449	513	575	637
24.5	101	182	259	331	401	469	536	601	665
25.0	105	190	270	346	419	490	559	627	694
25.5	109	199	281	360	437	511	583	654	724
26.0	114	207	293	376	455	532	608	682	754
26.5	119	215	305	391	474	554	633	710	785
27.0	123	224	318	407	493	577	658	738	817
27.5	128	233	330	423	512	599	684	768	849
28.0	133	242	343	439	532	623	711	797	882
28.5	138	251	356	456	553	646	738	828	916
29.0	144	261	369	473	573	671	766	859	950
29.5	149	270	383	491	594	695	794	891	985
30.0	154	280	397	508	616	721	823	923	1021
30.5	160	290	411	527	638	746	852	956	1058
31.0	165	300	426	545	660	772	882	989	1095

11.4 阔叶混林分蓄积量模型构建

11.4.1 多元线性模型

11.4.1.1 变量筛选

按照 3.3.3 节"4 种模型变量组合方案"，筛选 4 类多元线性模型的模型变量。经过逐步回归筛选（方案 1 和 2）或 Pearson 相关分析（方案 4）之后，可以确定 4 种模型的自变量，如表 11-28 所示。

表 11-28　变量筛选结果

方案编号	变量筛选方法	筛选后的变量
1 和 2	逐步回归	20% 点云高度百分位数（elev_20th）
3	固定变量	点云平均高（elev_mean）、覆盖度（CC）
4	Pearson 相关分析	70% 点云高度百分位数（elev_70th）、密度变量 [2]（density[2]）

11.4.1.2　建立模型（表 11-29、表 11-30）

表 11-29　多元线性回归模型公式

模型方案	模型参数	模型公式
1 和 2	h_{20th}	$V=32.467h_{20th}-136.984$
3	h_{mean}、CC	$V=26.871h_{mean}+87.123CC-186.439$
4	h_{70th}、d_2	$V=16.85h_{70th}-419.01d_2-32.94$

表 11-30　多元线性回归模型评价指标

模型方案	R^2	修正 R^2	残差标准差
1 和 2	0.939	0.935	32.409
3	0.920	0.909	38.408
4	0.872	0.855	48.561

11.4.2　多元非线性模型

11.4.2.1　变量筛选

按照 3.3.3 节"4 种模型变量组合方案"，筛选 4 类多元非线性模型的模型变量。经过逐步回归筛选（方案 1 和 2）或 Pearson 相关分析（方案 4）之后，可以确定 4 种模型的自变量，如表 11-31 所示。

表 11-31　变量筛选结果

方案编号	变量筛选方法	筛选后的变量
1 和 2	逐步回归	25% 点云高度百分位数（elev_25th）
3	固定变量	点云平均高（elev_mean）、覆盖度（CC）
4	Pearson 相关分析	25% 点云高度百分位数（elev_25th）、密度变量 [1]（density[1]）

11.4.2.2　建立模型（表 11-32、表 11-33）

表 11-32　多元非线性回归模型公式

模型方案	模型参数	模型公式
1 和 2	h_{25th}	$\ln V=2.248\ln h_{25th}-0.275$
3	h_{mean}、CC	$\ln V=2.312\ln h_{mean}+0.114\ln CC-0.596$
4	h_{25th}、d_1	$\ln V=2.251\ln h_{25th}+0.002\ln d_1-0.276$

表 11-33　非线性回归模型评价指标

模型方案	R^2	修正 R^2	残差标准差
1 和 2	0.972	0.970	0.172
3	0.966	0.962	0.195
4	0.972	0.968	0.178

11.4.3　模型精度评价

基于不同模型精度评价指标分析，得出最佳建模方案，如表 11-34、表 11-35 所示。

表 11-34　基于十折交叉验证的模型总体精度

模　型	决定系数 R^2	总相对误差 TRE（％）	均方根误差 RMSE（m³/hm²）	平均绝对误差 MAE（m³/hm²）	平均绝对百分比误差 MAPE（％）
线性方案 1 和 2	0.925	0.070	29.642	26.936	0.323
线性方案 3	0.869	0.085	39.954	36.502	0.465
线性方案 4	0.671	−0.177	56.782	53.934	0.671
非线性方案 1 和 2	0.876	0.025	31.914	30.142	0.153
非线性方案 3	0.804	0.013	43.518	39.576	0.198
非线性方案 4	0.842	0.014	35.607	33.598	0.174

表 11-35　基于留一法的模型总体精度

模　型	决定系数 R^2	总相对误差 TRE（％）	均方根误差 RMSE（m³/hm²）	平均绝对误差 MAE（m³/hm²）	平均绝对百分比误差 MAPE（％）
线性方案 1 和 2	0.920	−0.497	49.500	49.500	0.649
线性方案 3	0.880	−0.429	61.979	61.979	0.905
线性方案 4	0.772	−0.340	87.697	87.697	0.995
非线性方案 1 和 2	0.880	0.013	29.880	29.880	0.164
非线性方案 3	0.839	0.014	37.101	37.101	0.201
非线性方案 4	0.861	0.005	32.230	32.230	0.180

11.4.4　林分航空蓄积表编制

根据建模精度以及十折交叉验证和留一法验证结果，各个模型方案均较优，综合考虑变量个数后，选择线性回归模型方案 3 建立二元林分航空蓄积表模型。

模型形式：$V = 26.871 h_{mean} + 87.123 CC - 186.439$。

模型变量：点云平均高和覆盖度。

模型预测散点图（基于十折交叉验证法见图 11-4）：

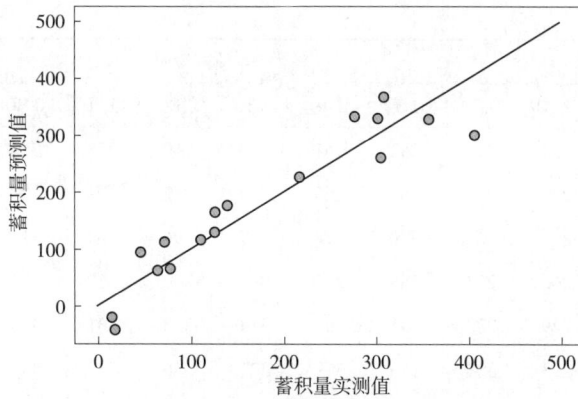

图 11-4　十折交叉验证模型预测结果（线性方案 3）

编制的林分航空蓄积表成果见表 11-36：

表 11-36　海南省 - 阔叶混林分航空蓄积表

点云平均高（m）	覆盖度（%）										
	0.10	0.20	0.30	0.40	0.50	0.60	0.70	0.80	0.90	1.00	1.10
4.5								4	13	22	30
5.0							9	18	26	35	44
5.5					5	14	22	31	40	48	57
6.0			1	10	18	27	36	44	53	62	71
6.5		6	14	23	32	41	49	58	67	75	84
7.0	10	19	28	37	45	54	63	71	80	89	97
7.5	24	33	41	50	59	67	76	85	94	102	111
8.0	37	46	55	63	72	81	90	98	107	116	124
8.5	51	59	68	77	86	94	103	112	120	129	138
9.0	64	73	82	90	99	108	116	125	134	143	151
9.5	78	86	95	104	112	121	130	139	147	156	165
10.0	91	100	108	117	126	135	143	152	161	169	178
10.5	104	113	122	131	139	148	157	165	174	183	192
11.0	118	127	135	144	153	161	170	179	188	196	205
11.5	131	140	149	157	166	175	184	192	201	210	218
12.0	145	153	162	171	180	188	197	206	214	223	232
12.5	158	167	176	184	193	202	210	219	228	237	245
13.0	172	180	189	198	206	215	224	233	241	250	259
13.5	185	194	202	211	220	229	237	246	255	263	272
14.0	198	207	216	225	233	242	251	259	268	277	286
14.5	212	221	229	238	247	255	264	273	282	290	299

续表

点云平均高（m）	覆盖度（%）										
	0.10	0.20	0.30	0.40	0.50	0.60	0.70	0.80	0.90	1.00	1.10
15.0	225	234	243	251	260	269	278	286	295	304	312
15.5	239	247	256	265	274	282	291	300	308	317	326
16.0	252	261	270	278	287	296	304	313	322	331	339
16.5	266	274	283	292	301	309	318	327	335	344	353
17.0	279	288	297	305	314	323	331	340	349	358	366
17.5	293	301	310	319	327	336	345	354	362	371	380
18.0	306	315	323	332	341	350	358	367	376	384	393
18.5	319	328	337	346	354	363	372	380	389	398	407

12 主要成果

　　本文分别构建了东北林区和南方林区两个典型林区的模型，针对南方林区并分省开展了模型建设。

12.1　东北林区航空蓄积模型成果

表 12-1　东北林区模型成果表

序号	树种（组）	模型类型	模型变量	模型公式	R^2	修正 R^2	标准差
1	落叶松	非线性回归	h_{50th}、CC	$\ln V = 0.905\ln h_{50th} + 1.195\ln CC + 3.099$	0.917	0.913	0.187
2	栎　类	非线性回归	h_{mean}、CC	$\ln V = 1.197\ln CC + 1.074\ln h_{mean} + 2.599$	0.868	0.863	0.292
3	桦　木	非线性回归	h_{mean}、CC	$\ln V = 1.361\ln h_{mean} + 1.333\ln CC + 2.163$	0.922	0.918	0.258
4	杨　树	非线性回归	h_{50th}、CC	$\ln V = 1.830\ln h_{50th} + 0.494\ln CC + 0.334$	0.879	0.874	0.289
5	云　杉	非线性回归	CC、h_{10th}	$\ln V = 0.977\ln CC + 0.972\ln h_{10th} + 3.645$	0.952	0.950	0.223
6	阔叶混	非线性回归	CC、h_{80th}	$\ln V = 0.974\ln CC + 1.377\ln h_{80th} + 1.274$	0.829	0.823	0.345
7	针叶混	非线性回归	h_{20th}、CC	$\ln V = 1.131\ln h_{20th} + 0.608\ln CC + 2.783$	0.930	0.927	0.178
8	针阔混	非线性回归	h_{max}、CC	$\ln V = 1.425\ln h_{max} + 1.261\ln CC + 0.981$	0.885	0.880	0.283

表 12-2　模型精度表

序号	建模树种（组）	十折法					留一法				
		决定系数 R^2	总相对误差 TRE（%）	均方根误差 RMSE（m³/hm²）	平均绝对误差 MAE（m³/hm²）	平均绝对百分比误差 MAPE（%）	决定系数 R^2	总相对误差 TRE（%）	均方根误差 RMSE（m³/hm²）	平均绝对误差 MAE（m³/hm²）	平均绝对百分比误差 MAPE（%）
1	落叶松	0.782	5.553	43.257	29.713	21.896	0.798	4.097	28.594	28.594	20.814
2	栎　类	0.732	4.941	32.999	27.844	26.641	0.768	5.113	24.913	24.913	24.705
3	桦　木	0.746	−0.016	22.847	19.257	0.328	0.773	0.031	17.342	17.342	0.208
4	杨　树	0.711	0.036	34.605	28.833	0.247	0.729	0.047	26.824	26.824	0.239
5	云　杉	0.889	0.003	34.191	27.629	0.183	0.889	0.003	34.191	27.629	0.183
6	阔叶混	0.791	−0.021	24.697	21.290	0.303	0.806	0.057	20.691	20.691	0.300
7	针叶混	0.844	1.710	29.232	24.713	15.043	0.875	1.165	21.311	21.311	13.316
8	针阔混	0.764	1.755	30.411	23.983	25.207	0.763	4.138	23.669	23.669	23.364

12.2 南方林区航空蓄积模型成果

表 12-3 南方林区模型成果表

序号	树种（组）	模型类型	模型变量	模型公式	R^2	修正 R^2	标准差
1	柏木	非线性回归	h_{70th}、CC	$\ln V=1.212\ln h_{70th}+1.195\ln CC+2.345$	0.942	0.940	0.266
2	马尾松	线性回归	h_{mean}、CC	$V=15.551h_{mean}+160.059CC-114.257$	0.780	0.777	50.350
3	杉木	线性回归	CC、h_{10th}	$V=126.806CC+21.499h_{10th}-78.706$	0.740	0.737	63.246
4	栎类	非线性回归	h_{60th}、CC	$\ln V=1.909\ln h_{60th}+0.064\ln CC-0.230$	0.643	0.635	0.481
5	樟楠	线性回归	h_{10th}、d_5	$V=18.729h_{10th}+273.349d_5-63.312$	0.721	0.712	68.093
6	桉树	线性回归	h_{70th}、d_6	$V=13.773h_{70th}-84.065d_6-74.710$	0.703	0.698	65.885
7	阔叶混	非线性回归	h_{50th}、d_1	$\ln V=1.741\ln h_{50th}+0.030\ln d_1+0.428$	0.711	0.704	0.473
8	针叶混	非线性回归	CC、h_{20th}	$\ln V=0.829\ln CC+1.319\ln h_{20th}+2.394$	0.799	0.794	0.474
9	其他亮针叶	线性回归	h_{80th}、CC	$V=1.064\ln h_{mean}+0.819\ln CC+2.924$	0.762	0.755	0.383
10	针阔混	线性回归	h_{mean}、CC	$V=15.901h_{mean}+132.747CC-112$	0.740	0.734	60.982

表 12-4 模型精度表

序号	建模树种（组）	十折法					留一法				
		决定系数 R^2	总相对误差 TRE（%）	均方根误差 RMSE（m³/hm²）	平均绝对误差 MAE（m³/hm²）	平均绝对百分比误差 MAPE（%）	决定系数 R^2	总相对误差 TRE（%）	均方根误差 RMSE（m³/hm²）	平均绝对误差 MAE（m³/hm²）	平均绝对百分比误差 MAPE（%）
1	柏木	0.782	5.553	43.257	29.713	21.896	0.798	4.097	28.594	28.594	20.814
2	马尾松	0.758	-0.004	49.987	37.442	0.442	0.769	-1.656	605.167	605.167	7.025
3	杉木	0.732	-0.252	59.057	42.964	50.173	0.737	-1.812	41.805	41.805	48.971
4	栎类	0.597	9.980	54.440	43.658	46.653	0.615	11.759	44.484	44.484	45.104
5	樟楠	0.680	-0.069	64.358	51.246	0.699	0.686	-0.585	354.569	354.569	5.615
6	桉树	0.673	0.037	61.980	48.235	0.720	0.683	-4.070	609.288	609.288	9.388
7	阔叶混	0.561	0.135	59.780	44.045	0.422	0.585	0.115	42.134	42.134	0.443
8	针叶混	0.719	50.050	37.661	39.235	2.592	0.678	42.409	42.409	59.519	-12.875
9	其他亮针叶	0.736	0.023	45.302	37.970	0.327	0.779	0.084	33.650	33.650	0.297
10	针阔混	0.721	-0.040	58.761	44.994	0.865	0.724	-0.744	418.893	418.893	7.858

12.3　湖南林区航空蓄积模型成果

表 12-5　湖南林区模型成果表

序号	树种（组）	模型类型	模型变量	模型公式	R^2	修正 R^2	标准差
1	柏　木	非线性回归	CC、h_{max}	$\ln V=1.053\ln CC+1.163\ln h_{max}+0.665$	0.948	0.945	0.282
2	杨　树	线性回归	h_{60th}、d_5	$V=12.357h_{60th}-363.266d_5-32.676$	0.872	0.860	38.183
3	杉　木	非线性回归	CC、h_{10th}	$\ln V=0.707\ln CC+1.426\ln h_{10th}+2.368$	0.913	0.910	0.316
4	栎　类	非线性回归	h_{50th}、h_{min}	$\ln V=1.826\ln h_{50th}-9.305\ln h_{min}+6.573$	0.696	0.675	0.393
5	马尾松	非线性回归	h_{mean}、CC	$\ln V=1.582\ln h_{mean}+0.963\ln CC+1.454$	0.949	0.947	0.236
6	樟　楠	线性回归	h_{5th}、d_1	$V=27.568h_{5th}-5.977d_1-52.856$	0.688	0.676	66.401
7	阔叶混	非线性回归	h_{75th}、d_4	$\ln V=1.756\ln h_{75th}+0.355\ln d_4+0.244$	0.663	0.651	0.684
8	针叶混	线性回归	h_{max}、d_5	$V=9.627h_{max}+452.845d_5-117.125$	0.793	0.776	41.973
9	其他亮针叶	线性回归	h_{80th}、CC	$V=12.001h_{80th}+91.748CC-78.516$	0.775	0.765	36.475
10	针阔混	非线性回归	h_{mean}、CC	$\ln V=1.692\ln h_{mean}+0.313\ln CC+0.271$	0.713	0.703	0.602

表 12-6　模型精度表

序号	建模树种（组）	十折法					留一法				
		决定系数 R^2	总相对误差 TRE（%）	均方根误差 RMSE（m³/hm²）	平均绝对误差 MAE（m³/hm²）	平均绝对百分比误差 MAPE（%）	决定系数 R^2	总相对误差 TRE（%）	均方根误差 RMSE（m³/hm²）	平均绝对误差 MAE（m³/hm²）	平均绝对百分比误差 MAPE（%）
1	柏　木	0.851	3.149	37.344	26.988	22.935	0.843	4.436	25.879	25.879	22.419
2	杨　树	0.800	3.756	43.140	36.507	187.735	0.823	-8.155	34.676	34.676	183.109
3	杉　木	0.796	2.141	49.901	37.101	26.114	0.818	4.212	35.035	35.035	24.877
4	栎　类	0.632	9.269	34.950	29.422	44.772	0.667	9.299	27.321	27.321	42.472
5	马尾松	0.686	-0.004	48.635	37.283	0.229	0.723	0.156	36.520	36.520	0.221
6	樟　楠	0.608	-0.028	63.410	51.945	1.516	0.603	-0.640	257.323	257.323	7.640
7	阔叶混	0.486	0.116	63.430	51.231	0.773	0.558	0.164	48.243	48.243	0.669
8	针叶混	0.690	47.097	38.038	92.220	-3.837	0.711	35.593	35.593	90.969	-41.131
9	其他亮针叶	0.733	0.016	33.549	28.562	0.340	0.752	0.203	131.494	131.494	1.563
10	针阔混	0.678	0.153	52.649	41.978	0.665	0.690	0.158	41.496	41.496	0.641

12.4　福建林区航空蓄积模型成果

表 12-7　福建林区模型成果表

序号	树种（组）	模型类型	模型变量	模型公式	R^2	修正 R^2	标准差
1	柏　木	非线性回归	h_{90th}、d_8	$\ln V=0.850\ln h_{90th}+0.179\ln d_8+3.047$	0.745	0.711	0.202
2	杉　木	非线性回归	CC、h_{70th}	$\ln V=1.581\ln CC+0.820\ln h_{70th}+3.685$	0.923	0.920	0.258
3	马尾松	线性回归	h_{mean}、CC	$V=10.733h_{mean}+257.273CC-107.772$	0.849	0.842	40.999
4	樟　楠	线性回归	h_{50th}、d_5	$V=9.231h_{50th}-647.441d_5+91.069$	0.703	0.661	69.273
5	木　荷	非线性回归	h_{mean}、CC	$\ln V=1.672\ln CC+0.398\ln h_{mean}+4.736$	0.688	0.646	0.253
6	阔叶混	非线性回归	CC、d_9	$\ln V=1.791\ln CC+0.271\ln d_9+6.987$	0.873	0.860	0.361
7	针叶混	非线性回归	CC、h_{99th}	$\ln V=1.360\ln CC+0.894\ln h_{99th}+3.225$	0.810	0.793	0.283
8	其他亮针叶	非线性回归	h_{20th}、d_5	$\ln V=0.904\ln h_{20th}+0.119\ln h_5+3.297$	0.965	0.960	0.101
9	针阔混	非线性回归	h_{25th}、h_{min}	$\ln V=1.290\ln h_{25th}-0.684\ln h_{min}+2.581$	0.927	0.918	0.187

表 12-8　模型精度表

序号	建模树种（组）	十折法					留一法				
		决定系数 R^2	总相对误差 TRE（%）	均方根误差 RMSE（m³/hm²）	平均绝对误差 MAE（m³/hm²）	平均绝对百分比误差 MAPE（%）	决定系数 R^2	总相对误差 TRE（%）	均方根误差 RMSE（m³/hm²）	平均绝对误差 MAE（m³/hm²）	平均绝对百分比误差 MAPE（%）
1	柏　木	0.597	1.390	32.491	31.130	17.26	0.691	2.268	27.271	27.271	14.744
2	杉　木	0.773	2.947	53.662	41.452	24.370	0.790	3.052	39.696	39.696	24.108
3	马尾松	0.820	0.170	37.441	30.606	0.284	0.827	−2.227	146.846	146.846	1.238
4	樟　楠	0.650	−0.008	53.894	45.480	0.227	0.649	0.102	78.279	78.279	0.327
5	木　荷	0.583	2.638	37.698	34.054	22.006	0.563	2.374	38.556	38.556	24.530
6	阔叶混	0.702	0.142	55.827	48.053	0.348	0.698	0.093	44.350	44.350	0.361
7	针叶混	0.586	3.646	70.374	59.358	27.952	0.622	3.440	54.744	54.744	25.818
8	其他亮针叶	0.940	0.014	14.705	14.151	0.002	0.947	0.010	12.988	12.988	0.098
9	针阔混	0.796	0.012	46.396	38.635	0.174	0.774	0.016	38.641	38.641	0.175

12.5　广西林区航空蓄积模型成果

表 12-9　广西林区模型成果表

序号	树种（组）	模型类型	模型变量	模型公式	R^2	修正 R^2	标准差
1	杉 木	非线性回归	h_{10th}、d_0	$\ln V=1.375\ln h_{10th}+0.064\ln d_0+2.695$	0.731	0.720	0.373
2	马尾松	线性回归	h_{mean}、d_2	$V=24.343h_{mean}+159.288d_2-98.896$	0.823	0.818	50.103
3	桉树	线性回归	h_{30th}、d_5	$V=9.362h_{30th}-132.386d_5+1.251$	0.639	0.629	3.217
4	阔叶混	线性回归	h_{40th}、d_2	$V=12.221h_{40th}-24.927d_2-20.535$	0.572	0.559	50.673

表 12-10　模型精度表

序号	建模树种（组）	十折法					留一法				
		决定系数 R^2	总相对误差 TRE（%）	均方根误差 RMSE（m³/hm²）	平均绝对误差 MAE（m³/hm²）	平均绝对百分比误差 MAPE（%）	决定系数 R^2	总相对误差 TRE（%）	均方根误差 RMSE（m³/hm²）	平均绝对误差 MAE（m³/hm²）	平均绝对百分比误差 MAPE（%）
1	杉 木	0.739	7.374	49.694	39.675	31.931	0.748	6.380	38.909	38.909	32.016
2	马尾松	0.804	-0.011	48.721	37.344	0.289	0.798	-1.113	247.757	247.757	1.856
3	桉 树	0.534	0.060	51.161	40.939	0.946	0.585	-1.529	283.688	283.688	6.385
4	阔叶混	0.520	0.042	50.230	39.957	0.505	0.534	0.035	273.151	273.151	3.489

12.6　海南林区航空蓄积模型成果

表 12-11　海南林区模型成果表

序号	树种（组）	模型类型	模型变量	模型公式	R^2	修正 R^2	标准差
1	橡 胶	线性回归	h_{60th}、i_{1st}	$V=12.733h_{60th}+0.002i_{1st}-90.6930$	0.948	0.943	17.104
2	相 思	非线性回归	h_{70th}、CC	$\ln V=1.758\ln h_{70th}+0.840\ln CC+0.286$	0.941	0.937	0.244
3	桉 树	非线性回归	h_{mean}、CC	$\ln V=2.117\ln h_{mean}+0.860\ln CC-0.181$	0.949	0.946	0.275
4	阔叶混	线性回归	h_{mean}、CC	$V=26.871h_{mean}+87.123CC-186.439$	0.920	0.909	38.408

表 12-12　模型精度表

序号	建模树种（组）	十折法					留一法				
		决定系数 R^2	总相对误差 TRE（%）	均方根误差 RMSE（m³/hm²）	平均绝对误差 MAE（m³/hm²）	平均绝对百分比误差 MAPE（%）	决定系数 R^2	总相对误差 TRE（%）	均方根误差 RMSE（m³/hm²）	平均绝对误差 MAE（m³/hm²）	平均绝对百分比误差 MAPE（%）
1	橡　胶	0.919	−5.650	19.718	15.441	34.224	0.931	−5.439	14.378	14.378	33.652
2	相　思	0.701	0.034	49.760	44.151	0.232	0.707	0.028	43.607	43.607	0.230
3	桉　树	0.885	0.085	43.298	36.476	0.231	0.889	0.049	35.578	35.578	0.224
4	阔叶混	0.869	0.085	39.954	36.502	0.465	0.880	−0.429	61.979	61.979	0.905

13

结论与讨论

13.1　结　　论

本文以我国东北和南方两个典型林区为案例，基于两个林区 5 个试验区近 2 万 km² 激光雷达航飞数据成果和配套的地面样地样木精细调查成果，研究建立主要树种（组）基于激光雷达调查的林分蓄积模型体系，在东北林区建立了落叶松、栎类等 8 种典型树种（组）的林分蓄积模型并编制出对应的林分航空蓄积表；在南方林区建立了以柏木、马尾松、杉木为代表的 10 种典型树种（组）的林分蓄积模型并编制出对应的林分航空蓄积表。同时，为了更好适应本地化建模和应用，针对南方开展飞行试验的 4 个省，各自建立了本省代表性树种（组）的林分蓄积模型并编制出对应的林分航空蓄积表。这是激光雷达科研模型成果在业务化应用方向上一次规模化的有效尝试。从研究结果和精度分析来看，基于激光雷达的林分蓄积量模型大部分精度达到《森林资源规划设计调查技术规程》（GB/T 26424—2010）的要求，可以在实践中推广应用。这些树种（组）覆盖了我国东北和南方林区绝大部分森林类型，树种（组）代表性、典型性较好，在东北林区和南方林区推广生产应用价值高，可为其他地区林分航空蓄积量建模和数表建设提供技术路线和方法。

对于我国刚刚起步、尚处于小范围研究阶段的森林航空调查工作来说，本研究覆盖范围广、调查面积大，激光雷达数据与地面调查数据匹配精度高，模型的设计和选择更多从基层生产实际和需要出发，不仅有较高的学术创新价值，更有较高的应用推广价值。为适应森林航空调查迫切需求，本文整理总结了东北林区和南方林区航飞试验建模成果，以尽早服务于我国各地区新时期森林资源规划设计调查等普查工作需要，为我国基于激光雷达的森林调查提供基础数表和模型支撑。

13.2　讨　　论

鉴于我国地理区域差异大、森林类型多、森林状况复杂，要想建立起覆盖全国主要树种的、面向生产应用的航空蓄积表模型体系，需要十年如一日花大气力研究每个树种模型的普适性、精度以及参数的简单易得和稳定性。就本研究来说，由于经费和飞行空域受限，主要完成东北林区和南方林区的树种（组）航空调查和建模，且部分树种在实际调查中获取样本数较少，建模精度不尽如人意。后续需要克服困难，继续构建我国面向业务生产的分林区、分树种的航空蓄积表模型体系和航空材积表，实现全国典型林区全覆盖。为提高模型和数表的实用性和便捷性，后续将继续研究多元（非）线性回归模型实用性和模型参数个数，研究模型规模应用中模型精度、运算效率等问题，在模型迭代应用中实现模型优化和效率提升。

总而言之，机载激光雷达森林资源探测技术已日趋成熟，技术和经济可行性也越来越高，激光雷达作为极富潜力的大规模森林调查方法前景向好，本研究抛砖引玉，期望为即将到来的森林空地一体化调查时代提供一些先行的技术方法经验和可参考借鉴的模型数表支撑。

参考文献

[1] 庞勇，于信芳，李增元，等．星载激光雷达波形长度提取与林业应用潜力分析 [J]. 林业科学，2006（7）：137–140+151.

[2] 刘国华，傅伯杰．全球气候变化对森林生态系统的影响 [J]. 自然资源学报，2001（1）：71–78.

[3] 李海奎，雷渊才，曾伟生．基于森林清查资料的中国森林植被碳储量 [J]. 林业科学，2011，47（7）：7–12.

[4] 王兵，任晓旭，胡文．中国森林生态系统服务功能及其价值评估 [J]. 林业科学，2011，47（2）：145–153.

[5] GB/T 38582—2020. 森林生态系统服务功能评估规范，国家林业和草原局，2020：1–20.

[6] 李晖，管远保．湖南省森林资源与生态状况综合监测初步探讨 [J]. 林业资源管理，2007（1）：29–33.

[7] 何柏华．基于 SPOT5 影像数据的森林资源分类与蓄积量反演研究 [D]. 南京：南京林业大学，2008.

[8] 朱锦迪．基于森林资源清查的针阔混交林生产力及其与林分非空间结构的关系研究 [D]. 杭州：浙江农林大学，2021.

[9] 孟宪宇．测树学 [M]. 北京：中国林业出版社，1996.

[10] 孙忠秋，高金萍，吴发云，等．基于机载激光雷达点云和随机森林算法的森林蓄积量估测 [J]. 林业科学，2021，57（8）：68–81.

[11] 陈松．结合 Sentinel–2 与机载 LiDAR 数据的森林蓄积量反演模型研究 [D]. 长沙：中南林业科技大学，2021.

[12] 刘兆华．基于多源遥感数据的森林蓄积量估测研究 [D]. 长沙：中南林业科技大学，2020.

[13] 高金萍，孙忠秋，于慧娜，等．基于航空点云的落叶松林分蓄积量建模和应用测试初探 [J]. 林业资源管理，2021（4）：54–61.

[14] 艾畅．新时代森林资源监测面临的形势任务和创新对策 [J]. 国家林业和草原局管理干部学院学报，2020，19（2）：3–9.

[15] 肖越．基于多源遥感数据的旺业甸林场森林蓄积量估测方法研究 [D]. 长沙：中南林业科技大学，2021.

[16] 王月婷，张晓丽，杨慧乔，等 . 基于 Landsat8 卫星光谱与纹理信息的森林蓄积量估算 [J]. 浙江农林大学学报，2015，32（3）：384–391.

[17] Hall R J，Skakun R S，Arsenault E J，et al. Modeling forest stand structure attributes using Landsat ETM+ data：Application to mapping of aboveground biomass and stand volume[J]. Forest Ecology and Management，2006，225（1）.

[18] Duncanson L I，Niemann K O，Wulder M A. Integration of GLAS and Landsat TM data for aboveground biomass estimation[J]. Canadian Journal of Remote Sensing，2010，36（2）.

[19] Hilker T，Leeuwen M，Coops N C，et al. Comparing canopy metrics derived from terrestrial and airborne laser scanning in a Douglas–fir dominated forest stand[J]. Trees，2010，24（5）.

[20] 代华兵，李春干，庞勇，等 . 基于天空地一体化森林资源调查的小班因子设置与信息 获取方法 [J]. 林业资源管理，2021，（1）：180–188.

[21] 罗正，谢宗音 . 激光雷达在林业调查中的应用——以广西融水苗族自治县森林资源规 划设计项目为例 [J]. 南方国土资源，2020，（9）：49–52.

[22] 程武学，杨存建，周介铭，等 . 森林蓄积量遥感定量估测研究综述 [J]. 安徽农业科学，2009，37（16）：7746–7750.

[23] 张翔雨 . 基于 Landsat 的北京市森林蓄积量估测动态变化研究 [D]. 北京：北京林业大 学，2020.

[24] 张丽华，张怍恬，李杰 . 内蒙古大兴安岭林区主要树种形高表的编制及其对调查精度 影响的分析 [J]. 内蒙古林业调查设计，2005（1）：30–32+62.

[25] 余松柏，叶金盛，王登峰，等 . 编制林分形高表估测林分蓄积量方法的研究 [J]. 中南 林业调查规划，2005（3）：5–9.

[26] 刘陆 . 黑龙江省（市、县）林区二类调查形高表计算森林蓄积方法研究 [J]. 林业勘查 设计 . 2020，49（3）：15–17.

[27] 曾伟生 . 我国主要树种二元立木材积表的检验 [J]. 林业资源管理，2018（5）：35–41.

[28] 程文生，冯仲科，于景鑫 . 中国主要树种通用二元材积模型与推导形数模型研究 [J]. 农业机械学报，2017，48（3）：245–252.

[29] 曾伟生 . 利用误差变量联立方程组建立南方杉木一元立木材积模型和胸径地径回归模 型 [J]. 中南林业调查规划，2012，31（4）：1–4.

[30] 王智慧 . 赤峰东南部地区人工杨树二元立木材积表编制研究 [D]. 呼和浩特：内蒙古农 业大学，2014.

[31] 孙忠秋，吴发云，胡杨，等 . 基于 Landsat–8 OLI 数据的马尾松林蓄积量饱和点确定及

估测 [J]. 林业资源管理，2020（6）：135-142.

[32] 龙依，蒋馥根，孙华，等. 基于 HLS 数据的森林蓄积量遥感反演 [J]. 森林与环境学报，2021，41（6）：620-628.

[33] 黄宇玲. 基于机器学习的森林蓄积量研究综述 [J]. 智能计算机与应用，2020，10（4）：158-161.

[34] 刘海，苏本跃. 基于激光雷达数据的森林蓄积量模型反演及精度估算 [J]. 安徽工程大学学报，2021，36（4）：34-40.

[35] Gemmell F M J R S O E. Effects of forest cover，terrain，and scale on timber volume estimation with Thematic Mapper data in a Rocky Mountain site[J]. 1995，51（2）：291-305.

[36] 赵宪文. 森林蓄积量遥感估测的理论与实现 [M]. 北京：科学出版社，2006.

[37] 王月婷. 基于多源遥感数据的森林蓄积量估算 [D]. 北京：北京林业大学，2015.

[38] 刘兆华，林辉，龙江平，等. 基于高分二号的旺业甸林场蓄积量估测模型研究 [J]. 中南林业科技大学学报 [J]. 2020，40（3）：79-84+118.

[39] 肖越，许晓东，龙江平，等. 基于国产高分数据的森林蓄积量反演研究 [J]. 林业资源管理 [J]. 2021（3）：101-107.

[40] 刘俊，周靖靖，菅永峰，等. Worldview-2 不同波段纹理特征对森林蓄积量估算精度影响 [J]. 西北林学院学报，2021，36（3）：175-181.

[41] 刘永新. 基于遥感技术的北京市森林蓄积量估测研究 [D]. 长春：吉林大学，2021.

[42] 崔立，闫保银. 基于遥感技术的森林蓄积量估测研究进展 [J]. 江苏林业科技 [J]. 2020，47（4）：45-49.

[43] 施鹏程，彭道黎. 基于偏最小二乘回归密云森林蓄积量遥感估测 [J]. 江西农业大学学报，2013，35（4）：798-801.

[44] 涂云燕，张盼盼. 基于 SPOT-5 的森林蓄积量估测模型研究 [J]. 林业建设，2015（4）：61-65.

[45] 李紫荆，胥辉. 基于遥感技术的宜良县云南松蓄积量反演 [J]. 绿色科技，2022，24（2）：1-6.

[46] 庞晓燕，刘海松，年学东，等. 应用 Sentinel-2A 卫星遥感影像估测森林蓄积量 [J]. 东北林业大学学报，2021，49（7）：72-77+90.

[47] 钟健，郑秋斌. 基于 Landsat 8 OLI 遥感影像的森林蓄积量估测模型研究 [J]. 湖南林业科技，2021，48（1）：61-65.

[48] 王宗梅，岳彩荣，刘琦，等. 基于光学和微波遥感数据的森林蓄积量估测模型研究 [J]. 西南农业学报，2018，31（8）：1722-1726.

[49] 王雨 . 基于三维遥感机理模型 RAPID2 的森林光学微波信号统一模拟方法研究 [D]. 北京：北京林业大学，2020.

[50] 肖虹雁，岳彩荣 . 合成孔径雷达技术在林业中的应用综述 [J]. 林业调查规划，2014，39（2）：132–137.

[51] 叶子林 . 结合 Sentinel-2 与 SAR 数据的龙南县针叶林蓄积量估测模型研究 [D]. 长沙：中南林业科技大学，2021.

[52] 王臣立，牛铮，郭治兴，等 . Radarsat SAR 的森林生物物理参数信号响应及其蓄积量估测 [J]. 国土资源遥感，2005（2）：24–28.

[53] 朱海珍，庞勇，杨飞，等 . 基于 ENVISAT ASAR 数据的森林蓄积量估测研究 [J]. 地理与地理信息科学，2007（2）：51–55.

[54] 朱海珍 . 多时相 ENVISAT ASAR 数据森林制图及参数反演研究 [D]. 北京：北京林业大学，2006.

[55] 杨永恬，李增元，陈尔学，等 . 基于 ALOS PALSAR 数据的森林蓄积量估测技术研究 [J]. 林业资源管理，2010（1）：113–117.

[56] 杨永恬，杨广斌，赵海兵 . 喀斯特山区森林蓄积量的合成孔径雷达遥感估测研究 [J]. 林业资源管理，2018（4）：100–104.

[57] 杨明星，徐天蜀，牛晓花，等 . 基于 Sentinel-1A 雷达影像的思茅松林蓄积量估测 [J]. 西部林业科学，2019，48（2）：52–58.

[58] 刘雪莲，欧绍龙，陆双飞，等 . 基于 Sentinel-1A 微波遥感数据的森林蓄积量估测 [J]. 西部林业科学，2020，49（6）：128–136.

[59] 马俊红 . 森林蓄积量遥感估测的研究 [D]. 乌鲁木齐：新疆大学，2008.

[60] 李增元，赵磊，李堃，等 . 合成孔径雷达森林资源监测技术研究综述 [J]. 南京信息工程大学学报（自然科学版），2020，12（2）：150–158.

[61] 魏智海，张乐艺，李霞 . 森林地上生物量遥感估算研究进展 [J]. 农业与技术，2021，41（11）：78–84.

[62] 黄华国 . 林业定量遥感研究进展和展望 [J]. 北京林业大学学报，2019，41（12）：1–14.

[63] 刘霜 . 基于 Sentinel-1/2 的重庆市南川区森林生物量估算研究 [D]. 成都：成都理工大学，2020.

[64] 庞勇，李增元 . 基于机载激光雷达的小兴安岭温带森林组分生物量反演 [J]. 植物生态学报，2012，36（10）：1095–1105.

[65] 蔡硕 . 基于地基激光雷达和背包式激光雷达林木胸径提取 [D]. 哈尔滨：东北林业大学，2021.

[66] 郭庆华，刘瑾，陶胜利，等．激光雷达在森林生态系统监测模拟中的应用现状与展望 [J]．科学通报，2014，59（6）：459-478.

[67] Sun G，Ranson K J，Kharuk V I，et al. Validation of surface height from shuttle radar topography mission using shuttle laser altimeter[J]. Remote Sensing of Environment，2003，88（4）.

[68] 李玉美，郭庆华，万波，等．基于激光雷达的自然资源三维动态监测现状与展望 [J]．遥感学报，2021，25（1）：381-402.

[69] 王小虎．基于机载激光雷达数据的森林单木分割方法研究 [D]．哈尔滨：东北林业大学，2020.

[70] 付甜，黄庆丰．基于机载激光雷达数据的森林生物量估测研究进展 [J]．林业勘查设计，2010（4）：86-89.

[71] 骆生亮．机载激光雷达技术在林业资源调查中的应用 [J]．经纬天地，2020（2）：28-31.

[72] 曾伟生，孙乡楠，王六如，等．基于机载激光雷达数据估计林分蓄积量及平均高和断面积 [J]．林业资源管理，2020（2）：79-86.

[73] 张国飞，岳彩荣，王雷光，等．运用机载激光雷达数据和立地质量分级对亚热带森林蓄积量遥感反演 [J]．东北林业大学学报，2020，48（7）：60-65.

[74] 苏迪，高心丹．基于无人机航测数据的森林郁闭度和蓄积量估测 [J]．林业工程学报，2020，5（1）：156-163.

[75] 邓成，梁志斌．国内外森林资源调查对比分析 [J]．林业资源管理，2012（5）：12-17.

[76] 常晨，冯仲科，林奕成，等．新一代森林调查技术体系及观测装备研发与应用 [J]．北京测绘，2018，32（12）：1412-1417.

[77] 冯仲科．"互联网 +"推进森林资源调查走进精准林业新时代 [J]．国土绿化，2019（2）：16-19.

[78] 王颖．森林资源测计及经营管理系统设计与实现 [D]．北京：北京林业大学，2019.

[79] 罗仙仙，亢新刚．森林资源综合监测研究综述 [J]．浙江林学院学报，2008（6）：803-809.

[80] 高祥．森林资源调查监测信息化技术方法研究 [D]．北京：北京林业大学，2015.

[81] 叶荣华．美国国家森林资源清查体系的新设计 [J]．林业资源管理，2003（3）：65-68.

[82] 韦希勤．美国的森林资源调查 [J]．华东森林经理，1995（2）：12-15.

[83] Tierney G L，Faber-Langendoen D，Mitchell B R，et al. Monitoring and evaluating the ecological integrity of forest ecosystems[J]. Frontiers in Ecology and the Environment，2009，7（6）：308-316.

[84] 刘安兴．森林资源监测技术发展趋势 [J]．浙江林业科技，2005（4）：70-76.

[85] 马茂江，张文，万国礼，等．德国与我国森林资源调查监测对比分析 [J]. 四川林勘设计，2008（3）：2.

[86] 张会儒，唐守正，王彦辉．德国森林资源和环境监测技术体系及其借鉴 [J]. 世界林业研究，2002（2）：63-70.

[87] 李云，陈晓，张英团．美国、德国、法国和日本森林资源调查体系对我国森林资源调查与监测的启示 [J]. 林业建设，2016（1）：1-9.

[88] Queija V，RStoker J，MKosovich J J，et al. 美国地质调查局激光雷达应用新进展 [J]. 测绘文摘，2005（4）：4-5.